国家自然科学基金项目（31860232）
内蒙古自治区高等学校科学研究项目（NJZZ17083）
内蒙古自治区自然科学基金项目（2017MS（LH）0501）共同资助

内蒙古园林植物图鉴

Garden Plants Illustration in Inner Mongolia

王爱霞　编著

中国建筑工业出版社

图书在版编目（CIP）数据

内蒙古园林植物图鉴/王爱霞编著. —北京：中国建筑工业出版社，2019.12
ISBN 978-7-112-24485-0

Ⅰ．①内… Ⅱ．①王… Ⅲ．①园林植物—内蒙古—图集 Ⅳ．①S68-64

中国版本图书馆CIP数据核字（2019）第282243号

本书对内蒙古地区的木本植物、草本植物两个大类，共计八十多个植物科植物进行详细的介绍。每种植物从名称、形态特征、生长习性、分布区域、园林应用等进行细化阐述，并配有植物的全景、近景、叶、花、果等照片。使读者能够清晰而全面地了解每一种植物的特征、习性和栽培使用。本书可提供内蒙古当地高等学校城乡规划、风景园林、环境艺术、园林植物学、园艺学、农学、林学等专业作为参考书，也可作为相关专业技术人员识别植物的工具书，以及广大学生、群众的科普类读物。

文字编辑：李东禧
责任编辑：唐 旭 张 华
责任校对：李美娜

内蒙古园林植物图鉴

王爱霞 编著

*

中国建筑工业出版社出版、发行（北京海淀三里河路9号）
各地新华书店、建筑书店经销
天津图文方嘉印刷有限公司印刷

*

开本：880×1230毫米 1/16 印张：26½ 字数：577千字
2019年12月第一版 2019年12月第一次印刷
定价：268.00元
ISBN 978-7-112-24485-0
（35141）

前言
PREFACE

　　随着经济、社会的进步，人们越来越重视人居环境。因此，风景园林及与之相关的学科发展迅速，得到前所未有的关注。在此背景下，内蒙古各类规划设计及绿化工程公司爆发式涌现，与此相对应的是园林植物基础薄弱，在实际应用中引发诸多问题。建筑类工科院校是培养风景园林师、规划师、建筑师的重要摇篮，这与国际上此类学科的发展轨迹有诸多相似之处。风景园林学、建筑学、城乡规划学、环境艺术等专业，在内蒙古发展迅速，对园林植物识别与应用的需求与日俱增，然而此类学校园林植物学的储备较为薄弱。由于形势的发展，内蒙古农林类、师范类、综合类院校也需要一本直观、便捷的园林植物书籍，而植物图鉴正好解决了上述诸多问题。作者基于长期从事"园林植物与应用"课程的教学与实践，在参照前辈编著的《中国植物志》《内蒙古维管植物检索表》以及各类植物图鉴的基础上，历经 4 年，走过了内蒙古多座城市，积累了上万张照片，经过前期植物鉴定及后期编辑、校正等复杂的过程，最终整理成册，以《内蒙古园林植物图鉴》的形式呈现给读者。

　　本书可提供内蒙古当地高等学校城乡规划、风景园林、环境艺术、园林植物学、园艺学、农学、林学等专业作为参考书，也可作为相关从业专业技术人员提供识别植物的工具书。此外，《内蒙古园林植物图鉴》还可作为广大学生、群众的科普类读物，书中既有植物图片，也有专业的文字解读，图文并茂，阅读起来轻松活泼，通俗易懂，科学性、实用性、指导性强。希望通过《内蒙古园林植物图鉴》的出版能在提高市民整体素质上发挥促进作用，推动当地经济、文化取得更快的发展。

　　本书的图片采集、植物鉴定及编著等工作由王爱霞完成。内蒙古工业大学城乡规划专业研究生郭亚男、鲁凯莉对本书的文字及图片整理做出了重大贡献，并对书中的部分文字进行了修改，同时提供了一些植物图片，完善了植物图鉴内容。内蒙古农业大学风景园林学专业方向研究生云达娅为本书提供了部分植物图片，协助作者做了大量的植物分类、鉴定工作。此外，在植物分类鉴定的过程中，得到了中国树木学分会的刘昌龙、谢春平等全体老师、同仁的支持帮助，在此一并感谢！由于时间和篇幅有限，书中还有少许文字、图片和参考文献可能未列入，如读者发现，请及时与本书作者联系。

　　本书的裸子植物按郑万钧系统排列，被子植物按克朗奎斯特系统排列，但有一些变动。全书记载了景观园林植物 84 科 411 种（包括原种、变种及杂交品种），同时配有彩图 2000 余幅，并对所有园林植物的中文学名、拉丁学名、科属、形态特征、生长习性、分布区域及园林应用进行了详细介绍，以便读者详细地理解植物特征。本书中植物的中文学名和拉丁学名均以《中国植物志》（中国科学院中国植物志编辑委员会，科学出版社，2004,10）和《内蒙古维管植物检索表》（赵一之，赵利清，科学出版社，2014,6）为准。

　　由于园林植物种类繁多且有多种分类系统，实践体系庞杂，加之作者水平有限，书中存在诸多不足之处，真诚欢迎各位同行同仁提出宝贵意见，以便日后进一步完善。

目录
Contents

木本植物

指根和茎因增粗生长形成大量的木质部，而细胞壁也多数木质化的坚固的植物。

木本植物因植株高度及分枝部位等不同，可分为三种：

①乔木 (tree)。高大直立，高度达5.5米以上的树木。主干明显，分枝部位较高，有常绿乔木 (evergreen tree) 和落叶乔木 (deciduous tree) 之分。

②灌木 (shrub)。比较矮小，高度在5米以下的树木，分枝靠近茎的基部，有常绿灌木及落叶灌木之分。

③半灌木（亚灌木 sub-shrub）。植物多年生，仅茎的基部木质化，而上部为草质，冬季枯萎。

别　　名：白果树。

形态特征：乔木，高达 40 米，胸径可达 4 米。幼树树皮浅纵裂，大树之皮呈灰褐色，深纵裂，粗糙；幼年及壮年树冠圆锥形，老年树冠则为广卵形；枝近轮生，斜上伸展；一年生的长枝淡褐黄色，二年生以上变为灰色，并有细纵裂纹；冬芽黄褐色，常为卵圆形，先端钝尖。叶扇形，有长柄，淡绿色，无毛，有多数叉状并列细脉，在短枝上常具波状缺刻，在长枝上常二裂，基部宽楔形，幼树及萌生枝上的叶常深裂，有时裂片再分裂，叶在一年生长枝上呈螺旋散生状，在短枝上 3 ~ 8 叶呈簇生状，秋季落叶前变为黄色。球花雌雄异株，单性，生于短枝顶端的鳞片状叶的腋内，呈簇生状；雄球花葇荑花序状，下垂，雄蕊排列疏松，具短梗；雌球花具长梗，梗端常分两叉，稀 3 ~ 5 叉或不分叉，每叉顶生一盘状珠座，胚珠着生其上，通常仅一个叉端的胚珠发育成种子内媒传粉。种子具长梗，下垂，常为椭圆形、长倒卵形、卵圆形或近圆球形，外种皮肉质，熟时黄色或橙黄色，外被白粉。花期 3 ~ 4 月，种子 9 ~ 10 月成熟。

生长习性：喜光，深根性，对气候、土壤的适应性较宽，但不耐盐碱土及过湿的土壤。

分布区域：原产于中国。后广泛栽培于中国南北方、法国和美国南卡罗来纳州等地区。

园林应用：是园林绿化、行道、公路、田间林网、防风林带的理想栽培树种。

日本冷杉 *Abies firma* Siebold et Zucc.

形态特征： 乔木，在原产地高达50米，胸径达2米；树皮暗灰色或暗灰黑色，粗糙，成鳞片状开裂；大枝通常平展，树冠塔形；一年生枝淡灰黄色，凹槽中有细毛或无毛，二或三年生枝淡灰色或淡黄灰色；冬芽卵圆形，有少量树脂。叶条形，直或微弯，长2～3.5厘米，稀达5厘米，宽3～4毫米，近于辐射伸展，或枝条上面的叶向上直伸或斜展，枝条两侧及下面的叶片排成两列，先端钝而微凹，上面光绿色，下面有二条灰白色气孔带；横切面上有皮下层细胞二层，外层不连续排列，内层仅有数枚皮下层细胞，两端边缘有一层连续排列的皮下层细胞，下面中部一层，或有数枚疏生的皮下层细胞形成第二层。球果圆柱形，长12～15厘米，基部较宽，成熟前绿色，熟时黄褐色或灰褐色；中部种鳞扇状四方形，长1.2～2.2厘米，宽1.7～2.8厘米；苞鳞外露，通常较种鳞为长，先端有骤凸的尖头；种翅楔状长方形，较种子为长；子叶3～5（多为4）枚，条形，长1.8～2.5厘米，宽约2毫米，先端钝或微凹，初生叶长1.2～1.8厘米，宽1.5～2毫米，先端钝尖，微缺或二裂。花期4～5月，球果10月成熟。

生长习性： 耐阴性较强，喜生于湿润、肥沃、疏松、排水良好的酸性或微酸性的棕色或黄红壤土地。

分布区域： 原产于日本。中国辽宁、山东、江苏、浙江、江西以及台湾等地有栽培。

园林应用： 适用于公园、陵园、广场甬道之旁，或建筑物附近成行配植。园林中可在草坪、林缘及疏林空地中成群栽植，极为葱郁优美，如在其老树之下点缀山石和观叶灌木，则更收到形、色俱佳之景。

华北落叶松 *Larix principis-rupprechtii* Mayr 松科落叶松属

别　　名：落叶松、雾灵落叶松。

形态特征：乔木，高达 30 米，胸径 1 米。树皮暗灰褐色，不规则纵裂，成小块片脱落；枝平展，具有不规则细齿；苞鳞暗紫色，近带状矩圆形，长 0.8～1.2 厘米，基部宽，中上部微窄，先端圆截形，中肋延长成尾状尖头，仅球果基部苞鳞的先端露出；种子斜倒卵状椭圆形，灰白色，具有不规则的褐色斑纹，长 3～4 毫米，径约 2 毫米，种翅上部三角状，中部宽约 4 毫米，种子连翅长 1～1.2 厘米；子叶 5～7 枚，针形，长约 1 厘米，下面无气孔线。花期 4～5 月，球果 10 月成熟。

生长习性：强阳性，根系发达，抗风力较强，较耐湿，耐旱，耐瘠薄和耐盐碱，极耐寒，对土壤适应性强。

分布区域：中国特产，产于河北及山西高山上部海拔地带。内蒙古有栽培。

园林应用：秋霜后叶变为金黄色，可孤植、列植、丛植或片植，常与其他常绿针、阔叶树配置。

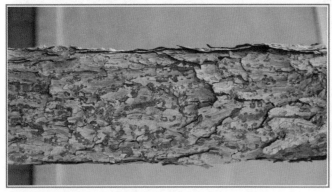

4

日本落叶松 *Larix kaempferi* (Lamb.) Carrs.　　　松科落叶松属

形态特征：乔木，高达 30 米，胸径 1 米。树皮暗褐色，纵裂粗糙，成鳞片状脱落；枝平展，树冠塔形；幼枝有淡褐色柔毛，后渐脱落，一年生枝淡黄色或淡红褐色，有白粉，二、三年生枝灰褐色或黑褐色；短枝上历年叶枕形成的环痕特别明显；冬芽紫褐色。叶倒披针状条形，先端微尖或钝，上面稍平，下面中脉隆起，两面均有气孔线，尤以下面多而明显，通常 5～8 条。雄球花淡褐黄色，卵圆形；雌球花紫红色，苞鳞反曲，有白粉，先端三裂，中裂急尖。球果卵圆形或圆柱状卵形，熟时黄褐色，种鳞 46～65 枚，上部边缘波状，显著向外反曲，背面具褐色瘤状突起和短粗毛；中部种鳞卵状矩圆形或卵方形，基部较宽，先端平截微凹；苞鳞紫红色，窄矩圆形，基部稍宽，上部微窄，先端三裂，中肋延长成尾状长尖，不露出；种子倒卵圆形，种翅上部三角状。花期 4～5 月，球果 10 月成熟。

生长习性：喜光，浅根系，抗风力差，较耐寒，喜肥沃、湿润、排水良好的沙壤土或壤土。

分布区域：原产于日本。现中国多省区有栽培。

园林应用：世界著名园林树种之一，姿态优美，适应范围广，抗病性较强，是优良的园林树种，应用十分广泛。

别　　名：红扦、白儿松、罗汉松、钝叶杉、红扦云杉、刺儿松、毛枝云杉。

形态特征：乔木，高达30米，胸径约60厘米。树皮灰褐色，裂成不规则的薄块片脱落；大枝近平展，树冠塔形；小枝有密生或疏生短毛，或无毛，一年生枝黄褐色，二三年生枝淡黄褐色、淡褐色或褐色；冬芽圆锥形，间或侧芽成卵状圆锥形，褐色，微有树脂，光滑无毛，基部芽鳞有背脊，上部芽鳞的先端常微向外反曲，小枝基部宿存芽鳞的先端微反卷或开展。主枝之叶常辐射伸展，侧枝上面之叶伸展，两侧及下面之叶向上弯伸，四棱状条形，微弯曲，先端钝尖或钝，横切面四棱形，四面有白色气孔线，上面6～7条，下面4～5条。球果成熟前绿色，熟时褐黄色，矩圆状圆柱形，长6～9厘米，径2.5～3.5厘米；中部种鳞倒卵形，先端圆或钝三角形，下部宽楔形或微圆，鳞背露出部分有条纹；种子倒卵圆形，种翅淡褐色。花期4月，球果9月下旬～10月上旬成熟。

生长习性：生长于海拔1600～2700米的气温较低，雨量及湿度较平原为高，土壤为灰色、棕色森林土或棕色森林地带。

分布区域：中国特有树种，产于山西、河北、内蒙古西乌珠穆沁旗等地区。

园林应用：主要造林树种，可栽培作为庭园树，生长很慢，宜列植、片植或林植。

别　　名：红皮臭、虎尾松、高丽云杉、小片鳞松、针松、沙树、带岭云杉、岛内云杉等。

形态特征：乔木，高达 30 米以上，胸径 60 ～ 80 厘米。树皮灰褐色或淡红褐色，很少有灰色，裂成不规则薄条片脱落，裂缝常为红褐色；大枝斜伸至平展，树冠尖塔形，一年生枝黄色、淡黄褐色或淡红褐色，无白粉，无毛或几乎无毛，或有较密但非腺头状的短毛，二三年生枝淡黄褐色、褐黄色或灰褐色；冬芽圆锥形，淡褐黄色或淡红褐色，上部芽鳞常向外展，多少反曲，小枝基部宿存，芽鳞的先端向外反曲，明显或微明显。叶四棱状条形，主枝之叶近辐射状排列，侧生小枝上面之叶直上伸展，下面及两侧之叶从两侧向上弯伸，先端急尖，横切面四棱形，四面有气孔线，上面每边 5 ～ 8 条，下面每边 3 ～ 5 条。球果卵状圆柱形或长卵状圆柱形，成熟前绿色，熟时绿黄褐色至褐色，长 5 ～ 8 厘米，径 2.5 ～ 3.5 厘米；中部种鳞倒卵形或三角状倒卵形，先端圆或钝三角形，基部宽楔形，鳞背露出部分微有光泽，平滑，无明显的条纹；苞鳞条状，长约 5 毫米，中下部微窄，先端钝或微尖，边缘有极细的小缺齿。花期 5 ～ 6 月，球果 9 ～ 10 月成熟。

生长习性：喜空气湿度大、土壤肥厚且排水良好的环境，较耐荫、耐寒，也耐干旱；浅根性，侧根发达，生长比较快。

分布区域：分布于中国大、小兴安岭，吉林山区、长白山区，辽宁昭乌达盟地区，以及内蒙古多伦及锡林郭勒盟等地区的海拔 400 ～ 1800 米地带。

园林应用：可作为建筑用材，宜造林或作为庭园树种。

形态特征： 乔木，高达50米，胸径达2.6米；树皮深灰色或暗褐灰色，深裂成不规则的厚块片，枝条平展，树冠塔形，小枝常有疏生短柔毛，稀几无毛，一年生枝淡黄色或淡褐黄色，二三年生枝灰色或微带黄色；冬芽圆锥形；卵状圆锥形、卵状球形或圆球形，有树脂，芽鳞褐色，排列紧密，小枝基部宿存芽鳞的先端不反卷，或微开展。小枝上面之叶近直上伸展或向前伸展，小枝下面及两侧之叶向两侧弯伸，叶棱状条形或扁四棱形，直或微弯，长0.6～1.5厘米，宽1～1.5毫米，先端尖或钝尖，横切面菱形或微扁，上（腹）面每边有白色气孔线4～7条，下（背）面每边有1～12条气孔线，稀无气孔线或有3～4条极不完整的气孔线（每条仅有极少的气孔点）。球果卵状矩圆形或圆柱形，成熟前种鳞红褐色或黑紫色，熟时褐色、淡红褐色、紫褐色或黑紫色，长7～12厘米，径3.5～5厘米；中部种鳞斜方状卵形或菱状卵形，长1.5～2.6厘米，宽1～1.7厘米，中部或中下部宽，中上部渐窄或微渐窄，上部成三角形或钝三角形，边缘有细缺齿，稀呈微波状，基部楔形；种子灰褐色，近卵圆形，连同种翅长0.7～1.4厘米，种翅倒卵状椭圆形，淡褐色，有光泽，常具疏生的紫色小斑点。花期4～5月，球果9～10月成熟。

生长习性： 喜光，适应性较强。生于海拔2500～3800米地带，且在酸性山地棕色森林土上生长良好。

分布区域： 产于中国云南西北部、四川西南部地区。内蒙古有栽培。

园林应用： 树形优美，可栽植于庭院、公园等绿地，宜孤植、对植、丛植等。

别　　名：箭炉云杉、密毛杉。

形态特征：乔木，高达45米，胸径达1米；树皮灰色，裂成不规则的块状薄片，脱落前四边挠离，脱落后露出褐色或深褐色内皮；一年生枝金黄色或淡褐黄色，稀微有白粉，有毛或无毛；冬芽圆锥形，微有树脂，基部芽鳞的背面有纵脊，无毛或有毛，小枝基部宿存芽鳞的先端斜展微向外反曲。主枝之叶辐射伸展，侧生小枝上面之叶向上伸展，下面之叶向两侧伸展成两列状，四棱状条形，常多少弯曲，先端渐尖、锐尖或微急尖，横切面四棱形或微扁，四边有气孔线，上面每边6～7条，下面每边4～5条。球果圆柱状或圆柱状椭圆形，幼时紫红色，成熟前种鳞上部边缘紫红色，背部绿色，熟时褐色或淡褐色；中部种鳞倒卵形或三角状倒卵形又或菱状倒卵形，上部圆或三角状，先端不裂或微凹，或二浅裂；苞鳞窄三角状匙形，长约5毫米；种子斜卵圆形，种翅淡褐色，倒披针状矩圆形。花期5月，球果10月成熟。

生长习性：喜温良气候，稍耐旱，耐寒性较好，在排水良好的酸性土壤上生长良好。

分布区域：中国特有树种，产于四川岷江支流杂谷河流域、大渡河流域上游和雅碧江流域及青海东南部。

园林应用：可孤植、对植、列植和片植，宜作庭园、公园绿化树种。

欧洲云杉 *Picea abies* (L.)Karst.

形态特征： 乔木，在原产地高达 60 米，胸径达 4～6 米。幼树树皮薄，老树树皮厚，裂成小块薄片。大枝斜展，小枝通常下垂，幼枝淡红褐色或橘红色，无毛或有疏毛。冬芽圆锥形，先端尖，芽鳞淡红褐色上部芽鳞反卷，基部芽鳞先端长尖，有纵脊，具短柔毛。小枝上面之叶向前或向上伸展，下面之叶向两侧伸展或两侧之叶向上弯伸，或下垂小枝之叶辐射向前伸展，四棱状条形，直或弯曲，长 1.2～2.5 厘米，横切面斜方形，四边有气孔线。球果圆柱形，长 10～15 厘米，稀达 18.5 厘米，成熟时褐色；种鳞较薄，斜方状倒卵形或斜方状卵形，先端截形或有凹缺，边缘有细缺齿；种子长 4 毫米，种翅长 16 毫米。

生长习性： 耐阴能力较强，对气候要求不严，抗寒性较强，在酸性至微酸性的棕色森林土或褐棕土生长甚好。

分布区域： 原产于欧洲北部及中部，为北欧主要造林树种之一。中国内蒙古有少量引种栽培。

园林应用： 树形美观，枝条浓密，针叶鲜绿色，新叶黄绿色，可种植于庭园、公园等绿地，宜孤植、对植、丛植等。

青扦 *Picea wilsonii* Mast.

别　　名： 白扦松、华北云杉、细叶云杉。

形态特征： 乔木，高达 50 米，胸径达 1.3 米。树皮灰褐色，不规则块状脱落，枝近平展，小枝黄褐色或褐色，具密或疏短毛，稀无毛；冬芽圆锥形，褐色，稍具树脂，上部芽鳞常微向外反曲，小枝基部宿存的芽鳞先端微反曲或开展。主枝叶辐射伸展，侧枝叶由两侧向上弯伸，四棱状线形，微弯，先端钝或钝尖，表面每侧有气孔线 6～7 条，背面每侧有 4～5 条，极明显，远看粉白色。球果成熟前绿色，成熟后褐黄色，长圆状圆柱形；中部种鳞倒卵形，先端圆或钝三角形，鳞背露出部分有条纹。种子倒卵圆形，种翅淡褐色。花期 4 月，球果 9 月下旬～10 月上旬成熟。

生长习性： 耐荫，喜温凉、湿润气候、酸性土壤。

分布区域： 分布于河北、山西及内蒙古等省区，为华北地区高山上部主要乔木树种之一。

园林应用： 树形优美，叶之气孔线极明显，如白霜，为优良观赏树种。

青海云杉 *Picea crassifolia* Kom.

松科云杉属

别　　名：泡松。

形态特征：乔木，高达23米，胸径30～60厘米。一年生嫩枝淡绿黄色，有或多或少的短毛，或几无毛至无毛，干后或二年生小枝呈粉红色或淡褐黄色，稀呈黄色，通常有明显或微明显的白粉（尤以叶枕顶端的白粉显著），或无白粉，老枝呈淡褐色、褐色或灰褐色；冬芽圆锥形，通常无树脂，基部芽鳞有隆起的纵脊，小枝基部宿存芽鳞的先端常开展或反曲。叶较粗，四棱状条形，近辐射伸展，先端钝，或具钝尖头，横切面四棱形，稀两侧扁，四面有气孔线，上面每边5～7条，下面每边4～6条。球果圆柱形或矩圆状圆柱形，成熟前种鳞背部露出部分绿色，上部边缘紫红色；中部种鳞倒卵形，先端圆，边缘全缘或微成波状，微向内曲，基部宽楔形；苞鳞短小，三角状匙形；种子斜倒卵圆形，种翅倒卵状，淡褐色，先端圆。花期4～5月，果期9～10月。

生长习性：喜寒冷潮湿环境，喜中性土壤，耐旱，耐瘠薄，忌水涝，幼树耐阴，浅根性树种，抗风力差。生于海拔1750～3100米的山地阴坡和半阴坡及潮湿谷地。

分布区域：产于中国祁连山区、青海、甘肃、宁夏、内蒙古大青山的海拔1600～3800米地带。

园林应用：森林更新树种和荒山造林树种，亦可作为庭园观赏树种，适于在园林中孤植、群植，常作为庭荫树、园景树。

杉松 *Abies holophylla* Maxim.

松科冷杉属

别　　名：沙松、白松、杉木、辽东冷杉、针枞。

形态特征：乔木，高达 30 米，胸径达 1 米。幼树树皮淡褐色，不开裂，老则浅纵裂，成条片状，灰褐色或暗褐色；枝条平展；一年生枝淡黄灰色或淡黄褐色，无毛，有光泽，二三年生枝呈灰色、灰黄色或灰褐色；冬芽卵圆形，有树脂。叶在果枝下面列成两列，上面的叶斜上伸展，在营养枝上排成两列；条形，直伸或成弯镰状，长 2～4 厘米，宽 1.5～2.5 毫米，先端急尖或渐尖，上面深绿色、有光泽，下面沿中脉两侧各有 1 条白色气孔带，生于果枝上之叶的上面近先端或中上部通常有 2～5 条不规则的气孔线；横切面有两个中生树脂道，上面至下面两侧边缘有一层连续排列的皮下层细胞，稀有极为疏生的皮下层细胞形成第二层，下面中部一至二层，二层者内层不连续排列。球果圆柱形，长 6～14 厘米，径 3.5～4 厘米，近无梗，熟时淡黄褐色或淡褐色；中部种鳞近扇状四边形或倒三角状扇形，上部宽圆、微厚，边缘内曲，两侧较薄，有细缺齿，中部楔状微圆，或微缩而两侧凸出，基部窄成短柄状，鳞背露出部分被密生短毛；苞鳞短，长不及种鳞的一半，不露出，楔状倒卵形或倒卵形，上部微圆，先端有急尖的刺状尖头，背部有纵脊，中部极短、微收缩，下部渐窄；种子倒三角状，长 8～9 毫米，种翅宽大，淡褐色，较种子为长，长方状楔形，先端平截，宽约 1.1 厘米，下部微窄，边缘有细波状、缺刻，连同种子长约 2.4 厘米；子叶 5～6 枚，条形，长 2.5～3.3 厘米，宽 1.5～2 毫米，先端钝或微凹，初生叶长 1.5～1.8 厘米，宽约 1 毫米，先端渐尖。花期 4～5 月，球果 10 月成熟。

生长习性：喜光，喜湿，耐旱，生于土层肥厚弱灰化棕色森林土地带，分布海拔在 500～1200 米地带。

分布区域：产于中国东北牡丹江流域山区、长白山区及辽河东部山区。俄罗斯、朝鲜也有分布。

园林应用：宜孤植作庭荫树，可列植或丛植、群植，适于风景区、公园、庭园及道路等地，也可作盆栽。

13

雪岭杉 *Picea schrenkiana* Fisch. et Mey.

松科云杉属

别　　名：雪岭云杉、天山云杉。

形态特征：乔木，高达 35～40 米，胸径 70～100 厘米。树皮暗褐色，成块片状开裂；大枝短，近平展，树冠圆柱形或窄尖塔形；小枝下垂，一二年生时呈淡黄灰色或黄色，无毛或有或疏或密之毛，老枝呈暗灰色。冬芽圆锥状卵圆形，淡褐黄色，芽鳞背部及边缘有短柔毛；叶辐射斜上伸展，四棱状条形，直伸或多少弯曲，长 2～3.5 厘米，宽约 1.5 毫米，横切面菱形，四面均有气孔线，上面每边 5～8 条，下面每边 4～6 条。球果成熟前绿色，椭圆状圆柱形或圆柱形；中部种鳞倒三角状倒卵形，先端圆，基部宽楔形；苞鳞倒卵状矩圆形；种子斜卵圆形，种翅倒卵形，先端圆。花期 5～6 月，球果 9～10 月成熟。

生长习性：喜湿润气候，抗寒性强。喜酸性或微酸性较肥沃的褐棕色森林土，可忍受一定的干旱。

分布区域：在中国仅分布于新疆，主要分布于天山。较为集中地分布于天山北麓西部伊犁山区和中部的博格达山、喀拉乌成山，准噶尔西部山地地区，天山南坡和昆仑山西部也有少量分布。哈萨克斯坦共和国境内西天山也有分布。俄罗斯也有分布。

园林应用：园林造景树。庭院中可孤植，也可片植。

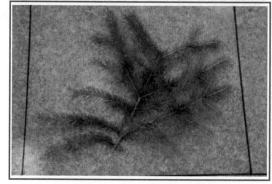

云杉 *Picea asperata* Mast.

别　　名：茂县云杉、茂县杉、异鳞云杉、大云杉等。

形态特征：乔木，高达 45 米，胸径达 1 米。树皮淡灰褐色或淡褐灰色，裂成不规则鳞片或稍厚的块片脱落；小枝有疏生或密生的短柔毛，或无毛，一年生时淡褐黄色、褐黄色、淡黄褐色或淡红褐色，叶枕有白粉，或白粉不明显，二三年生时灰褐色，褐色或淡褐灰色；冬芽圆锥形，有树脂，基部膨大，上部芽鳞的先端微反曲或不反曲，小枝基部宿存芽鳞的先端多少向外反卷。主枝之叶辐射伸展，侧枝上面之叶向上伸展，下面及两侧之叶向上方弯伸，四棱状条形，长 1～2 厘米，微弯曲，先端微尖或急尖，横切面四棱形，四面有气孔线，上面每边 4～8 条，下面每边 4～6 条。球果圆柱状矩圆形或圆柱形，上端渐窄，成熟前绿色，熟时淡褐色或栗褐色，长 5～16 厘米；中部种鳞倒卵形，长约 2 厘米，上部圆或截圆形则排列紧密，或上部钝三角形则排列较松，先端全缘，或球果基部或中下部种鳞的先端两裂或微凹；种子倒卵圆形，长约 4 毫米，连翅长约 1.5 厘米，种翅淡褐色，倒卵状矩圆形；子叶 6～7 枚，条状锥形，长 1.4～2 厘米，初生叶四棱状条形，长 0.5～1.2 厘米，先端尖，四面有气孔线，全缘或隆起的中脉上部有齿毛。花期 4～5 月，果期 9～10 月。

生长习性：浅根性树种，喜光，稍耐阴，能耐干燥及寒冷的环境条件，在气候凉润、土层深厚、排水良好的微酸性棕色森林土地带生长发育良好。

分布区域：中国特有树种，产于陕西西南部（凤县），甘肃东部及白龙江流域、洮河流域，四川岷江流域上游及大小金川流域，分布于海拔 2400～3600 米地带。内蒙古有栽培。

园林应用：多用于公园绿地或造林树种，也可作盆栽。

白皮松 *Pinus bungeana* Zucc. ex Endl.

松科松属

别　　名： 白骨松、三针松、白果松、虎皮松、蟠龙松。

形态特征： 乔木，高达30米，胸径可达3米。有明显的主干，或从树干近基部分成数个枝干；枝较细长，斜展，形成宽塔形至伞形树冠；幼树树皮光滑，灰绿色，长大后树皮成不规则的薄块片脱落，露出淡黄绿色的新皮，老时树皮呈淡褐灰色或灰白色，裂成不规则的鳞状块片脱落，脱落后近光滑，露出粉白色的内皮，白褐相间成斑鳞状；一年生枝灰绿色，无毛；冬芽红褐色，卵圆形，无树脂。针叶3针一束，粗硬，长5～10厘米，叶背及腹面两侧均有气孔线，先端尖，边缘有细锯齿。雄球花卵圆形或椭圆形，长约1厘米，多数聚生于新枝基部成穗状，长5～10厘米。球果通常单生，初直立，后下垂，成熟前淡绿色，熟时淡黄褐色，卵圆形或圆锥状卵圆形，长5～7厘米，径4～6厘米。花期4～5月，球果第二年10～11月成熟。

生长习性： 喜光，耐瘠薄土壤、干冷气候。在气候温凉、土层深厚、肥润的钙质土和黄土上生长良好。

分布区域： 中国特有树种，产于山西、河南、陕西、甘肃等地。苏州、杭州、衡阳等地均有栽培。

园林应用： 观干观形树种，可作为园景观赏树、山地造林树种等。

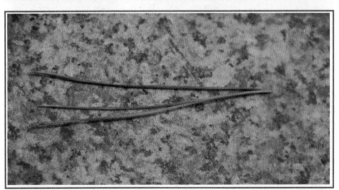

长白松 *Pinus sylvestris* L. var. *sylvestriformis* (Takenouchi) Cheng et C. D. Chu 松科松属

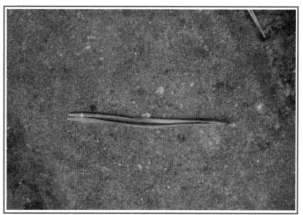

别　　名：欧洲赤松。

形态特征：乔木，在原产地高达 40 米。树皮红褐色，裂成薄片脱落；小枝暗灰褐色；冬芽矩圆状卵圆形，赤褐色，有树脂。针叶 2 针一束，蓝绿色，粗硬，通常扭曲，长 3 ～ 7 厘米，径约 1.5 ～ 2 毫米，先端尖，两面有气孔线，边缘有细锯齿；横切面半圆形，皮下层细胞单层，叶内树脂道边生。雌球花有短梗，向下弯垂，幼果种鳞的种脐具有小尖刺。球果熟时暗黄褐色，圆锥状卵圆形，基部对称式稍偏斜，长 3 ～ 6 厘米；种鳞的鳞盾扁平或三角状隆起，鳞脐小，常有尖刺。

生长习性：喜光，深根性树种，能适应土壤水分较少的山脊及向阳山坡和较干旱的砂地及石砾砂土地区。

分布区域：原产于欧洲，为分布区内常见的森林树种。中国内蒙古有栽培。

园林应用：可作庭园观赏及绿化树种。

华山松 *Pinus armandii* Franch.

别　　名：白松、五须松、果松、青松、五叶松。

形态特征：乔木，高达 35 米，胸径 1 米。幼树树皮灰绿色或淡灰色，平滑，老则呈灰色，裂成方形或长方形厚块片固着于树干上，或脱落；枝条平展，形成圆锥形或柱状塔形树冠；一年生枝绿色或灰绿色，无毛，微被白粉；冬芽近圆柱形，褐色，芽鳞排列疏松。针叶 5 针一束，稀 6～7 针一束，长 8～15 厘米，径 1～1.5 毫米，边缘具细锯齿，仅腹面两侧各具 4～8 条白色气孔线；叶鞘早落。雄球花黄色，卵状圆柱形，长约 1.4 厘米，基部围有近 10 枚卵状匙形的鳞片，多数集生于新枝下部成穗状，排列较疏松。球果圆锥状长卵圆形，长 10～20 厘米，径 5～8 厘米，幼时绿色，成熟时黄色或褐黄色，种鳞张开，种子脱落，果梗长 2～3 厘米；中部种鳞近斜方状倒卵形，长 3～4 厘米，宽 2.5～3 厘米，鳞盾近斜方形或宽三角状斜方形，不具纵脊，先端钝圆或微尖，不反曲或微反曲，鳞脐不明显；种子黄褐色、暗褐色或黑色，倒卵圆形，无翅或两侧及顶端具棱脊，稀具极短的木质翅。花期 4～5月，球果第二年 9～10 月成熟。

生长习性：耐寒，不耐炎热和盐碱，稍耐贫瘠，能适应多种土壤。

分布区域：产于中国山西南部中条山、河南西南部及嵩山、四川、湖北西部等地。内蒙古有栽培。

园林应用：可作为绿化风景树、园景树、庭荫树、行道树及林带树，亦可用于丛植、群植。

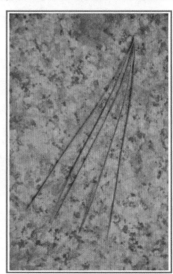

欧洲黑松 *Pinus nigra* Arn. 松科松属

形态特征： 乔木，在原产地高达 50 米。树皮灰黑色，二年生枝上针叶基部的鳞叶逐渐脱落；芽褐色，卵形或矩圆状卵形，有树脂。针叶 2 针一束，长 9～16 厘米，刚硬，深绿色；树脂道 3～6（多为 3）个，中生。球果熟时黄褐色，卵圆形，长 5～8 厘米，辐射对称；种鳞的鳞盾先端圆，横脊强隆起，鳞脐红褐色，有短刺；种子长约 4～8 毫米，种翅长 1.1～1.3 毫米。

生长习性： 生长于海拔 100～2600 米地带。为喜光、深根性树种，喜干冷气候，在土层深厚、排水良好的酸性、中性或钙质土上均生长良好。

分布区域： 原产于欧洲南部及小亚细亚半岛等地。后中国引种栽培，生长较慢。

园林应用： 欧洲黑松是经济树种，可提供更新造林、园林绿化及庭园造景。

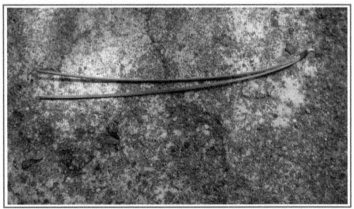

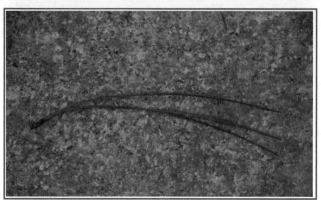

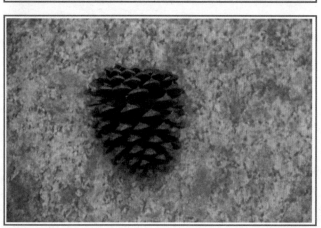

别　　名：美国黄松、美国长三叶松。

形态特征：乔木，在原产地高达 70 米，胸径 4 米。枝条每年生长一轮，一年生枝暗橙褐色，稀有白粉，老枝灰黑色；芽矩圆形或卵圆形，有树脂。针叶通常 3 针一束，稀 2～5 针一束，深绿色，粗硬而扭曲，长 12～36 厘米，径 1.2～1.5 毫米；横切面多为三角形，多型皮下层细胞，在表皮层下呈倒三角状断续分布，树脂道 5～6 个，中生。球果卵状圆锥形，长 8～20 厘米，径 6～11 厘米；种鳞的鳞盾红褐色或黄褐色，有光泽，沿横脊隆起，鳞脐有向后反的粗刺；种子长 7～10 毫米，种翅长 2.5～3 厘米。

生长习性：适应性较强，可适应多种土壤，在沙壤土、壤土及多石砾的土壤上均能正常生长，但在过湿的土壤上生长不良。

分布区域：原产于北美。中国内蒙古有栽培。

园林应用：抗火树种，适于荒山造林、庭院绿化和文物古迹周围美化。

油松 *Pinus tabuliformis* Carrière

松科松属

别　　名：短叶松、短叶马尾松、红皮松等。

形态特征：乔木，高达25米，胸径1米以上。树皮灰褐色，裂成不规则较厚的鳞状块片，裂缝及上部树皮红褐色；枝平展或向下斜展，老树树冠平顶，小枝较粗，褐黄色，无毛，幼时微被白粉；冬芽矩圆形，顶端尖，微具树脂，芽鳞红褐色，边缘有丝状缺裂。针叶2针一束，深绿色，粗硬，长10～15厘米，边缘有细锯齿，两面具气孔线。雄球花圆柱形，在新枝下部聚生成穗状。球果卵形或圆卵形，有短梗，向下弯垂，成熟前绿色，熟时淡黄色或淡褐黄色，常宿存树上近数年之久；中部种鳞近矩圆状倒卵形，鳞盾肥厚、隆起或微隆起，扁菱形或菱状多角形，横脊显著，鳞脐凸起有尖刺；种子卵圆形或长卵圆形，淡褐色有斑纹。花期4～5月，球果第二年10月成熟。

生长习性：喜光，喜干冷，在土层深厚、排水良好的酸性、中性或钙质黄土上均能生长良好。

分布区域：中国特有树种，产于吉林、山东、山西、内蒙古、陕西等省区。

园林应用：园景观赏树、建筑前沿树种、行道树、古建庭园树种、山地造林树种。

樟子松 *Pinus sylvestris* var. mongolica Litv. 　松科松属

形态特征： 乔木，在原产地高达40米。树皮红褐色，裂成薄片脱落；小枝暗灰褐色；冬芽矩圆状卵圆形，赤褐色，有树脂。针叶2针一束，蓝绿色，粗硬，通常扭曲，长3～7厘米，先端尖，两面有气孔线，边缘有细锯齿。雌球花有短梗，向下弯垂，幼果种鳞的种脐具小尖刺。球果熟时暗黄褐色，圆锥状卵圆形，基部对称式稍偏斜，长3～6厘米；种鳞的鳞盾扁平或三角状隆起，鳞脐小，常有尖刺。

生长习性： 喜光，抗旱，耐寒，耐瘠薄土壤。

分布区域： 产于中国黑龙江大兴安岭海拔400～900米的山地及海拉尔以西、以南一带沙丘地区。内蒙古也有分布。

园林应用： 可作为用材及城市观赏绿化树种，可片植、林植，用于公园、庭院。

刺柏 *Juniperus formosana* Hayata

别　　名：翠柏、杉柏、台湾刺柏、璎珞柏、扎柏、柏香、垂柏、刺柏、树短柏木、山杉、台桧、台松。

形态特征：乔木，高达 12 米。树皮褐色，纵裂成长条薄片脱落；枝条斜展或直展，树冠塔形或圆柱形；小枝下垂，三棱形。叶为三叶轮生，条状披针形或条状刺形，先端渐尖具锐尖头，上面稍凹，中脉微隆起，绿色，两侧各有 1 条白色、很少有紫色或淡绿色的气孔带。雄球花圆球形或椭圆形，药隔先端渐尖，背有纵脊。球果近球形或宽卵圆形，熟时淡红褐色，被白粉或白粉脱落，间或顶部微张开；种子半月圆形，具 3～4 棱脊，顶端尖，近基部有 3～4 个树脂槽。

生长习性：喜光，耐寒，耐旱，主侧根均甚发达，在干旱沙地、肥沃通透性土壤生长最好。

分布区域：中国特有树种。自温带至寒带均有分布。

园林应用：优良的园林绿化树种，可孤植、列植，也可制作盆景。

杜松 *Juniperus rigida* S.et Z

别　　名：刚桧、崩松、棒儿松、普圆柏等。

形态特征：灌木或小乔木，高达 10 米；枝条直展，形成塔形或圆柱形的树冠，枝皮褐灰色，纵裂；小枝下垂，幼枝三棱形，无毛。三叶轮生，条状刺形，质厚，坚硬，上部渐窄，先端锐尖，上面凹下成深槽，槽内有 1 条窄白粉带，下面有明显的纵脊，横切面成内凹的"V"状三角形。雄球花椭圆状或近球状。球果圆球形，成熟前紫褐色，熟时淡褐黑色或蓝黑色，常被白粉；种子近卵圆形，长约 6 毫米，顶端尖，有 4 条不明显的棱角。

生长习性：性喜光，耐阴。

分布区域：产于中国黑龙江、吉林、辽宁、内蒙古等省区。朝鲜、日本也有分布。

园林应用：适种植于庭院、道路两旁。可作为盆栽养殖在室内，装饰家庭布局。

侧柏 *Platycladus orientalis* (L.) Franco

柏科侧柏属

别　　名：黄柏、香柏、扁柏、扁桧、香树、香柯树等。

形态特征：乔木，高达 20 余米，胸径 1 米。树皮薄，浅灰褐色，纵裂成条片；枝条向上伸展或斜展，幼树树冠卵状尖塔形，老树树冠则为广圆形；生鳞叶的小枝细，向上直展或斜展，扁平，排成一平面。叶鳞形，先端微钝，小枝中央的叶的露出部分呈倒卵状菱形或斜方形，背面中间有条状腺槽，两侧的叶呈船形，先端微内曲，背部有钝脊，尖头的下方有腺点。雄球花黄色，卵圆形；雌球花近球形，蓝绿色，被白粉。球果近卵圆形，成熟前近肉质，蓝绿色，被白粉，成熟后木质，开裂，红褐色；中间两对种鳞倒卵形或椭圆形，鳞背顶端的下方有一向外弯曲的尖头，上部 1 对种鳞窄长，近柱状，顶端有向上的尖头，下部 1 对种鳞极小；种子卵圆形或近椭圆形。花期 3 ～ 4 月，球果 10 月成熟。

生长习性：喜光，幼时稍耐阴，适应性强，对土壤要求不严。

分布区域：产于中国内蒙古南部、吉林、辽宁、河北、山西等地区。

园林应用：常见绿化树种，可用于行道、亭园、大门两侧、绿地周围、路边花坛及墙垣内外，均极美观。小苗可作绿篱、隔离带围墙点缀。

千头柏 *Platycladus orientalis* (L.) Franco 'Sieboldii'　　柏科侧柏属

别　　名：侧柏、黄柏、香柏、扁柏、扁桧、香树、香柯树。

形态特征：丛生灌木，无主干；枝密，上伸。生鳞叶的小枝细，向上直展或斜展，扁平，排成一平面。叶鳞形，长1~3毫米，先端微钝，小枝中央的叶的露出部分呈倒卵状菱形或斜方形，背面中间有条状腺槽，两侧的叶船形，先端微内曲，背部有钝脊，尖头的下方有腺点。雄球花黄色，卵圆形，长约2毫米；雌球花近球形，径约2毫米，蓝绿色，被白粉。球果近卵圆形，成熟前近肉质，蓝绿色，被白粉，成熟后木质，开裂，红褐色；中间两对种鳞倒卵形或椭圆形，鳞背顶端的下方有一向外弯曲的尖头，上部1对种鳞窄长，近柱状，顶端有向上的尖头，下部1对种鳞极小，长达13毫米，稀退化而不显著；种子卵圆形或近椭圆形，顶端微尖，灰褐色或紫褐色，长6~8毫米，稍有棱脊，无翅或有极窄之翅。花期3~4月，果期9~10月。

生长习性：耐寒，耐旱，可适用于各种土壤。

分布区域：产于中国内蒙古南部、吉林、辽宁等省区。朝鲜也有分布。

园林应用：可作绿篱树或庭园树种，可丛植、列植或片植。

叉子圆柏 *Sabina vulgaris* Ant.

柏科圆柏属

形态特征：匍匐灌木，高不及 1 米，稀灌木或小乔木。枝密，斜上伸展，枝皮灰褐色，裂成薄片脱落；一年生枝的分枝皆为圆柱形，径约 1 毫米。二型叶，刺叶常生于幼树上，稀在壮龄树上与鳞叶并存，常交互对生或兼有三叶交叉轮生，排列较密，向上斜展，先端刺尖，上面凹，下面拱圆，中部有长椭圆形或条形腺体；鳞叶交互对生，排列紧密或稍疏，斜方形或菱状卵形，先端微钝或急尖，背面中部有明显的椭圆形或卵形腺体。雌雄异株，稀同株；雄球花椭圆形或矩圆形；雌球花曲垂或初期直立而随后俯垂。球果生于向下弯曲的小枝顶端，熟前蓝绿色，熟时褐色至紫蓝色或黑色；种子常为卵圆形，微扁，顶端钝或微尖，有纵脊与树脂槽。

生长习性：耐旱性强，驯化后在沙盖黄土丘陵地及水肥条件较好的土壤上生长良好。

分布区域：产于中国新疆、宁夏、内蒙古、青海、甘肃以及陕西部分地区。

园林应用：可代替草坪大面积置景，也可孤植、群植于树丛、林缘及建筑物背阴处。

铺地柏 *Sabina procumbens* (Endl.) Iwata et Kusaka 　　　柏科圆柏属

别　　名：匍地柏、矮桧、偃柏。

形态特征：匍匐灌木，高达75厘米；枝条沿地面扩展，褐色，密生小枝，枝梢及小枝向上斜展。刺形叶，三叶交叉轮生，条状披针形，先端渐尖成角质锐尖头，长6～8毫米，上面凹，有两条白粉气孔带，气孔带常在上部汇合，绿色中脉仅下部明显，不达叶之先端，下面凸起，蓝绿色，沿中脉有细纵槽。球果近球形，被白粉，成熟时黑色，径8～9毫米，有2～3粒种子；种子长约4毫米，有棱脊。

生长习性：喜光，稍耐阴，耐寒，耐旱，抗盐碱，对土质要求不严，耐贫瘠，萌生力较强。

分布区域：原产日本。中国内蒙古有引种栽培。

园林应用：抗空气污染能力强，可配植于岩石园或草坪角隅，宜覆盖土坡或盆栽观赏。

圆柏 *Sabina chinensis* (L.) Ant.

柏科圆柏属

别　　名：刺柏、柏树、桧、桧柏。

形态特征：乔木，高达20米，胸径达3.5米。树皮深灰色，纵裂，成条片开裂；幼树的枝条通常斜上伸展，形成尖塔形树冠，老则下部大枝平展，形成广圆形的树冠；树皮灰褐色，纵裂，裂成不规则的薄片脱落；小枝通常直或稍成弧状弯曲，生鳞叶的小枝近圆柱形或近四棱形。二型叶，即刺叶及鳞叶；刺叶生于幼树之上，老龄树则全为鳞叶，壮龄树兼有刺叶与鳞叶；一年生小枝的一回分枝的鳞叶三叶轮生，直伸而紧密，近披针形，先端微渐尖，背面近中部有椭圆形微凹的腺体；刺叶三叶交互轮生，斜展，疏松，披针形，先端渐尖，上面微凹，有两条白粉带。雌雄异株，稀同株，雄球花黄色，椭圆形。球果近圆球形，两年成熟，熟时暗褐色，被白粉或白粉脱落，有1～4粒种子；种子卵圆形，扁，顶端钝，有棱脊及少数树脂槽。

生长习性：喜光，喜温暖，喜湿润，较耐阴。

分布区域：产于中国内蒙古乌拉山、河北等地。

园林应用：圆锥形树型，干枝扭曲，姿态奇古，可作为独景树。可群植、丛植，常用作绿篱、行道树。还可以作桩景、盆景材料。

罗汉松 Podocarpus macrophyllus（Thunb.）D.Don 罗汉松科罗汉松属

别　　名：罗汉杉、长青罗汉杉、土杉等。

形态特征：乔木，高达20米，胸径达60厘米。树皮灰色或灰褐色，浅纵裂，成薄片状脱落；枝开展或斜展，较密。叶螺旋状着生，条状披针形，微弯，长7～12厘米，宽7～10毫米，先端尖，基部楔形，上面深绿色，有光泽，中脉显著隆起；下面白色、灰绿色或淡绿色，中脉微隆起。雄球花穗状、腋生，常3～5个簇生于极短的总梗上，基部有数枚三角状苞片；雌球花单生叶腋，有梗，基部有少数苞片。种子卵圆形，先端圆，熟时肉质假种皮紫黑色，有白粉，种托肉质圆柱形，红色或紫红色，柄长1～1.5厘米。花期4～5月，种子8～9月成熟。

生长习性：喜温暖、湿润气候，不耐寒，耐阴，对土壤适应性强，抗空气污染、病虫害。

分布区域：产于中国江苏、浙江、福建、安徽、江西、湖南等省区。日本也有分布。

园林应用：罗汉松与竹、石组成盆景，也可用作园景树。

粗榧 *Cephalotaxus sinensis* (Rehd. et Wils.) Li   三尖杉科三尖杉属

别　　名： 鄂西粗榧、中华粗榧杉、粗榧杉、中国粗榧。

形态特征： 灌木或小乔木，高达 15 米，少为大乔木。树皮灰色或灰褐色，裂成薄片状脱落。叶条形，排成两列，通常直，稀微弯，长 2～5 厘米，宽约 3 毫米，基部近圆形，几无柄，上部通常与中下部等宽或微窄，先端通常渐尖或微凸尖，稀凸尖，上面深绿色，中脉明显，下面有两条白色气孔带，较绿色边带宽 2～4 倍。雄球花 6～7 聚生成头状，径约 6 毫米，总梗长约 3 毫米，基部及总梗上有多数苞片，雄球花卵圆形，基部有 1 枚苞片，雄蕊 4～11 枚，花丝短，花药 2～4 个。种子通常 2～5 个着生于轴上，卵圆形、椭圆状卵形或近球形，长 1.8～2.5 厘米，顶端中央有一小尖头。花期 3～4 月，果期 8～10 月。

生长习性： 阴性树种，喜温凉、湿润气候，较耐寒，生于海拔 600～2200 米的富含有机质的土壤中。

分布区域： 中国南方多地有分布。内蒙古有栽培。

园林应用： 中国特有树种，多与其他树种配植，宜孤植、丛植、林植等，可植于草坪边缘或大乔木下作林下栽植材料，常作盆栽、盆景观赏。

矮紫杉 *Taxus cuspidata* var. nana rehd.

形态特征： 矮紫杉是东北红豆杉（紫杉）培育出来的一个具有很高观赏价值的品种。半球状密纵灌木，树形矮小，树姿秀美，终年常绿，侧根发达，生长迟缓；叶螺旋状着生，呈不规则两列，与小枝约成45°角斜展，条形，基部窄，有短柄，先端且凸尖，上面绿色有光泽，下面有两条灰绿色气孔线。假种皮鲜红色，异常亮丽。花期5～6月，种子9～10月成熟。

生长习性： 浅根性，耐寒，耐阴，耐修剪，怕涝，喜生长于富含有机质的湿润土壤中。

分布区域： 原产于日本。中国北京，吉林省和辽宁的丹东、大连、沈阳等地有栽培。

园林应用： 可孤植或群植，又可植为绿篱用，适合整剪为各种雕塑物式样。

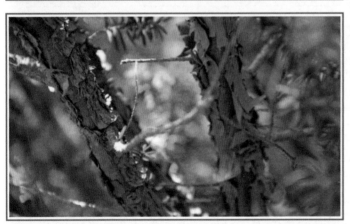

木麻黄 *Casuarina equisetifolia* Forst.

别　　名: 马毛树、短枝木麻黄、驳骨树。

形态特征: 乔木,高可达30米,大树根部无萌蘖。树干通直,直径达70厘米;树冠狭长呈圆锥形;树皮在幼树上呈赭红色,较薄,皮孔密集排列为条状或块状,老树的树皮粗糙,深褐色,不规则纵裂,内皮深红色;枝红褐色,有密集的节;最末次分出的小枝灰绿色,纤细,常柔软下垂,具7～8条沟槽及棱,初时被短柔毛,渐变无毛或仅在沟槽内略有毛,节脆易抽离。鳞片状叶每轮通常7枚,少为6或8枚,披针形或三角形,紧贴。花雌雄同株或异株;雄花序几无总花梗,棒状圆柱形,有覆瓦状排列、被白色柔毛的苞片;小苞片具缘毛;雌花序通常顶生于近枝顶的侧生短枝上。球果状果序椭圆形,幼嫩时外被灰绿色或黄褐色茸毛,成长时毛常脱落;小苞片变木质,阔卵形,顶端略钝或急尖,背无隆起的棱脊;小坚果连翅。花期4～5月,果期7～10月。

生长习性: 强阳性,喜炎热,耐旱,耐贫瘠,耐潮湿,不耐寒,抗盐渍。

分布区域: 原产于澳大利亚和太平洋岛屿。中国广西、广东、福建、台湾沿海地区普遍栽植。

园林应用: 生长迅速,萌芽力强,根系深广,具有耐干旱、抗风沙和耐盐碱的特性,可作行道树、防护林或绿篱。

形态特征： 乔木，高达 30 米。树皮黄绿色至灰白色，光滑；树冠圆大。小枝圆柱形，灰褐色，无毛，幼时黄褐色，有柔毛。芽长卵形或卵圆形，被柔毛，无黏质。叶卵形或近圆形，长 3～8 厘米，宽 2～7 厘米，先端急尖或钝尖，基部截形、圆形或广楔形，边缘有弯曲或不弯曲波状粗齿，齿端锐尖，内曲，上面暗绿色，下面淡绿色，发叶时下面被绒毛；叶柄侧扁，初时被毛与叶片等长或较短。雄花序轴被密毛，苞片褐色，掌状分裂，裂片边缘具白色长毛；雌花序轴被长毛，苞片赤褐色，边缘有长白毛。花期 4 月，果期 5～6 月。

生长习性： 多生于海拔 700～1600 米的河流两岸、沟谷阴坡及冲积阶地上。耐寒，耐旱，喜湿润，不抗涝。

分布区域： 产于中国华北、西北各省区，为河北省山区常见杨树之一，各地有栽培。

园林应用： 树皮白色，树冠圆整，可作为保持水土、防风固沙造林树种，也作为庭院、行道优良树种。

胡杨 *Populus euphratica*　　　　　　　　　　　　　　　　杨柳科杨属

形态特征： 乔木，高 10～15 米，稀灌木状。树皮淡灰褐色，下部条裂；萌枝细，圆形，光滑或微有绒毛。芽椭圆形，光滑，褐色，长约 7 毫米。苗期和萌枝叶披针形或线状披针形，全缘或不规则的疏波状齿牙缘；成年树小枝泥黄色，有短绒毛或无毛，枝内富含盐量，嘴咬有咸味。叶形多变化，卵圆形、卵圆状披针形、三角伏卵圆形或肾形，先端有粗齿牙，基部楔形、阔楔形、圆形或截形，有 2 腺点，两面同色；叶柄微扁，约与叶片等长，萌枝叶柄极短，长仅 1 厘米，有短绒毛或光滑。雄花序细圆柱形，长 2～3 厘米，轴有短绒毛，雄蕊 15～25，花药紫红色，花盘膜质，边缘有不规则齿牙；苞片略呈菱形，长约 3 毫米，上部有疏齿牙；雌花序长约 2.5 厘米，果期长达 9 厘米，花序轴有短绒毛或无毛，子房长卵形，被短绒毛或无毛，子房柄约与子房等长，柱头 3 裂，2 浅裂，鲜红或淡黄绿色。蒴果长卵圆形，长 10～12 毫米，2～3 瓣裂，无毛。花期 5 月，果期 7～8 月。

生长习性： 喜光，抗热，抗大气干旱，抗盐碱，抗风沙，要求沙质土壤。

分布区域： 产于中国内蒙古西部、甘肃、青海、新疆地区。蒙古、俄罗斯、埃及、叙利亚等国家有分布。

园林应用： 为绿化西北干旱盐碱地带的优良树种，亦可用作园林绿化。

加杨 *Populus x canadensis* Moench　　　　杨柳科杨属

别　　名：加拿大杨。

形态特征：大乔木，高30多米。干直，树皮粗厚，深沟裂，下部暗灰色，上部褐灰色，大枝微向上斜伸，树冠卵形；萌枝及苗茎棱角明显，小枝圆柱形，稍有棱角，无毛，稀微被短柔毛。芽大，先端反曲，初为绿色，后变为褐绿色，富黏质。叶三角形或三角状卵形，长7～10厘米，长枝和萌枝叶较大，一般长大于宽，先端渐尖，基部截形或宽楔形，无或有1～2腺体，边缘半透明，有圆锯齿，近基部较疏，具短缘毛，上面暗绿色，下面淡绿色；叶柄侧扁而长，带红色（苗期特明显）。雄花序轴光滑；雌花序有花45～50朵，柱头4裂。果序长达27厘米；蒴果卵圆形。花期4月，果期5～6月。

生长习性：喜温暖、湿润及微碱性土壤。

分布区域：中国除广东、云南、西藏外，各省区均有引种栽培。

园林应用：叶片大而有光泽，宜作行道树、庭荫树、公路树及防护林等，也可孤植、列植。

小叶杨 *Populus simonii* Carr.　　　　杨柳科杨属

别　　名：南京白杨、河南杨、明杨等。

形态特征：乔木，高达 20 米，胸径 50 厘米以上。树皮幼时灰绿色，老时暗灰色，沟裂；树冠近圆形。幼树小枝及萌枝有明显棱脊，常为红褐色，后变黄褐色，老树小枝圆形，细长而密，无毛。芽细长，先端长渐尖，褐色，有黏质。叶菱状卵形、菱状椭圆形或菱状倒卵形，长 3～12 厘米，宽 2～8 厘米，中部以上较宽，先端突急尖或渐尖，基部楔形、宽楔形或窄圆形，边缘平整，细锯齿，无毛，上面淡绿色，下面灰绿或微白，无毛；叶柄圆筒形，长 0.5～4 厘米，黄绿色或红色。雄花序长 2～7 厘米，花序轴无毛，苞片细条裂，雄蕊 8～9；雌花序长 2.5～6 厘米，苞片淡绿色，裂片褐色，无毛，柱头 2 裂。果序长达 15 厘米；蒴果小，2 瓣裂，无毛。花期 3～5 月，果期 4～6 月。

生长习性：喜光，耐旱，抗寒，耐瘠薄或弱碱性土壤，根系发达，适应性强。

分布区域：在中国分布广泛，东北、华北、华中、西北及西南各省区均产。

园林应用：为防风固沙、护堤固土、绿化观赏的树种，也是东北和西北防护林和用材林主要树种之一。

新疆杨 *Populus bolleana* Lauche

别　　名：白杨、新疆奥力牙苏、帚形银白杨等。

形态特征：乔木，高 15～30 米。树干不直，雌株更歪斜；树冠宽阔。树皮白色至灰白色，平滑，下部常粗糙。小枝初被白色绒毛。芽卵圆形，密被白绒毛，后局部或全部脱落，棕褐色，有光泽；萌枝和长枝叶卵圆形，掌状 3～5 浅裂，长 4～10 厘米，宽 3～8 厘米，裂片先端钝尖，中裂片远大于侧裂片，边缘呈不规则凹缺，侧裂片几呈钝角开展，不裂或凹缺状浅裂，初时两面被白绒毛，后上面脱落；短枝叶较小，卵圆形或椭圆状卵形，边缘有不规则且不对称的钝齿牙；上面光滑，下面被白色绒毛；叶柄短于或等于叶片，略侧扁，被白绒毛。雄花序轴有毛，雄蕊 8～10；雌花序轴有毛，雌蕊具短柄，花柱短，柱头 2。蒴果细圆锥形，无毛。花期 4～5 月，果期 5 月。

生长习性：喜光，不耐阴，耐寒，耐干旱瘠薄及盐碱土。深根性，抗风力强，生长快。

分布区域：分布于中亚、西亚、欧洲，中国北方也有种植。

园林应用：可在草坪、庭前孤植、丛植，或于路旁植，也可用作绿篱及基础种植材料。

垂柳 *Salix babylonica*

形态特征：乔木，高达 12～18 米，树冠开展而疏散。树皮灰黑色，不规则开裂；枝细，下垂，淡褐黄色、淡褐色或带紫色，无毛。叶狭披针形或线状披针形，先端长渐尖，基部楔形两面无毛或微有毛，上面绿色，下面色较淡，锯齿缘；叶柄有短柔毛；托叶仅生在萌发枝上，斜披针形或卵圆形，边缘有齿牙。花序先叶开放，或与叶同时开放；雄花序长有短梗，轴有毛；雄蕊 2；雌花序有梗，基部有 3～4 小叶，轴有毛。蒴果，带绿黄褐色。花期 3～4 月，果期 4～5 月。

生长习性：喜光，喜温暖、湿润气候及潮湿、深厚的酸性及中性土壤。较耐寒，特耐水湿，但也能生于土层深厚的高燥地区。

分布区域：产于中国长江流域与黄河流域，其他各地均栽培。在亚洲、欧洲、南北美洲各国均有引种。

园林应用：最宜配植在水边，如桥头、池畔、河流、湖泊等水系沿岸处，固堤护岸。常与桃花配置，可作庭荫树、行道树、公路树。

金丝垂柳 *Salix vitellina* 'Pendula Aurea'　　　杨柳科柳属

形态特征： 落叶乔木，高可达 10 米以上，树冠长卵圆形或卵圆形，枝条细长下垂。小枝黄色或金黄色。叶狭长披针形，长 9～14 厘米，缘有细锯齿。生长季节枝条为黄绿色，落叶后至早春则为黄色，经霜冻后颜色尤为鲜艳。幼年树皮黄色或黄绿色。金丝垂柳生长迅速，是速生树种，也是一个新型环保树种，具有不飞毛、年生长量大、育苗周期短、主干无疤结等特性。秋天，新梢、主干逐渐变黄，冬季通体金黄色。

生长习性： 喜光，喜水湿，较耐寒，耐干旱，耐盐碱，以湿润、排水良好的土壤为宜。但亦能生长于土层深厚的干燥地区，最好以肥沃土壤最佳，也是水土固沙的好树种。萌芽力强，根系发达，生长迅速。

分布区域： 分布于中国沈阳以南大部分地区，其中以庄河一带较多。

园林应用： 优良的园林观赏树种。树姿优美，可吸收空气污染物，常作行道树、庭荫树或孤植于草地、建筑物旁。

金丝垂柳 *Salix vitellina* 'Pendula Aurea'　　　杨柳科柳属

形态特征：金丝垂柳的新品种。落叶灌木或乔木，生长迅速；叶互生，稀对生，有托叶；花单性异株，排成荑荑花序，常于春初叶出现前开放，很少叶后开放，花单朵生于苞片的腋内；花被缺；雄蕊2至多数；子房1室；花柱2～4；蒴果2～4瓣裂；种子极多数，基部围绕以丝质长毛。

生长习性：适应性较强。耐盐碱。

分布区域：分布于北温带和亚热带地区。

园林应用：常作行道树、庭荫树等。

旱柳 *Salix matsudana* var. matsudana 杨柳科柳属

别　　名：柳树、河柳、江柳、立柳、直柳等。

形态特征：乔木，高达 18 米，胸径达 80 厘米。大枝斜上，树冠广圆形；树皮暗灰黑色，有裂沟；枝细长，直立或斜展，浅褐黄色或带绿色，后变褐色，无毛，幼枝有毛。芽微有短柔毛。叶披针形，长 5～10 厘米，宽 1～1.5 厘米，先端长渐尖，基部窄圆形或楔形，上面绿色，无毛，有光泽，下面苍白色或带白色，有细腺锯齿缘，幼叶有丝状柔毛；叶柄短，上面有长柔毛；托叶披针形或缺，边缘有细腺锯齿。花序与叶同时开放；雄花序圆柱形；雌花序较雄花序短，有 3～5 小叶生于短花序梗上，轴有长毛。花期 4 月，果期 4～5 月。

生长习性：喜光，耐寒，以湿润而排水良好的土壤上生长最好。根系发达，抗风能力强。

分布区域：生长于中国东北、华北、西北地区。朝鲜、日本、俄罗斯远东地区也有分布。

园林应用：宜沿河湖岸边及低湿处、草地上栽植，也可作行道树、庭荫树、防护林及沙荒造林等用。

龙须柳 *Salix matsudana*　　　　　　　　　杨柳科柳属

别　　名：立柳、直柳。

形态特征：落叶乔木，高达 20 米，树冠圆卵形或倒卵形。树皮灰黑色，纵裂。枝条斜展，小枝淡黄色或绿色，无毛，枝顶微垂，无顶芽。叶互生，披针形至狭披针形，先端长渐尖，基部楔形，缘有细锯齿，叶背有白粉。托叶披针形，早落。雌雄异株，葇荑花序。种子细小，基部有白色长毛。花期 3 月，果期 4～5 月。

生长习性：喜光，耐旱，耐寒，耐水湿，适应性强，栽培简单。

分布区域：中国分布甚广，东北、华北、西北及长江流域各省区均有，而黄河流域为其分布中心，是中国北方平原地区最常见的乡土树种之一。

园林应用：北方常见绿化树种，可孤植、列植或丛植，宜用于庭院、公园、湖畔等。

馒头柳 *Salix matsudana* var.matsudana f.*umbraculifera* Rehd.　　杨柳科柳属

形态特征：乔木，高达18米，胸径达80厘米。大枝斜上，树冠广圆形；树皮暗灰黑色，有裂沟；枝细长，直立或斜展，浅褐黄色或带绿色，后变褐色，无毛，幼枝有毛。芽微有短柔毛。叶披针形，长5～10厘米，宽1～1.5厘米，先端长渐尖，基部窄圆形或楔形，上面绿色，无毛，有光泽，下面苍白色或带白色，有细腺锯齿缘，幼叶有丝状柔毛；叶柄短，在上面有长柔毛；托叶披针形或缺，边缘有细腺锯齿。花序与叶同时开放；雄花序圆柱形，多少有花序梗，轴有长毛；雄蕊2；雌花序较雄花序短，有3～5小叶生于短花序梗上，轴有长毛。果序长达2～2.5厘米。花期4月，果期4～5月。

生长习性：阳性，喜温凉气候，不耐庇荫，耐污染，速生，耐寒，耐湿，耐旱。

分布区域：产于中国东北、华北平原、西北黄土高原，西至甘肃、青海，南至淮河流域以及浙江、江苏。

园林应用：常作庭荫树、行道树、护岸树，可孤植、丛植及列植。

毛头柳 *Salix babylonica*

杨柳科柳属

形态特征：树皮灰黑色，不规则分裂，枝细，下垂淡赭黄色、淡褐色或者紫色。

生长习性：喜光，喜温暖、湿润气候及潮湿、深厚的酸性及中性土壤，较耐寒，特耐水湿。

分布区域：中国华北地区。

园林应用：可孤植、丛植及列植，也可作庭荫树、行道树、护岸树。

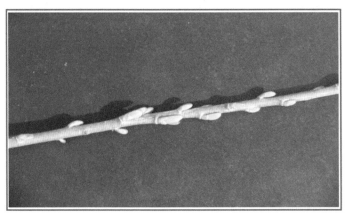

形态特征： 灌木，高1～2米。小枝淡绿或淡黄色，无毛。芽卵圆形，黄褐色，无毛。叶倒卵状椭圆形或椭圆形，长3～7厘米，宽2～3厘米，先端钝或渐尖，基部阔楔形，上面绿色，下面苍白色；全缘，稀有疏齿；叶柄长2～5毫米；托叶细小，常早落。花与叶同时开放，花序基部有小叶，长2～3厘米；苞片长圆形或倒卵圆形，棕褐色，基部有毛；雄蕊2，合生，花丝有柔毛；腺体1，全缘或2裂；子房圆锥形，密被伏生绒毛；花柱短，柱头2裂。蒴果长5～6毫米，有长毛。花期5～6月。

生长习性： 喜光，抗旱耐湿，耐寒，耐土壤贫瘠。生于草甸、林中、平原、丘间低湿地、沙地、湿地等。

分布区域： 产于中国内蒙古。分布于蒙古、俄罗斯东部。

园林应用： 宜片植、丛植，可作绿篱或与其他灌木配植。

竹柳 *salix ngliu*

形态特征：乔木，生长潜力大。树皮幼时绿色，光滑。顶端优势明显，腋芽萌发力强，分枝较早，侧枝与主干夹角30°～45°。树冠塔形，分枝均匀。叶披针形，单叶互生，先端长渐尖，基部楔形，边缘有明显的细锯齿，叶片正面绿色，背面灰白色，叶柄微红、较短。

生长习性：喜光，耐寒性强，耐水湿，不耐干旱。根系发达，防风固沙树种。

分布区域：中国大部分区域。

园林应用：可作为行道树、园林绿化、农田防护林树种。

别　　名：薄壳山核桃。

形态特征：大乔木，高50米，胸径可达2米，树皮粗糙，深纵裂。小枝被柔毛，后来变无毛，灰褐色，具稀疏皮孔。奇数羽状复叶长25～35厘米，叶柄及叶轴初被柔毛，后来几乎无毛，具9～17枚小叶；小叶具极短的小叶柄，卵状披针形至长椭圆状披针形，有时成长椭圆形，通常梢成镰状弯曲，长7～18厘米，宽2.5～4厘米，基部歪斜阔楔形或近圆形，顶端渐尖，边缘具单锯齿或重锯齿，初被腺体及柔毛，后来毛脱落而常在脉上有疏毛。雄蕊的花药有毛。雌性穗状花序直立，花序轴密被柔毛，具3～10雌花。雌花子房长卵形，总苞的裂片有毛。果实矩圆状或长椭圆形，长3～5厘米，直径2.2厘米左右，有4条纵棱，外果皮4瓣裂，革质，内果皮平滑，灰褐色、暗褐色斑点，顶端有黑色条纹。花期5月，果期9～11月。

生长习性：喜温暖、湿润气候，较耐寒，需较多水分。

分布区域：原产北美洲。中国内蒙古、河北等省区有栽培。

园林应用：为著名干果树种，在适生地区是优良的行道树和庭荫树，还可植作风景林。果仁可食用。

山核桃 *Carya cathayensis*

胡桃科山核桃属

别　　名：小核桃、山蟹、核桃、野漆树。

形态特征：乔木，高达 10～20 米，胸径 30～60 厘米。树皮平滑，灰白色，光滑；小枝细瘦，新枝密被盾状着生的橙黄色腺体，后来腺体逐渐稀疏，一年生枝紫灰色，上端常被有稀疏的短柔毛，皮孔圆形，稀疏。复叶长 16～30 厘米，叶柄幼时被毛及腺体，后来毛逐渐脱落，叶轴被毛较密且不易脱落，有小叶 5～7 枚；小叶边缘有细锯齿，幼时上面仅中脉、侧脉及叶缘有柔毛，下面脉上具宿存或脱落的毛并满布橙黄色腺体，后来腺体逐渐稀疏；侧生小叶，具短的小叶柄或几乎无柄，对生，披针形或倒卵状披针形，有时梢成镰状弯曲，基部楔形或略成圆形，顶端渐尖。雄性葇荑花序 3 条成 1 束，花序轴被有柔毛及腺体，长 10～15 厘米，生于长约 1～2 厘米的总柄上，总柄自当年生枝的叶腋内或苞腋内生出。雄花具短柄；苞片狭，长椭圆状线形，小苞片三角状卵形，均被有毛和腺体。雌花卵形或阔椭圆形，密被橙黄色腺体，总苞的裂片被有毛及腺体，外侧 1 片显著较长，钻状线形。果实倒卵形，向基部渐狭，幼时具 4 狭翅状的纵棱，密被橙黄色腺体，成熟时腺体变稀疏，纵棱亦变成不显著；外果皮干燥后革质，厚约 2～3 毫米，沿纵棱裂开成 4 瓣。花期 4～5 月，果期 9 月。

生长习性：耐水湿，生于海拔 400～1200 米的山麓疏林中或腐殖质丰富的山谷。

分布区域：产于中国浙江和安徽。内蒙古也有栽培。

园林应用：可作行道树种，可孤植、丛植于湖畔、草坪等，宜作庭荫树。

胡桃 *Juglans regia* L.

别　　名：核桃。

形态特征：乔木，高达 20～25 米。树干较矮，树冠广阔；树皮幼时灰绿色，老时则灰白色而纵向浅裂；小枝无毛，具光泽，被盾状着生的腺体，灰绿色，后来带褐色。奇数羽状复叶长 25～30 厘米；小叶通常 5～9 枚，稀 3 枚，椭圆状卵形至长椭圆形，长约 6～15 厘米，宽约 3～6 厘米，顶端钝圆或急尖、短渐尖，基部歪斜，近于圆形，边缘全缘或在幼树上者具稀疏细锯齿，上面深绿色，无毛，下面淡绿色，侧脉 11～15 对，腋内具簇短柔毛，侧生小叶具极短的小叶柄或近无柄，生于下端者较小，顶生小叶常具长约 3～6 厘米的小叶柄。雄性菜黄花序下垂，长约 5～10 厘米、稀达 15 厘米，雌性穗状花序通常具 1～3 雌花。果序短，俯垂，具 1～3 果实；果实近于球状，直径 4～6 厘米，无毛；果核稍具皱曲，有 2 条纵棱，顶端具短尖头；隔膜较薄，内里无空隙；内果皮壁内具不规则的空隙或无空隙而仅具皱曲。花期 5 月，果期 10 月。

生长习性：常见于平原和丘陵，喜肥沃湿润的沙质壤土。

分布区域：产于中国华北、西北、西南、华中、华南和华东。现分布于中亚、西亚、南亚和欧洲。

园林应用：可用于园林绿化、公园绿地等。

胡桃楸 *Juglans mandshurica*

胡桃科胡桃属

别　　名：核桃楸。

形态特征：乔木，高达20余米。枝条扩展，树冠扁圆形；树皮灰色，具浅纵裂；幼枝被有短茸毛。奇数羽状复叶生于萌发条上者长可达80厘米，叶柄长9～14厘米，小叶15～23枚，长6～17厘米，宽2～7厘米；生于孕性枝上者集生于枝端，长达40～50厘米，叶柄长5～9厘米，基部膨大，叶柄及叶轴被有短柔毛或星芒状毛；小叶9～17枚，椭圆形至长椭圆形或卵状椭圆形至长椭圆状披针形，边缘具细锯齿，上面初被有稀疏短柔毛，后来除中脉外其余无毛，深绿色，下面色淡，被贴伏的短柔毛及星芒状毛；侧生小叶对生，无柄，先端渐尖，基部歪斜，截形至近于心脏形；顶生小叶基部楔形。雄性菜黄花序长9～20厘米，花序轴被短柔毛。雄花具短花柄；苞片顶端钝，小苞片2枚位于苞片基部，花被片1枚位于顶端而与苞片重叠、2枚位于花的基部两侧。雌性穗状花序具4～10雌花，花序轴被有茸毛。雌花长5～6毫米，被有茸毛，下端被腺质柔毛，花被片披针形或线状披针形，被柔毛，柱头鲜红色，背面被贴伏的柔毛。果序长约10～15厘米，俯垂，通常具5～7果实，序轴被短柔毛。果实球状、卵状或椭圆状，顶端尖，密被腺质短柔毛，长3.5～7.5厘米，径3～5厘米。花期5月，果期8～9月。

生长习性：喜冷凉、干燥气候，耐寒，不耐阴，以向阳、土层深厚、疏松肥沃、排水良好的沟谷栽培为好。

分布区域：产于中国黑龙江、吉林、辽宁、河北、山西等省区。朝鲜北部也有分布。

园林应用：可栽作庭荫树。孤植、丛植于草坪，或列植路边均合适。

白桦 *Betula platyphylla* Suk.

别　　名：桦树、桦木、桦皮树。

形态特征：乔木，高可达 27 米。树皮灰白色，成层剥裂；枝条暗灰色或暗褐色，无毛，具或疏或密的树脂腺体或无；小枝暗灰色或褐色，无毛亦无树脂腺体，有时疏被毛和疏生树脂腺体。叶厚纸质，三角状卵形，三角状菱形，少有菱状卵形和宽卵形，长 3～9 厘米，宽 2～7.5 厘米，顶端锐尖、渐尖至尾状渐尖，基部截形，宽楔形或楔形，有时微心形或近圆形，边缘具重锯齿，有时具缺刻状重锯齿或单齿，上面于幼时疏被毛和腺点，成熟后无毛无腺点，下面无毛，密生腺点，侧脉 5～7(8) 对。果序单生，圆柱形或矩圆状圆柱形，通常下垂；序梗细瘦，密被短柔毛，成熟后近无毛。小坚果狭矩圆形、矩圆形或卵形，背面疏被短柔毛，膜质翅较果长 1/3，较少与之等长。

生长习性：喜光，喜酸性土，较耐寒，不耐阴，耐瘠薄，深根性，对土壤适应性强。

分布区域：产于中国东北、华北等地区。俄罗斯远东地区及东西伯利亚、蒙古、朝鲜、日本也有分布。

园林应用：树干修直，洁白雅致，可孤植、丛植于庭园、公园的草坪、池畔、湖滨，或列植于道旁，宜成片栽植，可组成风景林。

黑桦 *Betula dahurica* Pall.

桦木科桦木属

别　　名：棘皮桦。

形态特征：乔木，高6～20米。树皮黑褐色，龟裂；枝条红褐色或暗褐色，光亮，无毛；小枝红褐色，疏被长柔毛，密生树脂腺体。叶厚纸质，通常为长卵形，间有宽卵形、卵形、菱状卵形或椭圆形，长4～8厘米，宽3.5～5厘米，顶端锐尖或渐尖，基部近圆形、宽楔形或楔形，边缘具不规则的锐尖重锯齿，上面无毛，下面密生腺点，沿脉疏被长柔毛，脉腋间具簇生的髯毛，侧脉6～8对；叶柄长约5～15毫米，疏被长柔毛或近无毛。果序矩圆状圆柱形，单生，直立或微下垂，长2～2.5厘米，直径约1厘米；序梗长约5～12毫米，疏被长柔毛或几无毛，有时具树脂腺体；果苞长约5～6毫米，背面无毛，边缘具纤毛，基部宽楔形，上部三裂，中裂片矩圆形或披针形，顶端钝，侧裂片卵形或宽卵形，斜展、横展至下弯，比中裂片宽，与之等长或稍短。小坚果宽椭圆形，两面无毛，膜质翅宽约为果的1/2。花果期5～6月。

生长习性：喜光，耐寒，稍耐干旱，生于海拔400～1300米地带。

分布区域：产于中国黑龙江、山西、内蒙古等地。

园林应用：观干树种，可列植、片植，应用于庭院、公园绿地等。

红桦 *Betula albosinensis* Burk.

别　　名： 纸皮桦、红皮桦。
形态特征： 大乔木，高可达 30 米。树皮淡红褐色或紫红色，有光泽和白粉，呈薄层状剥落，纸质；枝条红褐色，无毛；小枝紫红色，无毛，有时疏生树脂腺体。叶卵形或卵状矩圆形，长 3～8 厘米，宽 2～5 厘米，顶端渐尖，基部圆形或微心形，较少宽楔形，边缘具不规则的重锯齿，齿尖常角质化，上面深绿色，无毛或幼时疏被长柔毛，下面淡绿色，密生腺点，沿脉疏被白色长柔毛，侧脉 10～14 对，脉腋间通常无髯毛，有时具稀疏的髯毛；叶柄长 5～15 厘米，疏被长柔毛或无毛。雄花序圆柱形，长 3～8 厘米；苞鳞紫红色，仅边缘具纤毛。果序圆柱形，单生或同时具有 2～4 枚排成总状；序梗纤细，长约 1 厘米，疏被短柔毛；果苞长 47 厘米，中裂片矩圆形或披针形，顶端圆，侧裂片近圆形，长及中裂片的 1/3。小坚果卵形，膜质翅宽及果的 1/2。花果期 4～5 月。
生长习性： 喜光，耐寒，耐旱，适应褐色土壤。
分布区域： 产于中国云南、四川、湖北等地。
园林应用： 观干树种，可片植、列植或丛植，亦作针阔混交林或纯林。

别　　名：胡榛子、棱榆、榛子。

形态特征：灌木，高1～3米，树皮浅灰色。枝条灰褐色；小枝褐色，芽卵状，细小，长约2毫米。叶卵形或椭圆状卵形，长2～6.5厘米，宽1.5～5厘米；叶柄长3～12毫米，密被短柔毛。雄花序单生于小枝的叶腋；苞鳞宽卵形，外面疏被短柔毛。果4枚至多枚排成总状，序梗细瘦。果苞厚纸质，长1～1.5厘米。小坚果宽卵圆形或近球形，褐色，有光泽，疏被短柔毛，具细肋。

生长习性：具有较强的抗旱耐阴和耐瘠薄能力。

分布区域：分布于中国辽宁西部、内蒙古、河北、山西、陕西等地，常见于海拔800～2400米的山坡。

园林应用：可作为绿篱，宜与乔木伴生种植。

辽东栎 *Quercus wutaishanica* Mayr

形态特征： 落叶乔木，高达15米，树皮灰褐色，纵裂。幼枝绿色，无毛，老时灰绿色，具淡褐色圆形皮孔。叶片倒卵形至长倒卵形，长5～17厘米，宽2～10厘米，顶端圆钝或短渐尖，基部窄圆形或耳形，叶缘有5～7对圆齿，叶面绿色，背面淡绿色，幼时沿脉有毛，老时无毛，侧脉每边5～7（10）条；叶柄无毛。雄花序生于新枝基部，长5～7厘米，花被6～7裂，雄蕊通常8；雌花序生于新枝上端叶腋，长0.5～2厘米，花被通常6裂。壳斗浅杯形，包着坚果约1/3；小苞片长三角形，扁平微突起，被稀疏短绒毛。坚果卵形至卵状椭圆形，顶端有短绒毛；果脐微突起，直径约5毫米。花期4～5月，果期9月。

生长习性： 喜温暖、湿润气候，耐寒冷、干旱。

分布区域： 产于中国黑龙江、吉林、辽宁、内蒙古、河北、山西、陕西、宁夏、甘肃、青海、四川等省区。

园林应用： 常见观叶树种，宜孤植、丛植或与其他树木混交成林，可作为园景树、孤植树。

形态特征：落叶乔木，高达 30 米，树皮灰褐色，纵裂。幼枝紫褐色，有棱，无毛；顶芽长卵形，微有棱，芽鳞紫褐色，有缘毛。叶片倒卵形至长倒卵形，长 7 ～ 19 厘米，宽 3 ～ 11 厘米，顶端短钝尖或短突尖，基部窄圆形或耳形，叶缘 7 ～ 10 对钝齿或粗齿，幼时沿脉有毛，后渐脱落，侧脉每边 7 ～ 11 条；叶柄长 2 ～ 8 毫米，无毛。雄花序生于新枝下部，花序轴近无毛；花被 6 ～ 8 裂，雄蕊 8 ～ 10；雌花序生于新枝上端叶腋，有花 4 ～ 5 朵，花被 6 裂。壳斗杯形，包着坚果，壳斗外壁小苞片三角状卵形，呈半球形瘤状突起，密被灰白色短绒毛，伸出口部边缘呈流苏状。坚果卵形至长卵形，无毛，果脐微突起。花期 4 ～ 5 月，果期 9 月。

生长习性：喜温暖、湿润气候，较耐冷和干旱。对土壤要求不严，耐瘠薄，不耐水湿。根系发达，有很强的萌发性。

分布区域：产于中国黑龙江、吉林、辽宁、内蒙古、河北、山东等省区。世界多地有栽种。

园林应用：孤植、丛植或与其他树木混交成林均甚适宜。可作为园景树、行道树、孤植树。

大叶朴 *Celtis koraiensis* Nakai

榆科朴属

别　　名：大叶白麻子、白麻子。

形态特征：落叶乔木，高达 15 米。树皮灰色或暗灰色，浅微裂；当年生小枝老后褐色至深褐色，散生小而微凸、椭圆形的皮孔；冬芽深褐色，内部鳞片具棕色柔毛。叶椭圆形至倒卵状椭圆形，少有为倒广卵形，长 7 ～ 12 厘米（连尾尖），宽 3.5 ～ 10 厘米，基部稍不对称，宽楔形至近圆形或微心形，先端具尾状长尖，长尖常由平截状先端伸出，边缘具粗锯齿，两面无毛，或仅叶背疏生短柔毛或在中脉和侧脉上有毛。果单生叶腋，果近球形至球状椭圆形，成熟时橙黄色至深褐色。花期 4 ～ 5 月，果期 9 ～ 10 月。

生长习性：属于阳性树种，喜温暖，稍耐阴，非常耐寒冷。对土壤适应性强，生于海拔 100 ～ 1500 米地带。

分布区域：产于中国辽宁、河北、山东、安徽、山西、河南、陕西和甘肃地区。朝鲜也有分布。

园林应用：适合孤植、簇植、列植。可作庭荫树、庭园风景树、观赏树、行道树等。

别　　名：朴树叶。

形态特征：落叶乔木，高达 20 米。树皮平滑，灰色；一年生枝被密毛。叶互生，革质，宽卵形至狭卵形，长 3～10 厘米，宽 1.5～4 厘米，先端急尖至渐尖，基部圆形或阔楔形，偏斜，中部以上边缘有浅锯齿，三出脉，上面无毛，下面沿脉及脉腋疏被毛。花杂性，1～3 朵生于当年枝的叶腋；花被片 4 枚，被毛；雄蕊 4 枚。核果单生或 2 个并生，近球形，直径 4～5 毫米，熟时红褐色，果核有穴和突肋。花期 4～5月，果期 9～11 月。

生长习性：多生于海拔 100～1500 米的路旁、山坡、林缘。

分布区域：产于中国山东、河南、江苏、安徽、浙江、福建、江西、湖南、湖北、四川等省区。

园林应用：可作为公园、庭院、街道、公路等的庭荫树。防风固堤，吸污能力强，也可在工矿区、农村应用。

刺榆 *Hemiptelea davidii* (Hance) Planch.

别　　名：枢、钉枝榆、刺榆针子。

形态特征：小乔木，高可达 10 米，或呈灌木状；树皮深灰色或褐灰色，不规则的条状深裂；小枝灰褐色或紫褐色，被灰白色短柔毛，具粗而硬的棘刺；刺长 2～10 厘米；冬芽常 3 个聚生于叶腋，卵圆形。叶椭圆形或椭圆状矩圆形，稀倒卵状椭圆形，长 4～7 厘米，宽 1.5～3 厘米，先端急尖或钝圆，基部浅心形或圆形，边缘有整齐的粗锯齿，叶面绿色，幼时被毛，后脱落残留有稍隆起的圆点，叶背淡绿，光滑无毛，或在脉上有稀疏的柔毛，侧脉 8～12 对，排列整齐，斜直出至齿尖；叶柄短，长 3～5 毫米，被短柔毛；托叶矩圆形、长矩圆形或披针形，长 3～4 毫米，淡绿色，边缘具睫毛。小坚果黄绿色，斜卵圆形，两侧扁，长 5～7 毫米，在背侧具窄翅，形似鸡头，翅端渐狭呈缘状，果梗纤细，长 2～4 毫米。花期 4～5 月，果期 9～10 月。

生长习性：耐瘠薄、干旱，抗低温、风沙，适合各种土质生长，适应性强，萌蘖能力强，生长速度较慢，可在荒山、荒坡、沙地等立地条件恶劣的地带生长。

分布区域：产于中国吉林、辽宁、内蒙古、河北、山西、陕西、甘肃等地区。朝鲜有分布，欧洲及北美也有栽培。

园林应用：防沙治沙绿化树种，可整形绿篱栽植，作防范、屏障视线、分隔空间等。

形态特征：落叶乔木，高达25米，胸径1米，在干瘠之地长成灌木状。幼树树皮平滑，灰褐色或浅灰色，大树之皮暗灰色，不规则深纵裂，粗糙；小枝无毛或有毛，淡黄灰色、淡褐灰色或灰色，稀淡褐黄色或黄色，有散生皮孔，无膨大的木栓层及凸起的木栓翅；冬芽近球形或卵圆形，芽鳞背面无毛，内层芽鳞的边缘具白色长柔毛。叶椭圆状卵形、长卵形、椭圆状披针形或卵状披针形，长2～8厘米，宽1.2～3.5厘米，先端渐尖或长渐尖，基部偏斜或近对称，一侧楔形至圆，另一侧圆至半心脏形，叶面平滑无毛，边缘具重锯齿或单锯齿，侧脉每边9～16条，叶柄仅上面有短柔毛。花先叶开放，在去年生枝的叶腋成簇生状。翅果近圆形，稀倒卵状圆形，果核部分位于翅果的中部，上端不接近或接近缺口，成熟前后其色与果翅相同，初淡绿色，后白黄色。花果期3～6月（东北较晚）。

生长习性：喜光，耐寒，不耐水湿，耐干旱，耐盐碱，耐修剪，喜肥沃、湿润而排水良好的土壤。

分布区域：中国内蒙古、河南、河北、辽宁及北京等地有栽培。在中国东北、西北、华北均有分布。

园林应用：枝条下垂，植株呈塔形，宜在门口、入口处作对植，或在建筑物边、道路边作行列式种植。

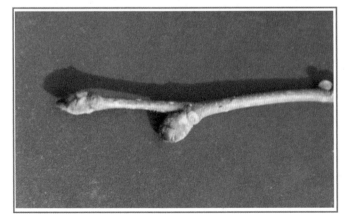

金叶垂枝榆   榆科榆属

形态特征：垂枝榆的栽培品种。落叶乔木。

春榆 *Ulmus davidiana* Planch. var. *japonica* (Rehd.) Nakai 榆科榆属

别　　名：日本榆、白皮榆、光叶春榆、栓皮春榆、蜡条榆、红榆、山榆。

形态特征：落叶乔木或灌木，高达15米，胸径30厘米。树皮色较深，纵裂成不规则条状；幼枝被或密或疏的柔毛，当年生枝无毛或多少被毛，小枝有时（通常萌发枝及幼树的小枝）具向四周膨大而不规则纵裂的木栓层；冬芽卵圆形，芽鳞背面被覆部分有毛。叶倒卵形或倒卵状椭圆形，稀卵形或椭圆形，长4～9（12）厘米，宽1.5～4（5.5）厘米，先端尾状渐尖或渐尖，基部歪斜，一边楔形或圆形，一边近圆形至耳状，叶面幼时有散生硬毛，后脱落无毛，常留有圆形毛迹，不粗糙，叶背幼时有密毛，后变无毛，脉腋常有簇生毛，边缘具重锯齿，侧脉每边12～22条，叶柄长5～10（17）毫米，全被毛或仅上面有毛。花在去年生枝上排成簇状聚伞花序。翅果倒卵形或近倒卵形，长10～19毫米，宽7～14毫米，翅果无毛，果核部分常被密毛，或被疏毛，位于翅果中上部或上部，上端接近缺口，宿存花被无毛，裂片4，果梗被毛，长约2毫米。花果期4～5月。

生长习性：喜光，耐寒，适应性强。

分布区域：分布于中国黑龙江、吉林、辽宁、内蒙古、河北、山东、陕西、甘肃及青海等省区。

园林应用：可孤植、丛植、列植和群植，宜作庭荫树或公园绿化树种。

大果榆 *Ulmus macrocarpa* Hance

别　　名：芜荑、迸榆、黄榆、柳榆等。

形态特征：落叶乔木或灌木，高达20米，胸径可达40厘米。树皮暗灰色或灰黑色，纵裂，粗糙；小枝有时（尤以萌发枝及幼树的小枝）两侧具对生而扁平的木栓翅，间或上下亦有微凸起的木栓翅，稀在较老的小枝上有4条几等宽而扁平的木栓翅；幼枝有疏毛，一二年生枝淡褐黄色或淡黄褐色，稀淡红褐色，无毛或一年生枝有疏毛，具散生皮孔；冬芽卵圆形或近球形，芽鳞背面多少被短毛或无毛，边缘有毛。叶宽倒卵形、倒卵状圆形、倒卵状菱形或倒卵形，稀椭圆形，厚革质，大小变异很大，先端短尾状，稀骤凸，基部渐窄至圆，偏斜或近对称，多少心脏形或一边楔形，两面粗糙，叶面密生硬毛或有凸起的毛迹，叶背常有疏毛，脉上较密，脉腋常有簇生毛，侧脉每边6～16条，边缘具大而浅钝的重锯齿，或兼有单锯齿，仅上面有毛或下面有疏毛。花在去年生枝上排成簇状聚伞花序或散生于新枝的基部。翅果宽倒卵状圆形、近圆形或宽椭圆形，基部多少偏斜或近对称，微狭或圆，顶端凹或圆。花果期4～5月。

生长习性：喜光，根系发达，侧根萌芽性强，耐寒冷及干旱瘠薄。

分布区域：分布在中国分布于黑龙江、吉林、辽宁、内蒙古、河北、山东等地区。朝鲜及俄罗斯也有分布。

园林应用：叶秋季变色，可防风固沙，宜列植、林植。

别　　名：灰榆、崖榆、粉榆。

形态特征：落叶乔木或灌木，高可达 18 米。树皮浅纵裂；幼枝多少被毛，当年生枝无毛或有毛，二年生枝淡灰黄色、淡黄灰色或黄褐色，小枝无木栓翅及膨大的木栓层；冬芽卵圆形或近球形，内部芽鳞有毛，边缘密生锈褐色或锈黑色之长柔毛。叶卵形、菱状卵形、椭圆形、长卵形或椭圆状披针形，长 2.5 ～ 5 厘米，宽 1 ～ 2.5 厘米，先端渐尖至尾状渐尖，基部偏斜，楔形或圆，两面光滑无毛，稀叶背有极短之毛，脉腋无簇生毛，边缘具钝而整齐的单锯齿或近单锯齿，侧脉每边 6 ～ 12 条；叶柄长 5 ～ 8 毫米，上面被短柔毛。花自混合芽抽出，散生于新枝基部或近基部，或自花芽抽出，3 ～ 5 数在去年生枝上呈簇生状。翅果椭圆形或宽椭圆形，稀倒卵形、长圆形或近圆形，除顶端缺口柱头面有毛外，余处无毛，翅果较厚，果核部分较两侧之翅内宽，位于翅果中上部，上端接近或微接近缺口，宿存花被钟形，无毛，上端 4 浅裂，裂片边缘有毛，果梗长 2 ～ 4 米，密被短毛。花果期 3 ～ 5 月。

生长习性：耐干旱、寒冷，生于海拔 500 ～ 2400 米地带。

分布区域：分布于中国辽宁、河北、山西、内蒙古、陕西、甘肃等省区。

园林应用：可应用于各种园林绿地，或作荒山造林及防护林树种

家榆 *Ulmus pumila* L.

别　　名：榆、白榆、榆树。

形态特征：落叶乔木，高达25米。树干直立，枝多
开展，树冠近球形或卵圆形。树皮深灰色，粗糙，
不规则纵裂。单叶互生，卵状椭圆形至椭圆状披针形，
缘多重锯齿。花两性，早春先生叶再开花或花叶同放，
紫褐色，聚伞花序簇生。翅果近圆形，顶端有凹缺。
花期3～4月，果熟期4～5月。

生长习性：喜光、喜肥沃、湿润而排水良好的土壤，
耐寒，抗旱，能适应干凉气候，不耐水湿，但能耐
干旱瘠薄和盐碱土。萌芽力强，耐修剪。

分布区域：分布于中国各地。长江流域各省区有栽
培。中国东北、华北、西北及西藏、四川北部有分布，
俄罗斯、朝鲜、蒙古、日本也有分布。

园林应用：造林及绿化树种，常用作庭荫树、行道树，
老茎残根可制作盆景。

金叶榆 *Ulmus pumila* 'Jinye'

别　　名：中华金叶榆。

形态特征：落叶乔木，高达 25 米，胸径 1 米，在干瘠之地长成灌木状。有散生皮孔，无膨大的木栓层及凸起的木栓翅；冬芽近球形或卵圆形，芽鳞背面无毛，内层芽鳞的边缘具白色长柔毛。金叶榆叶片金黄，有自然光泽；叶脉清晰；叶卵圆形，平均长 3～5 厘米，宽 2～3 厘米，比普通白榆叶片稍短；叶缘具锯齿，叶尖渐尖，互生于枝条上。花先叶开放，在去年生枝的叶腋成簇生状。翅果近圆形。花期 3～4 月，果期 4～5 月。

生长习性：耐冷，耐干旱，抗盐碱性强。

分布区域：产于中国东北、华北等地区。

园林应用：可应用于道路、庭院及公园绿化。

裂叶榆 *Ulmus laciniata* (Trautv.) Mayr.

榆科榆属

别　　名：青榆、大青榆、麻榆、大叶榆、粘榆、尖尖榆。

形态特征：落叶乔木，高达 27 米，胸径 50 厘米。树皮淡灰褐色或灰色，浅纵裂，裂片较短，常翘起，表面常呈薄片状剥落；一年生枝幼时被毛，后变无毛或近无毛，二年生枝淡褐灰色、淡灰褐色或淡红褐色，小枝无木栓翅；冬芽卵圆形或椭圆形，内部芽鳞毛较明显。叶倒卵形、倒三角状、倒三角状椭圆形或倒卵状长圆形，长 7～18 厘米，宽 4～14 厘米，先端通常 3～7 裂，裂片三角形，渐尖或尾状，不裂之叶先端具或长或短的尾状尖头，基部明显地偏斜，楔形、微圆、半心脏形或耳状，较长的一边常覆盖叶柄，与柄近等长，其下端常接触枝条，边缘具较深的重锯齿，叶面密生硬毛，粗糙，叶背被柔毛，沿叶脉较密，脉腋常有簇生毛，侧脉每边 10～17 条，叶柄极短，长 2～5 毫米，密被短毛或下面的毛较少。花在往年生枝上排成簇状聚伞花序。翅果椭圆形或长圆状椭圆形，长 1.5～2 厘米，宽 1～1.4 厘米，除顶端凹缺柱头面被毛外，其余无毛，果核部分位于翅果的中部或稍向下，宿存花被无毛，钟状，常 5 浅裂，裂片边缘有毛，果梗常较花被为短，无毛。花果期 4～5 月。

生长习性：喜光，抗旱，抗寒，对土壤要求不严。

分布区域：分布于中国黑龙江、吉林、内蒙古、河北等地区。俄罗斯、朝鲜、日本也有分布。

园林应用：观叶观形树种，可孤植、丛植或列植，宜作庭荫树。

脱皮榆 *Ulmus lamellose* T. Wang et S.L. Chang ex L.K. Fu　　榆科榆属

别　　名：小叶榆、榔榆。

形态特征：落叶小乔木，高 8 ~ 12 米，胸径 15 ~ 20 厘米。树皮灰色或灰白色，不断地裂成不规则薄片脱落，内（新）皮初为淡黄绿色，后变为灰白色或灰色，不久又挠裂脱落，干皮上有明显的棕黄色皮孔，常数个皮孔排成不规则的纵行；幼枝密生伸展的腺状毛或柔毛，淡绿色或向阳面带淡紫红色，二三年生枝淡黄褐色、淡褐色或灰褐色，无毛。冬芽卵圆形或近圆形，芽鳞背面多少被毛，稀外层芽鳞近无毛，边缘有毛。叶倒卵形，长 5 ~ 10 厘米，宽 2.5 ~ 5.5 厘米，先端尾尖或骤凸，基部楔形或圆，稍偏斜，叶面粗糙，密生硬毛或有毛迹，叶背微粗糙。翅果常散生于新枝的近基部，稀 2 ~ 4 个簇生于去年生枝上，圆形至近圆形，两面及边缘有密毛。

生长习性：喜光，喜温暖、湿润气候，稍耐阴。

分布区域：分布于中国河北东陵、涞水、涿鹿，河南济源、辉县、山西等地区。辽宁及北京也有栽培。

园林应用：主要用于园林绿化。

榆树 *Ulmus pumila* L.

别　　名：家榆、榆钱、春榆、粘榔树家榆、白榆。

形态特征：落叶乔木，高达 25 米，胸径 1 米，在干瘠之地长成灌木状。幼树树皮平滑，灰褐色或浅灰色，大树之皮暗灰色，不规则深纵裂，粗糙；小枝淡黄灰色、淡褐灰色或灰色，稀淡褐黄色或黄色，有散生皮孔，无膨大的木栓层及凸起的木栓翅。叶椭圆状卵形、长卵形、椭圆状披针形或卵状披针形，长 2～8 厘米，宽 1.2～3.5 厘米，先端渐尖或长渐尖，基部偏斜或近对称，一侧楔形至圆形，另一侧圆形至半心脏形，叶面平滑无毛，叶背幼时有短柔毛，后变无毛或部分脉腋有簇生毛，边缘具重锯齿或单锯齿，侧脉每边 9～16 条，叶柄长 4～10 毫米，通常仅上面有短柔毛。花先于叶开放，在去年生枝的叶腋成簇生状。翅果近圆形，稀倒卵状圆形。花果期 3～6 月（东北较晚）。

生长习性：阳性树种，喜光，耐旱，耐寒，耐瘠薄，不择土壤，适应性很强。防风保土力强。

分布区域：分布于中国东北、华北、西北及西南各省区。朝鲜、俄罗斯、蒙古也有分布。

园林应用：可作为城市绿化、行道树、庭荫树、工厂绿化、营造防护林的重要树种。

圆冠榆 *Ulmus densa* Litw.

形态特征： 落叶乔木。枝条直伸至斜展，树冠密，近圆形；幼枝多少被毛，当年生枝无毛，淡褐黄色或红褐色，二或三年生枝，常被蜡粉；冬芽卵圆形，芽鳞背面多少被毛，尤以内部芽鳞显著。叶卵形，长4～9厘米，宽2.5～5厘米，先端渐尖，基部多少偏斜，一边楔形，一边耳状，叶面幼时有硬毛，后有凸起或平的毛迹，多少粗糙或平滑，叶背幼时被密毛，后被疏毛或近无毛，脉腋有簇生毛，边缘具钝的重锯齿或兼有单锯齿，侧脉每边11～19条，叶柄长5～11毫米，上面被毛。花在去年生枝上排成簇状聚伞状花序。翅果长圆状倒卵形、长圆形或长圆状椭圆形。花果期4～5月。

生长习性： 喜光，耐寒，耐旱，抗高温，耐盐碱，喜湿润、疏松砂质土壤。

分布区域： 原产于俄罗斯。中国新疆、内蒙古及北京均引种栽培。

园林应用： 园林绿化树种，可孤植、对植、列植和林植。

鸡桑 *Morus australis* Poir.

桑科桑属

别　　名：小叶桑。

形态特征：灌木或小乔木，树皮灰褐色，冬芽大，圆锥状卵圆形。叶卵形，长5～14厘米，宽3.5～12厘米，先端急尖或尾状，基部楔形或心形，边缘具粗锯齿，不分裂或3～5裂，表面粗糙，密生短刺毛，背面疏被粗毛；叶柄被毛；托叶线状披针形，早落。雄花序长1～1.5厘米，被柔毛，雄花绿色，具短梗，花被片卵形；雌花序球形，密被白色柔毛，雌花花被片长圆形，暗绿色。聚花果短椭圆形，直径约1厘米，成熟时红色或暗紫色。花期3～4月，果期4～5月。

生长习性：常生长于海拔500～1000米的石灰岩山地或林缘及荒地。

分布区域：产于中国辽宁、河北、陕西、甘肃、山东、安徽、浙江、广西、四川、贵州、云南、西藏等省区。

园林应用：庭荫树，观叶树种，可丛植、列植。

别　　名：崖桑、刺叶桑。

形态特征：小乔木或灌木，树皮灰褐色，纵裂；小枝暗红色，老枝灰黑色；冬芽卵圆形，灰褐色。叶长椭圆状卵形，长 8 ～ 15 厘米，先端尾尖，基部心形，边缘具三角形单锯齿，稀为重锯齿，齿尖有长刺芒，两面无毛。雄花序花被暗黄色，外面及边缘被长柔毛；雌花序短圆柱状，雌花花被片外面上部疏被柔毛，或近无毛。聚花果长 1.5 厘米，成熟时红色至紫黑色。花期 3 ～ 4 月，果期 4 ～ 5 月。

生长习性：耐寒，耐旱，喜光，抗风沙。生于海拔 800 ～ 1500 米的山地或林中。

分布区域：产于中国黑龙江、吉林、辽宁、内蒙古、新疆等地区。蒙古和朝鲜也有分布。

园林应用：用于园林绿化，可孤植、列植、林植。

桑 *Morus alba* L.

桑科桑属

别　　名：家桑、桑树。

形态特征：乔木或为灌木，高3～10米，胸径可达50厘米。树皮厚，灰色，具不规则浅纵裂；冬芽红褐色，卵形，芽鳞覆瓦状排列，灰褐色，有细毛；小枝有细毛。叶卵形或广卵形，长5～15厘米，宽5～12厘米，先端急尖、渐尖或圆钝，基部圆形至浅心形，边缘锯齿粗钝，有时叶为各种分裂，表面鲜绿色，无毛，背面沿脉有疏毛，脉腋有簇毛；叶柄长1.5～5.5厘米，具柔毛；托叶披针形，早落，外面密被细硬毛。花单性，腋生或生于芽鳞腋内，与叶同时生出；雄花序下垂，长2～3.5厘米，密被白色柔毛，雄花。花被片宽椭圆形，淡绿色。花丝在芽时内折，花药2室，球形至肾形，纵裂；雌花序长1～2厘米，被毛，总花梗长5～10毫米被柔毛，雌花无梗，花被片倒卵形，顶端圆钝，外面和边缘被毛，两侧紧抱子房，无花柱，柱头2裂，内面有乳头状突起。聚花果卵状椭圆形，成熟时红色或暗紫色。花期4～5月，果期5～8月。

生长习性：喜温暖、湿润气候，稍耐阴，耐旱，耐瘠薄，不耐涝。对土壤的适应性强。

分布区域：本种原产于中国中部和北部，现东北至西南各省区，西北直至新疆均有栽培。

园林应用：树冠宽阔，树叶茂密，秋季叶色变黄，颇为美观，且能抗烟尘及有毒气体，适于城市、工矿区及农村四旁绿化。

74

木藤蓼 *Fallopia aubertii* (L. Henry) Holub　　蓼科何首乌属

别　　名：降头、血地、大红花、血地胆。

形态特征：半灌木。茎缠绕，长 1～4 米，灰褐色，无毛。叶簇生稀互生，叶片长卵形或卵形，长 2.5～5 厘米，宽 1.5～3 厘米，近革质，顶端急尖，基部近心形，两面均无毛；托叶鞘膜质，偏斜，褐色，易破裂。花序圆锥状，少分枝，稀疏，腋生或顶生，花序梗具小突起；苞片膜质，顶端急尖，每苞内具 3～6 花；花梗下部具关节；花被 5 深裂，淡绿色或白色，花被片外面 3 片较大，背部具翅，果时增大，基部下延；花被果时外形呈倒卵形。瘦果卵形，具 3 棱，黑褐色，密被小颗粒，微有光泽，包于宿存花被内。花期 7～8 月，果期 8～9 月。

生长习性：喜光，稍耐阴，深根性，耐寒，稍耐高温，稍耐瘠薄、干旱，喜肥沃、深厚、排水良好的沙壤土。

分布区域：分布于中国内蒙古、山西、河南、陕西、甘肃、宁夏、青海、湖北、四川、云南及西藏等地区。

园林应用：垂直绿化植物，是绿篱花墙隔离、遮阴凉棚、假山斜坡等立体绿化快速见效的极好树种。

光叶子花 *Bougainvillea glabra* Choisy

紫茉莉科叶子花属

别　　名：叶子花、九重葛、三叶梅、毛宝巾、勒杜鹃、三角花。

形态特征：藤状灌木。茎粗壮，枝下垂，无毛或疏生柔毛；刺腋生，长5～15毫米。叶片纸质，卵形或卵状披针形，长5～13厘米，宽3～6厘米，顶端急尖或渐尖，基部圆形或宽楔形，上面无毛，下面被微柔毛；叶柄长1厘米。花顶生枝端的3个苞片内，花梗与苞片中脉贴生，每个苞片上生一朵花；苞片叶状，紫色或洋红色，长圆形或椭圆形，纸质；花被管长约2厘米，淡绿色，疏生柔毛，有棱，顶端5浅裂；雄蕊6～8；花柱侧生，线形，边缘扩展成薄片状，柱头尖；花盘基部合生呈环状，上部撕裂状。花期冬春间（广州、海南、昆明），北方温室栽培3～7月开花。

生长习性：喜温暖、湿润的气候和阳光充足的环境，喜水但忌积水。不耐寒，耐干旱、耐修剪，生长势强。要求充足的光照，在肥沃、疏松、排水好的沙质土壤能旺盛生长。

分布区域：原产于热带美洲。中国南北方有栽培。

园林应用：可用于公园、庭院或道路绿化，宜孤植、对植、丛植、列植及群植等。

别　　名：三颗针。

形态特征：落叶灌木。枝灰褐色，刺单一或三分叉，粗壮，与枝同色。叶倒卵形、倒卵状椭圆形或椭圆形，先端急尖或钝，基部下延呈柄，边缘具前伸的纤毛状细密锯齿，两面无毛。总状花序下垂，具花40～50朵，具花梗；苞片披针形，锐尖；花淡黄色；外轮萼片狭卵形，内轮萼片倒卵形；花瓣卵形，先端钝2裂；子房椭圆柱体形，无花柱，柱头头状。浆果椭圆形，红色。花期5月，果期7～8月。

生长习性：生于山坡灌丛中。

分布区域：分布于中国东北、华北及山东、陕西、甘肃等省区。

园林应用：可作绿篱，宜散植、丛植、片植等。

大叶小檗 *Berberis ferdinandi-coburgii* Schneid.

小檗科小檗属

形态特征：常绿灌木，高约2米。老枝具棱槽，散生黑色疣点；茎刺细弱，三分叉，长7～15毫米，腹面具槽。叶革质，椭圆状倒披针形，长4～9厘米，宽1.5～2.5厘米，先端急尖，具1刺尖，基部楔形，上面栗色，有光泽，中脉和侧脉凹陷，背面棕黄色，中脉和侧脉隆起，两面网脉显著，不被白粉，叶缘平展，有时微向背面反卷，每边具35～60刺齿。花8～18朵簇生；花梗细弱，长1～2厘米，无毛；花黄色；小苞片红色，长约1.5毫米；萼片2轮；花瓣狭倒卵形，长3.5～4.5毫米，宽1.5～2.5毫米，先端缺裂，基部缢缩呈爪，具2枚分离腺体。浆果黑色，椭圆形或卵形，长7～8毫米，直径5～6毫米，顶端具明显宿存花柱，不被白粉或有时微被白粉。花果期6～10月。

生长习性：喜光，喜湿，耐寒，耐旱，耐瘠薄，不耐阴，不耐积水，对土壤要求不严。

分布区域：原产于中国云南。内蒙古少量栽培。

园林应用：耐修剪，观叶、花、果植物，宜作花篱、绿篱，也与花境、乔木搭配等。

形态特征： 落叶灌木，高2～3.5米。老枝淡黄色或灰色，稍具棱槽，无疣点；节间2.5～7厘米；茎刺三分叉，稀单一，长1～2厘米。叶纸质，倒卵状椭圆形、椭圆形或卵形，长5～10厘米，宽2.5～5厘米，先端急尖或圆形，基部楔形，上面暗绿色，中脉和侧脉凹陷，网脉不显，背面淡绿色，无光泽，中脉和侧脉微隆起，网脉微显，叶缘平展，每边具40～60细刺齿；叶柄长5～15毫米。总状花序具10～25朵花，长4～10厘米，无毛，总梗长1～3厘米；花梗长5～10毫米；花黄色；萼片2轮，外萼片倒卵形，长约3毫米，宽约2毫米，内萼片与外萼片同形；花瓣椭圆形，长4.5～5毫米，宽2.5～3毫米，先端浅缺裂，基部稍呈爪，具2枚分离腺体；雄蕊长约2.5毫米，药隔先端不延伸，平截；胚珠2枚。浆果长圆形，长约10毫米，直径约6毫米，红色，顶端不具宿存花柱，不被白粉或仅基部微被霜粉。花期4～5月，果期8～9月。

生长习性： 喜光，耐寒，耐旱，耐瘠薄，耐修剪，对土壤要求不严。适于海拔1100～2850米生长。

分布区域： 产于中国黑龙江、吉林、辽宁、河北、内蒙古、山东、河南、山西、陕西、甘肃地区。

园林应用： 可栽种于花坛、花境、花丛中或用作花篱、绿篱等，也可与其他乔木树种搭配栽植。

别　名：小叶小檗。

形态特征：半常绿灌木，高约1米。枝常弓弯，老枝棕灰色，幼枝暗红色，具棱，散生黑色疣点；茎刺细弱，三分叉，长1～2厘米，淡黄色或淡紫红色，有时单一或缺如。叶革质，近无柄，倒卵形或倒卵状匙形或倒披针形，长6～25毫米，宽2～6毫米，先端圆钝或近急尖，有时短尖，基部楔形，上面暗灰绿色，网脉明显，背面灰色，常微被白粉，网脉隆起，全缘或偶有1～2细刺齿。花4～7朵簇生；花梗长3～7毫米，棕褐色；花金黄色；小苞片卵形；萼片2轮；花瓣倒卵形，长约4毫米，宽约2毫米，先端缺裂，裂片近急尖；雄蕊长约3毫米，药隔先端钝尖；胚珠3～5枚。浆果近球形，粉红色，顶端具明显宿存花柱，微被白粉。花期6～9月，果期翌年1～2月。

生长习性：生于海拔1000～4000米的山坡、灌丛中、石山、河滩、路边、松林、栎林缘或沟边。

分布区域：产于中国云南、四川等地。内蒙古有栽培。

园林应用：观叶、观果植物，可用于石山造景，宜丛植、散植或片植。

形态特征： 落叶灌木，高1～2米。老枝灰黄色，幼枝紫褐色，生黑色疣点，具条棱；茎刺缺如或单一，有时三分叉，长4～9毫米。叶纸质，倒披针形至狭倒披针形，偶披针状匙形，长1.5～4厘米，宽5～10毫米，先端渐尖或急尖，具小尖头，基部渐狭，上面深绿色，中脉凹陷，背面淡绿色或灰绿色，中脉隆起，侧脉和网脉明显，两面无毛，叶缘平展，全缘，偶中上部边缘具数枚细小刺齿；近无柄。穗状总状花序具8～15朵花，长3～6厘米，包括总梗长1～2厘米，常下垂；花梗长3～6毫米，无毛；花黄色；苞片条形，长2～3毫米；小苞片2，披针形，长1.8～2毫米；萼片2轮，外萼片椭圆形或长圆状卵形，长约2毫米，宽1.3～1.5毫米，内萼片长圆状椭圆形，长约3毫米，宽约2毫米；花瓣倒卵形或椭圆形，长约3毫米，宽约1.5毫米，先端锐裂，基部微部缩，略呈爪，具2枚分离腺体；雄蕊长约2毫米，药隔先端平截。浆果长圆形，红色，长约9毫米，直径约4～5毫米，顶端无宿存花柱，不被白粉。花期5～6月，果期7～9月。

生长习性： 生于海拔600～2300米的山地灌丛、砾质地、草原化荒漠、山沟河岸或林下。

分布区域： 产于中国吉林、辽宁、内蒙古、青海、陕西等地。朝鲜、蒙古、俄罗斯也有分布。

园林应用： 可丛植、片植，宜用于公园、墙隅、道路、坡地等绿化，通常作为绿篱使用。

置疑小檗 *Berberis dubia* Schneid.

形态特征： 落叶灌木，高1～3米。老枝灰黑色，稍具棱槽和黑色疣点，幼枝紫红色，有光泽，明显具棱槽；茎刺单生或三分叉，长7～20毫米，与枝同色。叶纸质，狭倒卵形，长1.5～3厘米，宽5～18毫米，先端近渐尖，基部渐狭，上面深绿色，中脉和侧脉隆起，背面淡黄色，中脉和侧脉明显隆起，两面网脉明显隆起，无毛，也无白粉，叶缘平展，每边具6～14细刺齿；叶柄长1～3毫米。总状花序由5～10朵花组成，长1～3厘米，总梗长0.5～1厘米；花梗长3～6毫米，细弱，无毛；花黄色；小苞片披针形，先端急尖；萼片2轮，外萼片卵形，内萼片阔倒卵形；花瓣椭圆形，长约3.5毫米，短于内萼片，先端浅缺裂，基部楔形，具2枚腺体；雄蕊长约2.5毫米，药隔延伸，先端短突尖；胚珠2枚。浆果倒卵状椭圆形，红色，长约8毫米，直径约4毫米，顶端不具宿存花柱，不被白粉。花期5～6月，果期8～9月。
生长习性： 耐寒，耐干旱，生于海拔1400～3850米的山坡灌丛中、石质山坡、河滩地、岩石上或林下。
分布区域： 产于中国甘肃、宁夏、青海、内蒙古等省区。
园林应用： 可用于各种园林绿化，水土保持植物，可丛植、片植等。

紫叶小檗 *Berberis thunbergii* var. atropurpurea Chenault　小檗科小檗属

形态特征：落叶灌木。幼枝淡红带绿色，无毛，老枝暗红色具条棱；节间长 1～1.5 厘米。叶菱状卵形，长 5～20（35）毫米，宽 3～15 毫米，先端钝，基部下延成短柄，全缘，表面黄绿色，背面带灰白色，具细乳突，两面均无毛。花 2～5 朵成具短总梗并近簇生的伞形花序，或无总梗而呈簇生状，花被黄色；小苞片带红色；外轮萼片卵形，先端近钝，内轮萼片稍大于外轮萼片；花瓣长圆状倒卵形，先端微缺，基部以上腺体靠近。浆果红色，椭圆体形，稍具光泽。花期 4～6 月，果期 7～10 月。

生长习性：喜光，但耐半阴；喜凉爽湿润，但不耐水涝；耐寒，但不畏炎热高温。

分布区域：中国各省市广泛栽培。

园林应用：室外可组成色块、色带及模纹花坛，配植于路旁或点缀于草坪之中，宜散植、整形、丛植。室内可作盆景。

别　　名： 南天竺、红杷子、天烛子、红枸子、钻石黄、天竹、兰竹等。

形态特征： 常绿小灌木。茎常丛生而少分枝，高 1 ~ 3 米，光滑无毛，幼枝常为红色，老后呈灰色。叶互生，集生于茎的上部，三回羽状复叶，长 30 ~ 50 厘米；二至三回羽片对生；小叶薄革质，椭圆形或椭圆状披针形，长 2 ~ 10 厘米，宽 0.5 ~ 2 厘米，顶端渐尖，基部楔形，全缘，上面深绿色，冬季变红色，背面叶脉隆起，两面无毛；近无柄。圆锥花序直立；花小，白色，具芳香；萼片多轮；花瓣长圆形，宽约 2.5 毫米，先端圆钝；雄蕊 6；子房 1 室，具 1 ~ 3 枚胚珠。果柄长 4 ~ 8 毫米；浆果球形，熟时鲜红色，稀橙红色。种子扁圆形。花期 3 ~ 6 月，果期 5 ~ 11 月。

生长习性： 喜温暖，喜湿润，较耐阴，耐寒。

分布区域： 原产于中国长江流域及陕西、河南地区，现河北、山东等省均有分布。日本、印度也有种植。

园林应用： 观花观果灌木，冬季红色，可作绿篱，宜散植、丛植。也可作室内盆栽，或者观果切花。

紫叶刺檗 *Berberis vulgaris*

小檗科刺檗属

别　　名：刺檗的栽培品种。

形态特征：落叶灌木，高达3米；枝灰色，直立或拱形。叶长圆状匙形或倒卵形，终年紫色，叶长2.5～5厘米；叶缘有刚毛状刺齿，背面网脉不甚明显；叶在幼枝上常退化为三叉刺。总状花序下垂，长达5厘米；花鲜黄色，花瓣端圆形；浆果椭卵形，红色。花期5～6月，果期9～10月。

生长习性：生于林中、山谷、山坡、石缝中。

分布区域：分布于俄罗斯、欧洲至亚洲东部地区。中国内蒙古有栽培。

园林应用：观紫叶植物，可用于园林绿化，宜列植、丛植或片植。

玉兰 *Mognolia denudate* Desr.　　　　　木兰科木兰属

别　　名： 白玉兰、木兰、玉兰花、迎春花、望春、应春花、玉兰花等。

形态特征： 落叶乔木，高达25米，胸径1米。枝广展形成宽阔的树冠；树皮深灰色，粗糙开裂；小枝稍粗壮，灰褐色；冬芽及花梗密被淡灰黄色长绢毛。叶纸质，倒卵形、宽倒卵形或倒卵状椭圆形，基部徒长枝叶椭圆形，花蕾卵圆形，花先叶开放，直立，芳香，直径10～16厘米；雄蕊长7～12毫米，花药长6～7毫米，侧向开裂；药隔宽约5毫米，顶端伸出成短尖头。聚合果圆柱形；蓇葖厚木质，褐色，具白色皮孔；种子心形，侧扁，外种皮红色，内种皮黑色。花期2～3月（也常于7～9月再开一次花），果期8～9月。

生长习性： 性喜光，较耐寒，爱干燥，忌低湿，喜肥沃、排水良好且带微酸性的砂质土壤。

分布区域： 原产于中国长江流域，在庐山、黄山、峨眉山等处尚有野生。

园林应用： 可应用于庭院绿化、道路绿化和公共绿化，宜孤植、群植，与其他植物配植。

东北山梅花 *Philadelphus schrenkii* Rupr.

虎耳草科山梅花属

别　　名：辽东山梅花、石氏山梅花。

形态特征：灌木，高2～4米。二年生小枝灰棕色或灰色，表皮开裂后脱落，无毛，当年生小枝暗褐色，被长柔毛。叶卵形或椭圆状卵形，无花枝上，叶较大，长7～13厘米，宽4～7厘米，花枝上叶较小，长2.5～8厘米，宽1.5～4厘米，先端渐尖，基部楔形或阔楔形，边全缘或具锯齿，上面无毛，下面沿叶脉被长柔毛；叶脉离基出3～5条；叶柄长3～10毫米，疏被长柔毛。总状花序有花5～7朵；花序轴长2～5厘米，黄绿色，疏被微柔毛；花梗长6～12毫米，疏被毛；花萼黄绿色，萼筒外面疏被短柔毛，裂片卵形，长4～7毫米，顶端急尖，外面无毛，干后脉纹明显；花冠直径2.5～3.5（4）厘米，花瓣白色，倒卵或长圆状倒卵形，长1～1.5厘米，宽1～1.2厘米，无毛，雄蕊25～30，最长达10毫米；花盘无毛；花柱从先端分裂至中部以下，被长硬毛，柱头槌形，稀棒形，长1～1.5毫米，常较花药小。蒴果椭圆形，长8～9.5毫米，直径3.5～4.5毫米；种子长2～2.5毫米，具短尾。花期6～7月，果期8～9月。

生长习性：喜光，极耐阴，耐寒，适应性强。

分布区域：产于中国辽宁、吉林和黑龙江地区。朝鲜和俄罗斯东南部亦产。中国内蒙古有栽培。

园林应用：香花植物，可列植、丛植和片植，适宜种植在庭院、公路旁、花坛、校园、风景区等地。

山梅花 *Philadelphus incanus* Koehne　　　　　虎耳草科山梅花属

形态特征：灌木，高 1.5～3.5 米。二年生小枝灰褐色，表皮呈片状脱落，当年生小枝浅褐色或紫红色，被微柔毛或有时无毛。叶卵形或阔卵形，长 6～12.5 厘米，宽 8～10 厘米，先端急尖，基部圆形，花枝上叶较小，卵形、椭圆形至卵状披针形，长 4～8.5 厘米，宽 3.5～6 厘米，先端渐尖，基部阔楔形或近圆形，边缘具疏锯齿，上面被刚毛，下面密被白色长粗毛，叶脉离基出 3～5 条；叶柄长 5～10毫米。总状花序有花 5～7 朵，下部的分枝有时具叶；花序轴长 5～7 厘米，疏被长柔毛或无毛；花梗长 5～10 毫米，上部密被白色长柔毛；花萼外面密被紧贴糙伏毛；萼筒钟形，裂片卵形，长约 5 毫米，宽约 3.5 毫米，先端骤渐尖；花冠盘状，直径 2.5～3 厘米，花瓣白色，卵形或近圆形，基部急收狭；雄蕊 30～35，最长的长达 10 毫米；花盘无毛；花柱长约 5 毫米，无毛，近先端稍分裂，柱头棒形，较花药小。蒴果倒卵形。花期 5～6 月，果期 7～8 月。

生长习性：生于海拔 1200～1700 米的林缘灌丛中。

分布区域：产于中国山西、陕西、甘肃、河南、湖北、安徽和四川地区。欧美的一些植物园有引种栽培。

园林应用：本种花多，花期较长，常作庭园观赏植物。

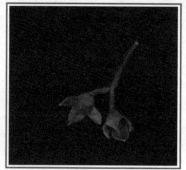

太平花 *Philadelphus pekinensis* Rupr. 虎耳草科山梅花属

别　　名：太平瑞圣花、京山梅花、白花结。

形态特征：灌木，高1～2米，分枝较多。二年生小枝无毛，表皮栗褐色，当年生小枝无毛，表皮黄褐色，不开裂。叶卵形或阔椭圆形，长6～9厘米，宽2.5～4.5厘米，先端长渐尖，基部阔楔形或楔形，边缘具锯齿，稀近全缘，两面无毛，稀仅下面脉腋被白色长柔毛。总状花序有花5～7朵；花序轴长3～5厘米，黄绿色，无毛；花梗长3～6毫米，无毛；花萼黄绿色，外面无毛，裂片卵形，长3～4毫米，宽约2.5毫米，先端急尖，干后脉纹明显；花冠盘状，直径2～3毫米；花瓣白色，倒卵形，长9～12毫米，宽约8毫米。蒴果近球形或倒圆锥形。花期5～7月，果期8～10月。

生长习性：喜半阴，耐干燥、瘠薄，不耐湿热，较耐寒，怕积水，生于海拔2000～3500米地带。

分布区域：产于中国陕西、甘肃、湖北、湖南、四川、贵州、云南。内蒙古有栽培。

园林应用：观花、观果植物，可作地被植物，布置岩石园、庭院、绿地和角隅，或制作盆景。

华蔓茶藨子 *Ribes fasciculatum* Sieb. et Zucc. var. *chinense* Maxim. 虎耳草科茶藨子属

别　　名：簇花茶藨子、蔓茶藨子等。

形态特征：落叶灌木，高达 1.5 米。小枝灰褐色，皮稍剥裂，嫩枝被较密柔毛，老时脱落，无刺；芽小，卵圆形或长卵圆形，长 2～5 毫米，先端急尖，具数枚棕色或褐色鳞片，外面无毛。叶近圆形，叶较大，直径可达 10 厘米，基部截形至浅心脏形，叶两面被较密柔毛边缘掌状 3～5 裂，裂片宽卵圆形，先端稍钝或急尖，顶生裂片与侧生裂片近等长或稍长，具粗钝单锯齿；叶柄长 1～3 厘米，被疏柔毛。花单性，雌雄异株，组成几无总梗的伞形花序；雄花序具花 2～9 朵；雌花 2～4 朵簇生，稀单生；花梗长 5～9 毫米，具关节，花梗被较密柔毛；苞片长圆形，长 5～8 毫米，宽 2～3.5毫米，先端钝或稍微尖，微被短柔毛，具单脉，早落；花萼黄绿色，外面无毛，有香味；萼筒杯形，长 2～3 毫米，宽稍大于长或几乎相等，萼片卵圆形或舌形，长 2～4 毫米，宽 1.5～3毫米，先端圆钝，花期反折；花瓣近圆形或扇形，长 1.5～2 毫米，宽稍大于长，先端圆钝或平截；雄蕊长于花瓣，花丝极短，花药扁椭圆形；雌花的雄蕊不发育，花药无花粉；子房梨形，光滑无毛，雄花的子房退化；花柱先端2 裂。果实近球形，直径 7～10 毫米，红褐色，无毛。花期 4～5 月，果期 7～9 月。

生长习性：喜光，抗旱，耐寒，耐贫瘠，生于海拔 700～1300 米地带。

分布区域：产于中国陕西、甘肃、山东等省。日本和朝鲜也有分布。中国内蒙古有栽培。

园林应用：宜丛植、片植，可用于庭院、山石园、公园绿地等。

美丽茶藨子 *Ribes pulchellum* Turcz.　　　　虎耳草科茶藨子属

形态特征：落叶灌木，高1～2.5米。小枝灰褐色，皮稍纵向条裂，嫩枝褐色或红褐色，有光泽，被短柔毛，老时毛脱落，在叶下部的节上常具1对小刺，节间无刺或小枝上散生少数细刺。叶宽卵圆形，长、宽各为1.5～3厘米，基部近截形至浅心脏形，上面暗绿色，下面色较浅，两面具短柔毛，老时毛较稀疏，掌状3裂，有时5裂，边缘具粗锐或微钝单锯齿，或混生重锯齿；叶柄具短柔毛或混生稀疏短腺毛。花单性，雌雄异株，形成总状花序；雄花序具8～20朵疏松排列的花；雌花序短，具8～10余朵密集排列的花；花萼浅绿黄色至浅红褐色，无毛或近无毛；花瓣很小，鳞片状。果实球形，红色，无毛。花期5～6月，果期8～9月。

生长习性：生于多石砾山坡、沟谷、黄土丘陵或阳坡灌丛中，适于海拔300～2800米地带生长。

分布区域：产于中国内蒙古、北京、河北、山西、陕西、宁夏、甘肃、青海等省区。

园林应用：在庭园中栽培供观赏，宜丛植、散植、片植等。

东北小叶茶藨子 *Ribes pulchellum* Turcz. var. *manshuriense* Wang et Li 虎耳草科茶藨子属

形态特征：东北小叶茶藨子是美丽茶藨子的变种。此种与原变种区别在于，叶基部为宽楔形，叶柄、叶两面和花序的毛较少或近无毛。

生长习性：生于山沟，常与榆树混生。

分布区域：产于中国内蒙古（满洲里）。

园林应用：可作观赏灌木。果实可作水果食用。

内蒙茶藨子 *Ribes mandshuricum* (Maxim.) Kom. var. villosum Koma. 虎耳草科茶藨子属

形态特征： 落叶灌木，高1～3米。小枝灰色或褐灰色，皮纵向或长条状剥落，嫩枝褐色，具短柔毛或近无毛，无刺；芽卵圆形或长圆形，长4～7毫米，宽1.5～3毫米，先端稍钝或急尖，具数枚棕褐色鳞片，外面微被短柔毛。叶宽大，长5～10厘米，基部心脏形，常掌状3裂，稀5裂，裂片卵状三角形，先端急尖至短渐尖，顶生裂片比侧生裂片稍长，边缘具不整齐粗锐锯齿或重锯齿；叶柄长4～7厘米，具短柔毛。花两性，开花时直径3～5毫米；总状花序长7～16厘米，稀达20厘米，初直立后下垂，具花多达40～50朵；花序轴和花梗密被短柔毛；花梗长约1～3毫米；苞片小，卵圆形，几与花梗等长，无毛或微具短柔毛，早落；花萼浅绿色或带黄色，花萼具长柔毛；萼筒盆形，长1～1.5毫米，宽2～4毫米；萼片倒卵状舌形或近舌形，长2～3毫米，宽1～2毫米，先端圆钝，边缘无睫毛，反折；花瓣近匙形，长约1～1.5毫米，宽稍短于长，先端圆钝或截形，浅黄绿色，下面有5个分离的凸出体；雄蕊稍长于萼片，花药近圆形，红色；子房具长柔毛；花柱稍短或几与雄蕊等长，先端2裂，有时分裂几达中部。果实球形，红色，果实幼时具长柔毛，老时逐渐脱落。味酸可食；种子多数，较大，圆形。花期4～6月，果期7～8月。

生长习性： 耐寒，耐干旱，生于低海拔地区山沟或坡地。

分布区域： 产于中国内蒙古（锡林郭勒河附近）。

园林应用： 可用于各种园林绿化，观叶灌木，常作刺篱，宜列植、丛植或片植。

香茶藨子 *Ribes odoratum* Wendl.

虎耳草科茶藨子属

形态特征： 落叶灌木，高1～2米。小枝圆柱形，灰褐色，皮稍条状纵裂或不剥裂，嫩枝灰褐色或灰棕色，具短柔毛，老时毛脱落，无刺；芽卵圆形或长卵圆形，长5～7毫米，宽3～4毫米，先端急尖或稍钝，具数枚褐色或紫褐色鳞片，外被短柔毛。叶圆状肾形至倒卵圆形，长2～5厘米，宽几与长相似，基部楔形，稀近圆形或截形，幼时两面均具短柔毛，并常有腺体，成长时柔毛渐脱落，至老时近无毛，掌状3～5深裂，裂片形状不规则，先端稍钝，顶生裂片稍长或与侧生裂片近等长，边缘具粗钝锯齿；叶柄长1～2厘米，被短柔毛。花两性，芳香；总状花序长2～5厘米，常下垂，具花5～10朵；花序轴和花梗具短柔毛；花梗长2～5毫米；苞片卵状披针形或椭圆状披针形，长5～7毫米，宽1.5～2.5毫米，先端急尖，两面均有短柔毛；花萼黄色，或仅萼筒黄色而微带浅绿色晕，外面无毛；萼筒管形，长12～15毫米，宽1.5～2.5毫米；萼片长圆形或匙形，长5～7毫米，宽2.5～4毫米，先端圆钝，开展或反折；花瓣近匙形或近宽倒卵形，长2.5～3.5毫米，宽2～3毫米，先端圆钝而浅缺刻状，浅红色，无毛；雄蕊短于或与花瓣近等长，花丝长约1.5毫米，花药长圆形，比花丝稍短；子房无毛；花柱不分裂或仅柱头2裂，长11～14毫米，柱头绿色。果实球形或宽椭圆形，熟时黑色，无毛。花期5月，果期7～8月。

生长习性： 喜光，喜温暖，耐阴，耐贫瘠，对土壤要求不严，在排水良好的肥沃沙质土壤中生长最好。

分布区域： 原产于北美洲。中国内蒙古有栽培。

园林应用： 花黄色，芳香，观赏灌木，可作花篱、绿篱，宜散植、丛植或片植。

碧桃 *Amygdalus persica* L. var. *persica* f. *duplex* Rehd. 蔷薇科桃属

别　　名： 桃、陶古日（蒙语）。

形态特征： 乔木，高3～8米。树冠宽广而平展；树皮暗红褐色，老时粗糙呈鳞片状；小枝细长，无毛，有光泽，绿色，向阳处转变成红色，具大量小皮孔；冬芽圆锥形，顶端钝，外被短柔毛，常2～3个簇生，中间为叶芽，两侧为花芽。叶片长圆披针形、椭圆披针形或倒卵状披针形，长7～15厘米，宽2～3.5厘米，先端渐尖，基部宽楔形，上面无毛，下面在脉腋间具少数短柔毛或无毛，叶边具细锯齿或粗锯齿，齿端具腺体或无腺体；叶柄粗壮，长1～2厘米，常具一至数枚腺体，有时无腺体。花单生，先叶开放，直径2.5～3.5厘米；花梗极短或几无梗；萼筒钟形，被短柔毛，稀几无毛，绿色而具红色斑点；萼片卵形至长圆形，顶端圆钝，外被短柔毛；花瓣长圆状椭圆形至宽倒卵形，粉红色，罕为白色；雄蕊约20～30，花药绯红色；子房被短柔毛。果实形状和大小均有变异，卵形、宽椭圆形或扁圆形，直径5～7厘米，长几与宽相等，色泽变化由淡绿白色至橙黄色，常在向阳面具红晕，外面密被短柔毛，稀无毛，腹缝明显，果梗短而深入果洼；果肉白色、浅绿白色、黄色、橙黄色或红色，多汁有香味，甜或酸甜；核大，离核或粘核，椭圆形或近圆形，两侧扁平，顶端渐尖，表面具纵、横沟纹和孔穴。花期3～4月，通常为8～9月。

生长习性： 性喜阳光和温暖，耐旱，耐寒，不耐潮湿的环境。在肥沃、排水良好的土壤上生长良好。

分布区域： 原产于中国，各省区广泛栽培。世界各地均有栽植。

园林应用： 可列植、片植、孤植。广泛用于湖滨、溪流、道路两侧和公园等。

蒙古扁桃 *Amygdalus mongolica* (Maxim.) Ricker　　蔷薇科桃属

别　　名：乌兰一布衣勒斯（蒙语）。

形态特征：灌木，高1～2米。枝条开展，多分枝，小枝顶端转变成枝刺；嫩枝红褐色，被短柔毛，老时灰褐色。短枝上叶多簇生，长枝上叶常互生；叶片宽椭圆形、近圆形或倒卵形，长8～15毫米，宽6～10毫米，先端圆钝，有时具小尖头，基部楔形，两面无毛，叶边有浅钝锯齿，侧脉约4对，下面中脉明显突起；叶柄长2～5毫米，无毛。花单生稀数朵簇生于短枝上；花梗极短；萼筒钟形，长3～4毫米，无毛；萼片长圆形，与萼筒近等长，顶端有小尖头，无毛；花瓣倒卵形，长5～7毫米，粉红色；雄蕊多数，长短不一致；子房被短柔毛；花柱细长，几与雄蕊等长，具短柔毛。果实宽卵球形，长12～15毫米，宽约10毫米，顶端具急尖头，外面密被柔毛；果梗短；果肉薄，成熟时开裂，离核；核卵形，长8～13毫米，顶端具小尖头，基部两侧不对称，腹缝压扁，背缝不压扁，表面光滑，具浅沟纹，无孔穴；种仁扁宽卵形，浅棕褐色。花期5月，果期8月。

生长习性：根系发达，喜光，耐旱，耐寒，耐贫瘠，生长于海拔1000～2400米地带。

分布区域：产于中国内蒙古、甘肃、宁夏地区。

园林应用：三级保护植物，可孤植、列植和片植，宜防风固沙或用于绿篱。

山桃 *Amygdalus davidiana* (Carrière) de Vos ex Henry   蔷薇科桃属

别　　名：花桃。

形态特征：乔木，高可达10米。树冠开展，树皮暗紫色，光滑；小枝细长，直立，幼时无毛，老时褐色。叶片卵状披针形，长5～13厘米，宽1.5～4厘米，先端渐尖，基部楔形，两面无毛，叶边具细锐锯齿；叶柄无毛，常具腺体。花单生，先于叶开放，直径2～3厘米；花梗极短或几无梗；花萼无毛；萼筒钟形；萼片卵形至卵状长圆形，紫色，先端圆钝；花瓣倒卵形或近圆形，粉红色，先端圆钝，稀微凹；雄蕊多数，几与花瓣等长或稍短；子房被柔毛，花柱长于雄蕊或近等长。果实近球形，直径2.5～3.5厘米，淡黄色，外面密被短柔毛，果梗短而深入果洼；果肉薄而干，不可食，成熟时不开裂；核球形或近球形，两侧不压扁，表面具纵、横沟纹和孔穴，与果肉分离。花期3～4月，果期7～8月。

生长习性：喜光，耐寒，耐干旱，耐瘠薄，怕涝，对土壤适应性强。

分布区域：产于中国山东、河北、河南、山西、陕西、甘肃、四川、云南等地区。主要分布于中国黄河流域、内蒙古及东北南部，西北也有分布，多生于向阳的石灰岩山地。

园林应用：观花植物，可植于庭院、草坪、水际、林缘、建筑物前。

紫叶碧桃 *Amygdalus persica* L.var. *persica* f. *atropurpurea* Schneid 蔷薇科桃属

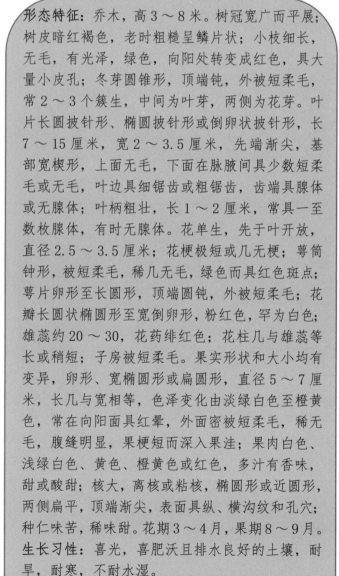

形态特征：乔木，高3～8米。树冠宽广而平展；树皮暗红褐色，老时粗糙呈鳞片状；小枝细长，无毛，有光泽，绿色，向阳处转变成红色，具大量小皮孔；冬芽圆锥形，顶端钝，外被短柔毛，常2～3个簇生，中间为叶芽，两侧为花芽。叶片长圆披针形、椭圆披针形或倒卵状披针形，长7～15厘米，宽2～3.5厘米，先端渐尖，基部宽楔形，上面无毛，下面在脉腋间具少数短柔毛或无毛，叶边具细锯齿或粗锯齿，齿端具腺体或无腺体；叶柄粗壮，长1～2厘米，常具一至数枚腺体，有时无腺体。花单生，先于叶开放，直径2.5～3.5厘米；花梗极短或几无梗；萼筒钟形，被短柔毛，稀几无毛，绿色而具红色斑点；萼片卵形至长圆形，顶端圆钝，外被短柔毛；花瓣长圆状椭圆形至宽倒卵形，粉红色，罕为白色；雄蕊约20～30，花药绯红色；花柱几与雄蕊等长或稍短；子房被短柔毛。果实形状和大小均有变异，卵形、宽椭圆形或扁圆形，直径5～7厘米，长几与宽相等，色泽变化由淡绿白色至橙黄色，常在向阳面具红晕，外面密被短柔毛，稀无毛，腹缝明显，果梗短而深入果洼；果肉白色、浅绿白色、黄色、橙黄色或红色，多汁有香味，甜或酸甜；核大，离核或粘核，椭圆形或近圆形，两侧扁平，顶端渐尖，表面具纵、横沟纹和孔穴；种仁味苦，稀味甜。花期3～4月，果期8～9月。

生长习性：喜光，喜肥沃且排水良好的土壤，耐旱，耐寒，不耐水湿。

分布区域：中国各省区及世界各地均有栽植。

园林应用：可列植、片植、孤植，用于各种绿化，植于山坡、水畔、石旁、墙际、庭院、草坪边。也可盆栽、切花或作桩景。

榆叶梅 *Amygdalus triloba* (Lindl.) Ricker

蔷薇科桃属

别　　名：榆梅、小桃红、榆叶鸾枝。

形态特征：灌木稀小乔木，高2～3米。枝条开展，具多数短小枝；小枝灰色，一年生枝灰褐色，无毛或幼时微被短柔毛。枝紫褐色，叶宽椭圆形至倒卵形，先端3裂状，缘有不等的粗重锯齿。花单瓣至重瓣，紫红色，1～2朵生于叶腋，核果红色，近球形，有毛。花期4～5月，果期5～7月。

生长习性：喜光，稍耐阴，耐旱，不耐涝，耐寒，抗病力强。对土壤要求不严，以中性至微碱性且肥沃土壤为佳。

分布区域：产于中国黑龙江、吉林、内蒙古、河北等省区。俄罗斯也有分布。

园林应用：枝叶茂密，花繁色艳，宜植于公园草地、路边，或庭园中的墙角、池畔等。

辽梅山杏 *Armeniaca sibirica* var. *pleniflora*、*Prunus sibirica* var. *pleniflora* 蔷薇科杏属

别　　名： 辽梅杏、毛叶重瓣山杏。

形态特征： 由野生辽梅杏选育成，树冠半圆形，树姿开张，树高 10 ～ 15 米。多年生枝红褐色，表皮光滑无毛。1 年生枝灰褐色，节间长 1.8 厘米。叶片卵圆形，基部宽楔形，先端渐尖；叶片长 7.2 厘米，宽 5.5 厘米，叶柄长 2.4 厘米；叶色绿，正反面均多茸毛，无光泽；叶缘不整齐，单锯齿。白色重瓣花，每朵花花瓣 30 余枚，花径 3 厘米左右，蕾期和花期 10 ～ 15 天，花萼粉红色。果实较小，扁圆形，不能食用，仁苦。花期 3 ～ 4 月，果期 6 ～ 7 月。

生长习性： 抗寒，抗旱，抗病，喜肥沃、疏松土壤。

分布区域： 中国北京、沈阳、鞍山、长春、哈尔滨等地区有栽培。中国内蒙古有种植。

园林应用： 可用于建造"梅"园，亦可孤植、片植和丛植。

山杏 *Armeniaca sibirica* (L.) Lam

薔薇科杏属

别　　名：杏子。

形态特征：灌木或小乔木，高2～5米。树皮暗灰色；小枝无毛，稀幼时疏生短柔毛，灰褐色或淡红褐色。叶片卵形或近圆形，长（3）5～10厘米，宽（2.5）4～7厘米，先端长渐尖至尾尖，基部圆形至近心形，叶边有细钝锯齿，两面无毛，稀下面脉腋间具短柔毛；叶柄无毛，有或无小腺体。花单生，先于叶开放；花萼紫红色；萼筒钟形，基部微被短柔毛或无毛；萼片长圆状椭圆形，先端尖，花后反折；花瓣近圆形或倒卵形，白色或粉红色；雄蕊几与花瓣近等长；子房被短柔毛。果实扁球形，黄色或橘红色，有时具红晕，被短柔毛。花期3～4月，果期6～7月。

生长习性：喜光，耐寒，耐旱，耐瘠薄。

分布区域：产于中国黑龙江、内蒙古、甘肃、河北、山西等地区。蒙古、俄罗斯也有分布。

园林应用：观花、观果植物，可列植、林植。

别　　名：杏树、杏花、归勒斯（蒙古语）。

形态特征：乔木，高5～8（12）米。树冠圆形、扁圆形或长圆形；树皮灰褐色，纵裂；多年生枝浅褐色，皮孔大而横生，一年生枝浅红褐色，有光泽，无毛，具多数小皮孔。叶片宽卵形或圆卵形，长5～9厘米先端急尖至短渐尖，基部圆形至近心形，叶边有圆钝锯齿，两面无毛或下面脉腋间具柔毛；叶柄长2～3.5厘米，无毛，基部常具1～6腺体。花单生，直径2～3厘米，先于叶开放；花梗短，长1～3毫米，被短柔毛；花萼紫绿色；萼筒圆筒形，外面基部被短柔毛；萼片卵形至卵状长圆形，先端急尖或圆钝，花后反折；花瓣圆形至倒卵形，白色或带红色，具短爪；雄蕊约20～45，稍短于花瓣；子房被短柔毛，花柱稍长或几与雄蕊等长，下部具柔毛。果实球形，稀倒卵形，直径约2.5厘米以上，白色、黄色至黄红色，常具红晕，微被短柔毛。花期3～4月，果期6～7月。

生长习性：喜阳，深根性，喜光，耐旱，抗寒，抗风，对土壤要求不严。

分布区域：产于中国各地，中国尤以华北、西北和华东地区种植较多。

园林应用：早春观花树种，先花后叶，可与松柏类植物搭配栽植，宜可丛植、片植。

别　　名：山樱桃、梅桃、山豆子、樱桃。

形态特征：灌木，通常高0.3～1米，稀呈小乔木状，高可达2～3米。小枝紫褐色或灰褐色，嫩枝密被绒毛到无毛。冬芽卵形，疏被短柔毛或无毛。叶片卵状椭圆形或倒卵状椭圆形，长2～7厘米，宽1～3.5厘米，先端急尖或渐尖，基部楔形，边有急尖或粗锐锯齿，上面暗绿色或深绿色，下面灰绿色，密被灰色绒毛或以后变为稀疏，侧脉4～7对；叶柄被绒毛或脱落稀疏；托叶线形，被长柔毛。花单生或2朵簇生，花叶同开，近先叶开放或先叶开放；萼筒管状或杯状，内外两面内被短柔毛或无毛；花瓣白色或粉红色，倒卵形，先端圆钝；雄蕊短于花瓣；花柱伸出与雄蕊近等长或稍长。核果近球形，红色。花期4～5月，果期6～9月。

生长习性：喜光，喜温，喜湿，喜肥植物。

分布区域：产于中国吉林、内蒙古、河北等省区。

园林应用：观花、观果、观形植物，可栽植于公园、庭院、小区等处。

欧洲甜樱桃 *Cerasus avium* (L.) Moench.

蔷薇科樱属

别　　名：欧洲樱桃。

形态特征：乔木，高达 25 米，树皮黑褐色。小枝灰棕色，嫩枝绿色，无毛，冬芽卵状椭圆形，无毛。叶片倒卵状椭圆形或椭圆卵形，长 3～13 厘米，宽 2～6 厘米，先端骤尖或短渐尖，基部圆形或楔形，叶边有缺刻状圆钝重锯齿，齿端陷入小腺体，上面绿色，无毛，下面淡绿色，被稀疏长柔毛，有侧脉 7～12 对；叶柄长 2～7 厘米，无毛；托叶狭带形，长约 1 厘米，边有腺齿。花序伞形，有花 3～4 朵，花叶同开，花芽鳞片大形，开花期反折；总梗不明显；花梗长 2～3 厘米，无毛；萼筒钟状，长约 5 毫米，宽约 4 毫米，无毛，萼片长椭圆形，先端圆钝，全缘，与萼筒近等长或略长于萼筒，开花后反折；花瓣白色，倒卵圆形，先端微下凹；雄蕊约 34 枚；花柱与雄蕊近等长，无毛。核果近球形或卵球形，红色至紫黑色；核表面光滑。花期 4～5 月，果期 6～7 月。

生长习性：喜光，喜温，喜湿，喜肥，不抗旱，不抗风，不耐盐碱。

分布区域：原产于欧洲及亚洲西部。中国东北、华北等地区引种栽培。

园林应用：观花、观果、观叶植物。宜孤植、丛植和片植。

日本早樱 *Cerasus subhirtella* (Miq.) Sok.

蔷薇科樱属

别　　名：大叶早樱。

形态特征：落叶乔木，高3～10米。树皮灰褐色。小枝灰色，嫩枝绿色，密被白色短柔毛。冬芽卵形，鳞片先端有疏毛。叶片卵形至卵状长圆形，长3～6厘米，宽1.5～3厘米，先端渐尖，基部宽楔形，边缘具细锐锯齿和重锯齿，上面暗绿色，无毛或中脉伏生稀疏柔毛，下面淡绿色，伏生白色疏柔毛，脉上尤密，脉间以后脱落稀疏，侧脉直出，几平行，有10～14对；叶柄长5～8毫米，被白色短柔毛；托叶褐色，极狭窄，呈线形，比叶柄短，边缘有稀疏腺齿。花序伞形，有花2～3朵，花叶同开；总苞片倒卵形，长约4毫米，宽约3毫米，外面疏生柔毛，早落；花梗长1～2厘米，被疏蔬柔毛；萼筒管状，微呈壶形，长4～5毫米，宽2～3毫米，基部稍膨大，颈部稍缩小，外面伏生白色疏柔毛，萼片长圆卵形，先端急尖，有疏齿，与萼筒近等长；花瓣淡红色，倒卵长圆形，先端下凹；雄蕊约20；花柱基部有疏毛。核果卵球形，黑色；核表面微有棱纹；果梗长1.5～2.5厘米，被开展疏柔毛，顶端稍膨大。花期3～4月，果期6月。

生长习性：喜阳光，喜温暖，喜湿润，较耐寒，耐旱，不耐盐碱。分布在海拔620～1100米地区。

分布区域：原产于日本，现广泛分布于北半球的温带地区。中国内蒙古有引种栽培。

园林应用：可大片栽植，或丛植点缀于绿地，也可孤植，还可作绿篱、栽植盆景、切花。

日本晚樱 *Cerasus serrulata* (Lindl.) G. Don ex London var. *lannesiana* (Carri.) Makino 蔷薇科樱属

别　　名：重瓣樱花。

形态特征：乔木，高3～8米。树皮灰褐色或灰黑色，有唇形皮孔。小枝灰白色或淡褐色，无毛。冬芽卵圆形，无毛。叶片卵状椭圆形或倒卵椭圆形，长5～9厘米，宽2.5～5厘米，先端渐尖，基部圆形，边有渐尖单锯齿及重锯齿，齿尖有小腺体，上面深绿色，无毛，下面淡绿色，无毛，有侧脉5～8对；叶柄长1～1.5厘米，无毛，先端有1～3圆形腺体；托叶线形，长5～8毫米，边有腺齿，早落。伞房花序总状或近伞形，有花2～3朵；总苞片褐红色，倒卵长圆形，长约8毫米，宽约4毫米，外面无毛，内面被长柔毛；总梗长5～10毫米，无毛；苞片褐色或淡绿褐色，长5～8毫米，宽2.5～4毫米，边有腺齿；花梗长1.5～2.5厘米，无毛或被极稀疏柔毛；萼筒管状，长5～6毫米，宽2～3毫米，先端扩大，萼片三角披针形，先端渐尖或急尖；边全缘；花瓣粉色，倒卵形，先端下凹；雄蕊约38枚；花柱无毛。核果球形或卵球形，紫黑色，直径8～10毫米。花期4～5月，果期6～7月。

生长习性：喜光，稍耐寒，喜肥沃、排水良好的土壤。

分布区域：原产日本。中国各地庭园栽培。

园林应用：观花树种，可群植、丛植和孤植，适用于多种园林绿地。

沙樱 *Prunus pumila* L.

蔷薇科樱属

别　　名：沙樱桃。

形态特征：落叶灌木，高达 10 ～ 40 厘米。通过从根系统发芽形成致密的基部灌丛。分枝较多；顶芽常缺，腋芽单生，卵圆形，有数枚覆瓦状排列鳞片。单叶互生，幼叶在芽中为席卷状或对折状；有叶柄，在叶片基部边缘或叶柄顶端常有 2 小腺体；托叶早落。叶革质，长 4 ～ 7 厘米，带锯齿缘。花 2 ～ 4 朵簇生，直径 15 ～ 25 毫米，有 5 个白色花瓣。具短梗，花先叶开放或与叶同时开放；有小苞片，早落；萼片和花瓣均为覆瓦状排列；雄蕊 25 ～ 30；雌蕊 1，周位花，子房上位。核果，直径 13 ～ 15 毫米，成熟时暗紫色。具有 1 个成熟种子，外面有沟，无毛，常被蜡粉；核两侧扁平，平滑，稀有沟或皱纹。花期 4 ～ 6 月，果期初夏。

生长习性：浅根系，喜光，喜温，喜湿，喜肥，不抗旱，不耐涝，不抗风，不耐盐碱。

分布区域：分布于加拿大。中国内蒙古有栽培。

园林应用：观花树种，可片植、丛植、群植，宜植于山坡、庭院、路边、建筑物前或公园。

皱皮木瓜 *Chaenomeles speciosa* (Sweet) Nakai 　　蔷薇科木瓜属

别　　名：木瓜、贴梗海棠、贴梗木瓜等。

形态特征：落叶灌木，高达2米。枝条直立开展，有刺；小枝圆柱形，微屈曲，无毛，紫褐色或黑褐色，有疏生浅褐色皮孔。叶片卵形至椭圆形，稀长椭圆形，长3～9厘米，宽1.5～5厘米，先端急尖稀圆钝，基部楔形至宽楔形，边缘具有尖锐锯齿，齿尖开展，无毛或在萌蘖上沿下面叶脉有短柔毛；托叶大形，草质，肾形或半圆形，稀卵形，长5～10毫米，宽12～20毫米，边缘有尖锐重锯齿，无毛。花先叶开放，3～5朵簇生于二年生老枝上；花直径3～5厘米；萼筒钟状，外面无毛；萼片直立，半圆形稀卵形，长约萼筒之半，先端圆钝，全缘或有波状齿，及黄褐色睫毛；花瓣倒卵形或近圆形，基部延伸成短爪，猩红色，稀淡红色或白色；雄蕊45～50，长约花瓣之半；花柱5，基部合生，约与雄蕊等长。果实球形或卵球形，黄色或带黄绿色，有稀疏不明显斑点，味芳香，果梗短或近于无梗。花期3～5月，果期9～10月。

生长习性：喜光，耐半阴，耐寒，耐旱，不耐盐碱，喜肥沃、排水良好的黏土、壤土。

分布区域：产于中国陕西、甘肃、四川、贵州、云南、广东地区。中国内蒙古有栽培，缅甸也有分布。

园林应用：早春先花后叶植物，可观花观果，枝密多刺，可作绿篱，应用于公园、庭院、校园、广场、道路两侧等，宜孤植、丛植、片植，室内作盆景也极具观赏价值。

形态特征： 落叶灌木，高2～4米。枝条开张，小枝细瘦，圆柱形，棕褐色或红褐色，幼时被长柔毛。叶片椭圆卵形至长圆卵形，长2.5～5厘米，宽1.2～2厘米，先端急尖，稀渐尖，基部宽楔形，全缘，幼时两面均被长柔毛，下面较密，老时逐渐脱落，最后常近无毛；叶柄长2～5毫米，具短柔毛；托叶线状披针形，脱落。花2～5朵成聚伞花序，总花梗和花梗被长柔毛；苞片线状披针形，微具柔毛；花梗长3～5毫米；花直径7～8毫米；萼筒钟状或短筒状，外面被短柔毛，内面无毛；萼片三角形，先端急尖或稍钝，外面具短柔毛，内面先端微具柔毛；花瓣直立，宽倒卵形或长圆形，长约4毫米，宽3毫米，先端圆钝，白色外带红晕；雄蕊10～15，比花瓣短；花柱通常2，离生，短于雄蕊，子房先端密被短柔毛。果实椭圆形，稀倒卵形，直径7～8毫米，黑色，内有小核2～3个。花期5～6月，果期9～10月。

生长习性： 生于海拔1400～3700米的山坡、山麓、山沟及丛林中。

分布区域： 产于中国内蒙古、河北、山西、河南、湖北、陕西、甘肃、青海、西藏地区。蒙古也有分布。

园林应用： 可作为园林观果植物，价值高，宜植于草坪边缘栽植或在花坛内丛植。

水枸子 *Cotoneaster multiflorus* Bge.

别　　名： 枸子木、多花枸子、香李等。

形态特征： 落叶灌木，高达4米。枝条细瘦，常呈弓形弯曲，小枝圆柱形，红褐色或棕褐色，无毛，幼时带紫色，具短界毛，不久脱落。叶片卵形或宽卵形，长2～4厘米，宽1.5～3厘米，先端急尖或圆钝，基部宽楔形或圆形，上面无毛，下面幼时稍有绒毛，后渐脱落；叶柄幼时有柔毛，以后脱落；托叶线形，疏生柔毛，脱落。花多数，约5～21朵，成疏松的聚伞花序，总花梗和花梗无毛，稀微具柔毛；苞片线形，无毛或微具柔毛；花直径1～1.2厘米；萼筒钟状，内外两面均无毛；萼片三角形，先端急尖，通常除先端边缘外，内外两面均无毛；花瓣平展，近圆形，直径约4～5毫米，先端圆钝或微缺，基部有短爪，内面基部有白色细柔毛，白色；雄蕊约20，稍短于花瓣；花柱通常2，离生，比雄蕊短；子房先端有柔毛。果实近球形或倒卵形，直径8毫米，红色。花期5～6月，果期8～9月。

生长习性： 耐寒，稍耐阴，极耐干旱和贫瘠，喜光，对土壤要求不严。

分布区域： 产于中国黑龙江、辽宁、内蒙古等地区。

园林应用： 观花观果植物，挂果期长，经久不凋。可孤植、丛植或片植。

110

平枝栒子 *Cotoneaster horizontalis* Decne.　　蔷薇科栒子属

别　　名： 栒刺木、岩楞子、山头姑娘、平枝灰栒子、矮红子、被告惹。

形态特征： 落叶或半常绿匍匐灌木，高不超过50厘米。枝水平开张成整齐两列状；小枝圆柱形，幼时外被糙伏毛，老时脱落，黑褐色。叶片近圆形或宽椭圆形，稀倒卵形，长5～14毫米，宽4～9毫米，先端多数急尖，基部楔形，全缘，上面无毛，下面有稀疏平贴柔毛；叶柄被柔毛；托叶钻形，早落。花1～2朵，近无梗，直径5～7毫米；萼筒钟状，外面有稀疏短柔毛，内面无毛；萼片三角形，外面微具短柔毛，内面边缘有柔毛；花瓣直立，倒卵形，先端圆钝，长约4毫米，宽3毫米，粉红色；雄蕊约12，短于花瓣；花柱常为3，有时为2，离生，短于雄蕊。果实近球形，鲜红色，常具3小核，稀2小核。花期5～6月，果期9～10月。

生长习性： 喜半阴，耐干旱，耐瘠薄，稍耐寒，不耐湿热，怕积水，生于海拔2000～3500米地带。

分布区域： 产于中国陕西、甘肃、湖北、湖南、四川、贵州、云南地区。内蒙古有栽培。

园林应用： 秋季观叶、观果植物，宜作地被植物，可布置岩石园、庭院、绿地、坡地等，也可制作盆景。

辽宁山楂 *Crataegus sanguinea*　　蔷薇科山楂属

形态特征：落叶灌木，稀小乔木，高达2～4米。刺短粗，锥形，长约1厘米，也常无刺；小枝圆柱形，微曲屈，幼嫩时散生柔毛，不久即脱落，当年枝条无毛，紫红色或紫褐色，多年生枝灰褐色，有光泽；冬芽三角卵形，先端急尖，无毛，紫褐色。叶片宽卵形或菱状卵形，长5～6厘米，宽3.5～4.5厘米，先端急尖，基部楔形，边缘通常有3～5对浅裂片和重锯齿，裂片宽卵形，先端急尖，两面散生短柔毛，上面毛较密，下面柔毛多生在叶脉上；叶柄粗短，长1.5～2厘米，近于无毛；托叶草质，镰刀形或不规则心形，边缘有粗锯齿，无毛。伞房花序，直径2～3厘米，多花，密集，总花梗和花梗均无毛，或近于无毛，花梗长5～6毫米；苞片膜质，线形，长5～6毫米，边缘有腺齿，无毛，早落；花直径约8毫米；萼筒钟状，外面无毛；萼片三角卵形，长约4毫米，先端急尖，全缘，稀有1～2对锯齿，内外两面均无毛或在内面先端微具柔毛；花瓣长圆形，白色；雄蕊20，花药淡红色或紫色，约与花瓣等长；花柱3，柱头半球形，子房顶端被柔毛。果实近球形，直径约1厘米，血红色，萼片宿存，反折；小核3，稀5，两侧有凹痕。花期5～6月，果期7～8月。

生长习性：喜光，耐寒和高温，耐干旱，稍耐涝。生于海拔900～2100米的山坡或河沟旁杂木林中。

分布区域：产于中国辽宁、河北、内蒙古、新疆等地区。分布于俄罗斯以及蒙古北部。

园林应用：可孤植、丛植或片植，常作绿篱。

毛山楂 *Crataegus maximowiczii*　　　　　　　蔷薇科山楂属

形态特征： 灌木或小乔木，高达7米。无刺或有刺，长1.5～3.5厘米；小枝粗壮，圆柱形，嫩时密被灰白色柔毛，二年生枝无毛，紫褐色，多年生枝灰褐色，有光泽，疏生长圆形皮孔；冬芽卵形，先端圆钝，无毛，有光泽，紫褐色。叶片宽卵形或菱状卵形，长4～6厘米，宽3～5厘米，先端急尖，基部楔形，边缘每侧各有3～5浅裂和疏生重锯齿，上面散生短柔毛，下面密被灰白色长柔毛，沿叶脉较密；叶柄长1～2.5厘米，被稀疏柔毛；托叶膜质，脱落早。复伞房花序，多花，直径4～5厘米，总花梗和花梗均被灰白色柔毛，花梗长3～8毫米；苞片膜质，线状披针形，早落；花直径约1.2厘米；萼筒钟状，外被灰白色柔毛，长约4毫米；萼片三角卵形或三角状披针形，先端渐尖或急尖，全缘，比萼筒稍短，外被灰白色柔毛，内面较少；花瓣近圆形，直径约5毫米，白色；雄蕊20，比花瓣短；花柱3～5，基部被柔毛，柱头头状。果实球形，直径约8毫米，红色，幼时被柔毛，以后脱落无毛；萼片宿存，反折；小核3～5，两侧有凹痕。花期5～6月，果期8～9月。

生长习性： 喜光、耐旱、耐寒性好，对土壤要求不严，生于海拔200～1000米地带。

分布区域： 产于中国黑龙江、吉林、辽宁、内蒙古地区。分布于俄罗斯东部、朝鲜及日本。

园林应用： 观花观果植物，可片植、丛植和孤植，适合于庭院、公园等绿地。

山楂 *Crataegus pinnatifida* Bunge

蔷薇科山楂属

别　　名：山里果、山里红、酸里红、山里红果。

形态特征：落叶乔木，树皮粗糙，暗灰色或灰褐色；刺长约1～2厘米，有时无刺；小枝圆柱形，当年生枝紫褐色，无毛或近于无毛，疏生皮孔，老枝灰褐色；冬芽三角卵形，无毛，紫色。叶片宽卵形或三角状卵形，稀菱状卵形，长5～10厘米，宽4～7.5厘米，先端短渐尖，基部截形至宽楔形。伞房花序具多花，直径4～6厘米，总花梗和花梗均被柔毛，花后脱落，减少；花瓣倒卵形或近圆形，白色；雄蕊20，短于花瓣，花药粉红色；花柱3～5，基部被柔毛，柱头头状。果实近球形或梨形，直径1～1.5厘米，深红色，有浅色斑点。花期5～6月，果期9～10月。

生长习性：喜光，喜凉爽，也耐阴，分布于荒山秃岭、阳坡、半阳坡、山谷，坡度以15°～25°为好。

分布区域：产于中国黑龙江、吉林、辽宁、内蒙古、河北等省区。朝鲜和俄罗斯也有分布。

园林应用：观花观果树种，可植于庭院、公园等地。

齿叶白鹃梅 *Exochorda serratifolia* S. Moore

蔷薇科白鹃梅属

别　　名：榆叶白鹃梅、锐齿白鹃梅。

形态特征：落叶灌木，高达2米。小枝圆柱形，无毛，幼时红紫色，老时暗褐色；冬芽卵形，先端圆钝，无毛或近于无毛，紫红色。叶片椭圆形或长圆倒卵形，长5～9厘米，宽3～5厘米，先端急尖或圆钝，基部楔形或宽楔形，中部以上有锐锯齿，下面全缘，幼叶下面微被柔毛，老叶两面均无毛，羽状网脉，侧脉微呈弧形；叶柄长1～2厘米，无毛，不具托叶。总状花序，花4～7朵，无毛，花梗长2～3毫米；花直径3～4厘米；萼筒浅钟状，无毛；萼片三角卵形，先端急尖，全缘，无毛；花瓣长圆形至倒卵形，先端微凹，基部有长爪，白色；雄蕊25，着生在花盘边缘，花丝极短；心皮5。蒴果倒圆锥形。花期5～6月，果期7～8月。

生长习性：喜光，耐半阴，耐寒，较耐干旱，能耐瘠薄，但以肥沃、湿润和排水良好的中性土壤中生长最佳。

分布区域：产于中国辽宁（千山）、河北（雾灵山）地区。中国内蒙古有栽培。

园林应用：观花观果植物，宜在草地、林缘、路边及假山岩石间配植。

重瓣棣棠花 *Kerria japonica* (L.) DC.f. *pleniflora* (Witte) Rehd.　蔷薇科棣棠花属

形态特征：落叶灌木，高1～2米，稀达3米。小枝绿色，圆柱形，嫩枝有棱角。叶互生，三角状卵形或卵圆形，顶端长渐尖，基部圆形、截形或微心形，边缘有尖锐重锯齿，两面绿色，上面无毛或有稀疏柔毛，下面沿脉或脉腋有柔毛；托叶膜质，带状披针形，有缘毛，早落。单花，着生在当年生侧枝顶端，花梗无毛；萼片果时宿存；花瓣黄色，宽椭圆形，顶端下凹，比萼片长1～4倍。瘦果倒卵形至半球形，褐色或黑褐色。花期4～6月，果期6～8月。
生长习性： 喜温暖、湿润、半阴，不耐寒。
分布区域： 产于中国甘肃、陕西、山东、河南、湖北、江苏、四川、贵州、云南等地区。
园林应用： 可散植、丛植和片植，可应用于各种园林形式。

花红 *Malus asiatica* Nakai

别　　名：林檎、文林郎果、沙果。

形态特征：小乔木，高4～6米。小枝粗壮，圆柱形，嫩枝密被柔毛，老枝暗紫褐色，无毛，有稀疏浅色皮孔；冬芽卵形，先端急尖，初时密被柔毛，逐渐脱落，灰红色。叶片卵形或椭圆形，长5～11厘米，宽4～5.5厘米，先端急尖或渐尖，基部圆形或宽楔形，边缘有细锐锯齿，上面有短柔毛，逐渐脱落，下面密被短柔毛。伞房花序，具花4～7朵，集生在小枝顶端；花萼筒钟状，外面密被柔毛；萼片三角披针形，先端渐尖，全缘，内外两面密被柔毛；花瓣倒卵形或长圆倒卵形，基部有短爪，淡粉色。果实卵形或近球形，黄色或红色，先端渐狭，不具隆起，基部陷入，宿存萼肥厚隆起。花期4～5月，果期8～9月。

生长习性：适宜生长山坡阳处、平原砂地。

分布区域：产于中国内蒙古、辽宁、河北等地区。

园林应用：观花、观果植物，可观赏又可食用。

海棠花 *Malus spectabilis* (Ait.) Borkh.

蔷薇科苹果属

别　　名：海棠花、木瓜。

形态特征：落叶灌木或小乔木，高达7米，无枝刺。小枝圆柱形，紫红色，幼时被淡黄色绒毛；树皮片状脱落，落后痕迹显著。叶片椭圆形或椭圆状长圆形，长5～9厘米，宽3～6厘米，先端急尖，基部楔形或近圆形，边缘具刺芒状细锯齿，齿端具腺体，表面无毛，幼时沿叶脉被稀疏柔毛，背面幼时密被黄白色绒毛；叶柄粗壮，被黄白色绒毛，上面两侧具棒状腺体。花单生于短枝端；花瓣倒卵形，淡红色；雄蕊长约5毫米。梨果长椭圆体形，深黄色，具光泽，果肉木质，味微酸、涩，有芳香，具短果梗。花期4月，果期9～10月。

生长习性：生于海拔50～2000米的平原或山地。

分布区域：原产于中国，在山东、河南、陕西、安徽、江苏、湖北、四川、浙江、江西等地都有栽培。

园林应用：重要的观花、观果植物，传统造景植物，多见于各种园林，也可制作盆景、插花、装饰。

118

毛山荆子 *Malus mandshurica* (Maxim.) Kom. ex Juz.　　蔷薇科苹果属

别　　名：辽山荆子、棠梨木。

形态特征：乔木，高达 15 米。小枝细弱，圆柱形；幼嫩时密被短柔毛，老时逐渐脱落，紫褐色或暗褐色；冬芽卵形，先端渐尖，无毛或仅在鳞片边缘微有短柔毛，红褐色。叶片卵形、椭圆形至倒卵形，长 5～8 厘米，宽 3～4 厘米，先端急尖或渐尖，基部楔形或近圆形，边缘有细锯齿，基部锯齿浅钝近于全缘，下面中脉及侧脉上具短柔毛或近于无毛；叶柄长 3～4 厘米，具稀疏短柔毛；托叶叶质至膜质，线状披针形，早落。伞形花序，具花 3～6 朵，无总梗，集生在小枝顶端，直径 6～8 厘米；花梗长 3～5 厘米，有疏生短柔毛；苞片小，膜质，线状披针形，很早脱落；花直径 3～3.5 厘米；萼筒外面有疏生短柔毛；萼片披针形，先端渐尖，全缘，长 5～7 毫米，内面被绒毛，比萼筒稍长；花瓣长倒卵形，长 1.5～2 厘米，基部有短爪，白色；雄蕊 30，花丝长短不齐，约等于花瓣之半或稍长；花柱 4，稀 5，基部具绒毛，较雄蕊稍长。果实椭圆形或倒卵形，直径 8～12 毫米，红色，萼片脱落；果梗长 3～5 厘米。花期 5～6 月，果期 8～9 月。

生长习性：生于海拔 100～2100 米的山坡杂木林中，山顶及山沟也有分布。

分布区域：分布于中国黑龙江、吉林、辽宁、内蒙古、山西、陕西、甘肃等省区。

园林应用：可作为观花植物进行配置，宜孤植、片植、丛植或林植。

苹果 *Malus pumila Mill.*

蔷薇科苹果属

别　　名： 水果之王、平安果、智慧果、平波、超凡子、天然子、滔婆。

形态特征： 乔木，高可达 15 米。多具有圆形树冠和短主干；小枝短而粗，圆柱形，幼嫩时密被绒毛，老枝紫褐色，无毛；冬芽卵形，先端钝，密被短柔毛。叶片椭圆形、卵形至宽椭圆形，长 4.5～10 厘米，宽 3～5.5 厘米，先端急尖，基部宽楔形或圆形，边缘具有圆钝锯齿，幼嫩时两面具短柔毛，长成后上面无毛；叶柄粗壮，长约 1.5～3 厘米，被短柔毛；托叶草质，披针形，先端渐尖，全缘，密被短柔毛，早落。伞房花序，具花 3～7 朵，集生于小枝顶端，花梗长 1～2.5 厘米，密被绒毛；苞片膜质，线状披针形，先端渐尖，全缘，被绒毛；花直径 3～4 厘米；萼筒外面密被绒毛；萼片三角披针形或三角卵形，长 6～8 毫米，先端渐尖，全缘，内外两面均密被绒毛，萼片比萼筒长；花瓣倒卵形，长 15～18 毫米，基部具短爪，白色，含苞未放时带粉红色；雄蕊 20，花丝长短不齐，约等于花瓣之半；花柱 5，下半部密被灰白色绒毛，较雄蕊稍长。果实扁球形，直径在 2 厘米以上，先端常有隆起，萼洼下陷，萼片永存，果梗短粗。花期 5 月，果期 7～10 月。

生长习性： 有较强的适应性。喜光，喜微酸性到中性和富含有机质、心土为通气、排水良好的沙质土壤。

分布区域： 原产于欧洲及亚洲中部，全世界温带地区均有种植。

园林应用： 可孤植、群植或种植于庭院中。

三叶海棠 *Malus sieboldii* (Regel) Rehd.

别　　名：野黄子、山楂子。

形态特征：灌木，高约2～6米，枝条开展。小枝圆柱形，稍有棱角，嫩时被短柔毛，老时脱落，暗紫色或紫褐色；冬芽卵形，先端较钝，无毛或仅在先端鳞片边缘微有短柔毛，紫褐色。叶片卵形、椭圆形或长椭圆形，长3～7.5厘米，宽2～4厘米，先端急尖，基部圆形或宽楔形，边缘有尖锐锯齿，新枝上的叶片锯齿粗锐，常3，稀5浅裂，幼叶上下两面均被短柔毛，老叶上面近于无毛，下面沿中肋及侧脉有短柔毛；叶柄长1～2.5厘米，有短柔毛；托叶草质，窄披针形，先端渐尖，全缘，微被短柔毛。花4～8朵，集生于小枝顶端，花梗长2～2.5厘米，有柔毛或近于无毛；苞片膜质，线状披针形，先端渐尖，全缘，内面被柔毛，早落；花直径2～3厘米；萼筒外面近无毛或有柔毛；萼片三角卵形，先端尾状渐尖，全缘，长5～6毫米，外面无毛，内面密被绒毛，约与萼筒等长或稍长；花瓣长椭倒卵形，长1.5～1.8厘米，基部有短爪，淡粉红色，在花蕾时颜色较深；雄蕊20，花丝长短不齐，约等于花瓣之半；花柱3～5，基部有长柔毛，较雄蕊稍长。果实近球形，直径6～8毫米，红色或褐黄色，萼片脱落。花期4～5月，果期8～9月。

生长习性：生于海拔150～2000米的山坡中。

分布区域：产于中国辽宁、山东等地，内蒙古有栽培。日本、朝鲜等地有分布。

园林应用：观花、观果植物，宜丛植、片植，可与其他乔木、灌木搭配。

山荆子 *Malus baccata* (L.) Borkh.

蔷薇科苹果属

别　　名：林荆子、山定子、山丁子。

形态特征：乔木，高达 10～14 米。树冠广圆形，幼枝细弱，微屈曲，圆柱形，无毛，红褐色，老枝暗褐色；冬芽卵形，先端渐尖，鳞片边缘微具绒毛，红褐色。叶片椭圆形或卵形，长 3～8厘米，宽 2～3.5 厘米，先端渐尖，稀尾状渐尖，基部楔形或圆形，边缘有细锐锯齿，嫩时稍有短柔毛或完全无毛。伞形花序，具花 4～6朵，无总梗，集生在小枝顶端；花萼筒外面无毛；萼片披针形，先端渐尖，全缘；花瓣倒卵形，长 2～2.5 厘米，先端圆钝，基部有短爪，白色；雄蕊 15～20，长短不齐，约等于花瓣之半；花柱 5 或 4。果实近球形，红色或黄色。花期 4～6 月，果期 9～10 月。

生长习性：喜光，耐寒性极强，耐瘠薄，不耐盐，生于海拔 800～2550 米的山区。

分布区域：产于中国辽宁、吉林、内蒙古等地。蒙古、朝鲜、俄罗斯西伯利亚等地有分布。

园林应用：庭园观赏树种，较多见于丛植、片植。

西府海棠 *Malus* × *micromalus* Maki.　　　　蔷薇科苹果属

别　　名：海红、小果海棠、子母海棠。

形态特征：小乔木，高达2.5～5米，树枝直立性强。小枝细弱圆柱形，嫩时被短柔毛，老时脱落，紫红色或暗褐色，具稀疏皮孔；冬芽卵形，先端急尖，无毛或仅边缘有绒毛，暗紫色。叶片长椭圆形或椭圆形，长5～10厘米，宽2.5～5厘米，先端急尖或渐尖，基部楔形稀近圆形，边缘有尖锐锯齿，嫩叶被短柔毛，下面较密，老时脱落；叶柄长2～3.5厘米；托叶膜质，线状披针形，早落。伞形总状花序，有花4～7朵，集生于小枝顶端，花梗长2～3厘米，嫩时被长柔毛，逐渐脱落；花直径约4厘米；萼筒外面密被白色长绒毛；萼片三角卵形，三角披针形至长卵形，先端急尖或渐尖，全缘，内面被白色绒毛，外面较稀疏，萼片与萼筒等长或稍长；花瓣近圆形或长椭圆形，长约1.5厘米，基部有短爪，粉红色。果实近球形，直径1～1.5厘米，红色，萼洼梗洼均下陷，萼片多数脱落，少数宿存。花期4～5月，果期8～9月。

生长习性：生于海拔100～2400米地带。喜光，耐寒，忌水涝，忌空气过湿，较耐干旱。

分布区域：产于中国辽宁、河北、山西等地区。内蒙古有栽培。

园林应用：观花、观果植物，宜丛植、片植或林植。

别　　名：山桃稠李、山桃。

形态特征：落叶小乔木，高4～10米。树皮光滑成片状剥落；老枝黑褐色或黄褐色，无毛；小枝带红色，幼时被短柔毛，以后脱落近无毛；冬芽卵圆形，无毛或在鳞片边缘被短柔毛。叶片椭圆形、菱状卵形，稀长圆状倒卵形，长4～8厘米，宽2.8～5厘米，先端尾状渐尖或短渐尖，基部圆形或宽楔形，叶边有不规则带腺锐锯齿，上面深绿色，仅沿叶脉被短柔毛，其余部分无毛或近无毛，下面淡绿色，沿中脉被短柔毛，被紫褐色腺体；叶柄长1～1.5厘米，被短柔毛，稀近无毛，先端有时有2个腺体，或在叶片基部边缘两侧各有1腺体；托叶膜质，线形，早落。总状花序多花密集，长5～7厘米，基部无叶；花梗长4～6毫米，总花梗和花梗均被稀疏短柔毛；花直径8～10毫米；萼筒钟状，比萼片长近1倍，萼片三角状披针形或卵状披针形，先端长渐尖，边有不规则带腺细齿，萼筒和萼片内外两面均被疏柔毛；花瓣白色，长圆状倒卵形，先端1/3部分啮蚀状，基部楔形，有短爪，着生在萼筒边缘，为萼片长的2倍；雄蕊25～30，排成紧密不规则2～3轮，花丝长短不等，着生在萼筒上，长花丝比花瓣稍长；雌蕊1，心皮无毛，和雄蕊近等长。核果近球形，直径5～7毫米，紫褐色，无毛；果梗无毛；核有皱纹。花期4～5月，果期6～10月。

生长习性：耐寒，耐干旱瘠薄，喜湿润肥沃土壤。

分布区域：产于中国黑龙江、吉林和辽宁地区。朝鲜和俄罗斯也有分布。中国内蒙古有栽培。

园林应用：树姿和树皮观赏价值高，宜孤植、丛植、列植或片植，作庭院树、行道树及街心绿地栽培。

稠李 *Padus racemosa*

别　　名：臭耳子、臭李子等。

形态特征：落叶乔木，高可达13米。树干皮灰褐色或黑褐色，浅纵裂，小枝紫褐色，有棱，幼枝灰绿色，近无毛。单叶互生，叶椭圆形。倒卵形或长圆状倒卵形，长6～14厘米，宽3～5厘米。总状花序具有多花，长7～10厘米，基部通常有2～3叶，叶片与枝生叶同形，通常较小。核果卵球形，顶端有尖头，直径8～10毫米，红褐色至黑色，光滑，果梗无毛；萼片脱落；核有褶皱。花期4～5月，果期5～10月。

生长习性：喜光，耐阴，抗寒，不耐干旱瘠薄。生于海拔880～2500米地带。

分布区域：产于中国黑龙江、内蒙古、河北等地。朝鲜、俄罗斯也有分布。

园林应用：稠李的树形优美，花叶精致，常被用于园林景区当中，是很常见的观赏性植物。

石楠 *Photinia serrulata* Lindl.

蔷薇科石楠属

别　　名：红树叶、石岩树叶、水红树、山官木、细齿石楠、凿木、猪林子。
形态特征：常绿灌木或中型乔木，高3～6米，有时可达12米。枝褐灰色，全体无毛；冬芽卵形，鳞片褐色，无毛。叶片革质，长椭圆形、长倒卵形或倒卵状椭圆形，长9～22厘米，宽3～6.5厘米，先端尾尖，基部圆形或宽楔形，边缘有疏生具腺细锯齿，近基部全缘，上面光亮，幼时中脉有绒毛，成熟后两面皆无毛，中脉显著，侧脉25～30对；叶柄粗壮，长2～4厘米，幼时有绒毛，以后无毛。果实球形，红色，后成褐紫色，有1粒种子；种子卵形，棕色，平滑。花期6～7月，果期10～11月。
生长习性：喜光，稍耐阴，喜温暖、湿润气候。
分布区域：产于中国安徽、甘肃、河南等省。日本、印度尼西亚也有分布。
园林应用：可孤植、丛植、列植。

风箱果 *Physocarpus amurensis* (Maxim.) Maxim.　　蔷薇科风箱果属

别　　名：阿穆尔风箱果、托盘幌。

形态特征：灌木，高达3米。小枝圆柱形，稍弯曲，幼时紫红色，老时灰褐色。叶片三角卵形至宽卵形；叶柄微被柔毛或近于无毛；托叶线状披针形，早落。花序伞形总状，总花梗和花梗密被星状柔毛；苞片披针形，早落；花萼筒杯状；萼片三角形；花瓣白色；花药紫色；心皮外被星状柔毛，花柱顶生。蓇葖果膨大，卵形，熟时沿背腹两缝开裂，外面微被星状柔毛，内含光亮黄色种子2～5枚。花期6月，果期7～8月

生长习性：喜光，喜湿润，耐半阴，耐寒。

分布区域：产于中国黑龙江、河北等省。分布于朝鲜北部及俄罗斯远东地区。

园林应用：观花观果植物，可植于亭台周围、丛林边缘及假山旁边。

东北扁核木 *Prinsepia sinensis* (Oliv.) Oliv. ex Bean 蔷薇科扁核木属

别　　名：辽宁扁核木、扁胡子、东北蕤核。

形态特征：小灌木，高约2米，多分枝。枝条灰绿色或紫褐色，无毛，皮成片状剥落；小枝红褐色，无毛，有棱条；枝刺直立或弯曲，刺长6～10毫米，通常不生叶；冬芽小，卵圆形，先端急尖，紫红色，外面有毛。叶互生，稀丛生，叶片卵状披针形或披针形，极稀带形，长3～6.5厘米，宽6～20毫米，先端急尖、渐尖或尾尖，基部近圆形或宽楔形，全缘或有稀疏锯齿，上面深绿色，叶脉下陷，下面淡绿色，叶脉突起，两面无毛或有少数睫毛；叶柄长5～10毫米，无毛；托叶小，膜质，披针形，先端渐尖，全缘，内面有毛，脱落。花1～4朵，簇生于叶腋；花梗长1～1.8厘米，无毛；花直径约1.5厘米；萼筒钟状，萼片短三角状卵形，全缘，萼筒和萼片外面无毛，边有睫毛；花瓣黄色，倒卵形，先端圆钝，基部有短爪，着生在萼筒口部里面花盘边缘；雄蕊10，花丝短，成2轮着生在花盘上近边缘处；心皮1，无毛，花柱侧生，柱头头状。核果近球形或长圆形，直径1～1.5厘米，红紫色或紫褐色，光滑无毛，萼片宿存；核坚硬，卵球形，微扁，直径约8～10毫米，有皱纹。花期3～4月，果期8月。

生长习性：喜光，耐寒，喜湿润肥沃的腐殖土壤。

分布区域：产于中国东北等地区。内蒙古有栽培。

园林应用：观花、观果植物，应用于多种绿化，适宜在草坪边缘、庭院角隅种植或与山石配植。

别　　名：山李子、嘉庆子、嘉应子、玉皇李。

形态特征：落叶乔木，高9～12米。树冠广圆形，树皮灰褐色，起伏不平；老枝紫褐色或红褐色，无毛；小枝黄红色，无毛；冬芽卵圆形，红紫色，有数枚覆瓦状排列鳞片，通常无毛，稀鳞片边缘有极稀疏毛。叶片长圆倒卵形、长椭圆形，稀长圆卵形，长6～8厘米，宽3～5厘米，先端渐尖、急尖或短尾尖，基部楔形，边缘有圆钝重锯齿，常混有单锯齿，幼时齿尖带腺，上面深绿色，有光泽，侧脉6～10对，不达到叶片边缘，与主脉成45°角，两面均无毛，有时下面沿主脉有稀疏柔毛或脉腋有髯毛；托叶膜质，线形，先端渐尖，边缘有腺，早落；叶柄长1～2厘米，通常无毛。花通常3朵并生；花梗1～2厘米，通常无毛；花直径1.5～2.2厘米；萼筒钟状；萼片长圆卵形，长约5毫米，先端急尖或圆钝，边有疏齿，与萼筒近等长，萼筒和萼片外面均无毛，内面在萼筒基部被疏柔毛；花瓣白色，长圆倒卵形，先端啮蚀状，基部楔形，有明显带紫色脉纹，比萼筒长2～3倍；雄蕊多数，花丝长短不等，排成不规则2轮，比花瓣短。核果球形、卵球形或近圆锥形，直径3.5～5厘米，栽培品种可达7厘米，黄色或红色，有时为绿色或紫色，梗凹陷入，顶端微尖，基部有纵沟，外被蜡粉；核卵圆形或长圆形，有皱纹。花期4月，果期7～8月。

生长习性：对空气和土壤湿度要求较高，宜选择土质疏松、土壤透气和排水良好的土壤。

分布区域：产于中国陕西、甘肃、四川、云南、贵州、湖南、湖北、江苏、浙江、江西等地区。内蒙古有栽培。

园林应用：可用作观花、观果树种，应用于各种园林绿化。

紫叶矮樱 *Prunus* × *cistena* N.E.Hansen ex Koehne 蔷薇科李属

形态特征：落叶灌木或小乔木，高达2.5米左右，冠幅1.5～2.8米。枝条幼时紫褐色，通常无毛，老枝有皮孔，分布整个枝条。叶长卵形或卵状长椭圆形，长4～8厘米，先端渐尖，叶基部广楔形，叶缘有不整齐的细钝齿，叶面红色或紫色，背面色彩更红，新叶顶端鲜紫红色，当年生枝条木质部红色。花单生，中等偏小，淡粉红色，花瓣5片，微香，雄蕊多数，单雌蕊。花期4～5月。

生长习性：喜光，耐寒，耐阴。

分布区域：紫叶李和矮樱的杂交种。全国各地均有栽培。

园林应用：可作为城市彩篱或色块整体栽植，也可单独栽植。

紫叶李 *Prunus cerasifera* Ehrhar f.

蔷薇科李属

别　　名：红叶李。

形态特征：灌木或小乔木，高可达8米。多分枝，枝条细长，开展，暗灰色，有时有棘刺；叶片椭圆形、卵形或倒卵形，极稀椭圆状披针形，长3～6厘米，宽2～3厘米，先端急尖，基部楔形或近圆形，边缘有圆钝锯齿。花1朵，稀2朵；花梗无毛或微被短柔毛；花瓣白色，长圆形或匙形，边缘波状，基部楔形，着生在萼筒边缘；雄蕊25～30，花丝长短不等，紧密地排成不规则2轮，比花瓣稍短；核果近球形或椭圆形，长宽几相等，黄色、红色或黑色，微被蜡粉，具有浅侧沟，粘核。花期4月，果期8月。

生长习性：喜光、温暖湿润，耐水湿。在肥沃、深厚、排水良好的土壤上生长良好。

分布区域：产于中国新疆。中亚、天山、伊朗、小亚细亚、巴尔干半岛均有分布。

园林应用：四季常紫，宜于建筑物前及园路旁或草坪角隅处栽植。

杜梨 *Pyrus betulifolia* Bunge 蔷薇科梨属

别　　名：棠梨、土梨、海棠梨、野梨子、灰梨。

形态特征：乔木，高达 10 米。树冠开展，枝常具刺；小枝嫩时密被灰白色绒毛，二年生枝条具稀疏绒
毛或近于无毛，紫褐色；冬芽卵形，先端渐尖，外被灰白色绒毛。叶片菱状卵形至长圆卵形，先端渐尖，
基部宽楔形，稀近圆形，边缘有粗锐锯齿，幼叶上下两面均密被灰白色绒毛，成长后脱落，老叶上面
无毛而有光泽，下面微被绒毛或近于无毛；叶柄被灰白色绒毛。伞形总状花序，有花 10～15 朵，总
花梗和花梗均被灰白色绒毛；花直径 1.5～2 厘米；萼筒外密被灰白色绒毛；萼片三角卵形，先端急尖，
全缘，内外两面均密被绒毛，花瓣宽卵形，先端圆钝，基部具有短爪。白色；雄蕊 20，花药紫色，长
约花瓣之半；花柱 2～3，基部微具毛。果实近球形，褐色，有淡色斑点，萼片脱落，基部具带绒毛果梗。
花期 4 月，果期 8～9 月。

生长习性：抗干旱与风沙，耐寒凉，喜光。生于海拔 50～1800 米的平原或山坡阳处。

分布区域：产于中国辽宁、河北、河南、山东、山西、陕西、甘肃、湖北、江苏、安徽、江西等省区。

园林应用：观花、观果植物，常见于各种园林。

别　　名：棠杜梨、杜梨。

形态特征：乔木，高达5～8米；小枝幼时具白色绒毛，二年生枝条紫褐色，无毛；冬芽长卵形，先端圆钝，鳞片边缘具绒毛。叶片椭圆卵形至长卵形，长6～10厘米，宽3.5～5厘米，先端具长渐尖头，基部宽楔形，边缘有尖锐锯齿，齿尖向外，幼时有稀疏绒毛，不久全部脱落；叶柄长2～6厘米，微被柔毛或近于无毛；托叶膜质，线状披针形，边缘有稀疏腺齿，内面有稀疏绒毛，早落。伞形总状花序，有花5～8朵，总花梗和花梗嫩时具绒毛，逐渐脱落，花梗长2～2.5厘米；苞片膜质，线状披针形，很早脱落。花直径约3厘米；萼筒外面具白色绒毛；萼片三角披针形，长约2～3毫米，内面密被绒毛；花瓣卵形，长1～1.5厘米，宽0.8～1.2厘米，基部具有短爪，白色；雄蕊20，长约花瓣之半；花柱3～4，稀2，基部无毛。果实球形或卵形，直径2～2.5厘米，褐色，有斑点，萼片脱落；果梗长2～4厘米。花期4月，果期8～9月。

生长习性：生于海拔100～1200米的山坡或黄土丘陵地中。

分布区域：产于中国河北、山东、山西等省区。内蒙古有栽培。

园林应用：可丛植、列植和片植，宜美化庭院、公园等。

黄刺玫 *Rosa xanthina Lindl.*

蔷薇科蔷薇属

别　　名：黄刺莓。

形态特征：直立灌木，高2～3米。枝粗壮，密集，披散；小枝无毛，有散生皮刺，无针刺。小叶7～13，连叶柄长3～5厘米；小叶片宽卵形或近圆形，稀椭圆形，先端圆钝，基部宽楔形或近圆形，边缘有圆钝锯齿，上面无毛，幼嫩时下面有稀疏柔毛，逐渐脱落；叶轴、叶柄有稀疏柔毛和小皮刺；托叶带状披针形，大部贴生于叶柄，离生部分呈耳状，边缘有锯齿和腺。花单生于叶腋，重瓣或半重瓣，黄色，无苞片；花直径3～4(5)厘米；萼筒、萼片外面无毛；花瓣黄色，宽倒卵形，先端微凹，基部宽楔形；花柱离生，被长柔毛，稍伸出萼筒口外部，比雄蕊短很多。果近球形或倒卵圆形，紫褐色或黑褐色，花后萼片反折。花期4～6月，果期7～8月。

生长习性：喜光，耐旱，忌湿。喜疏松、排水良好的砂质土壤。

分布区域：分布于中国黑龙江、吉林、辽宁、内蒙古、河南、河北等省区。

园林应用：春季观花灌木。宜丛植于草坪、路边、林缘及建筑物前，也可列植作为花篱。

玫瑰 *Rosa rugosa*

别　　名：徘徊花、刺玫花。

形态特征：直立灌木，高可达2米。茎粗壮，丛生；小枝密被绒毛，并有针刺和腺毛，有直立或弯曲、淡黄色的皮刺，皮刺外被绒毛。花瓣倒卵形，重瓣至半重瓣，芳香，紫红色至白色；花柱离生，被毛，稍伸出萼筒口外，比雄蕊短很多。果扁球形，砖红色，肉质，平滑，萼片宿存。花期5～6月，果期8～9月。

生长习性：喜阳光，耐寒，耐旱，喜排水良好、疏松肥沃的壤土或轻壤土。

分布区域：原产于中国华北以及日本和朝鲜。中国各地均有栽培。亚洲东部地区等地有分布。

园林应用：适于作花篱，也是街道庭院园林绿化、花境花坛及百花园材料，单据修剪造型，点缀广场草地、堤岸、花池，成片栽植花丛。

别　　名： 野蔷薇、刺蘼、刺红、买笑、油瓶瓶、山刺玫、重瓣黄刺玫。

形态特征： 灌木，高 1～3 米。小枝圆柱形，细弱，散生直立的基部稍膨大的皮刺，老枝常密被针刺。小叶 7～9，稀 5，连叶柄长 4～11 厘米；小叶片椭圆形、卵形或长圆形，先端急尖或圆钝，基部近圆形，边缘有单锯齿，两面无毛或下面沿脉有散生柔毛和腺毛；小叶柄和叶轴无毛或有稀疏柔毛，有散生腺毛和小皮刺；托叶宽平，大部贴生于叶柄，无毛。花单生或 2～3 朵集生，苞片卵状披针形，先端渐尖，边缘有腺齿，无毛；花梗和萼筒被腺毛；花萼片卵状披针形，全缘，先端延长成带状，外面近无毛而有腺毛，内面密被柔毛，边缘较密；花瓣粉红色，宽倒卵形，先端微凹，基部楔形；花柱离生，密被长柔毛，比雄蕊短很多。果椭圆状卵球形，顶端有短颈，猩红色，有腺毛。花期 5～7 月，果期 8～10 月。

生长习性： 喜温暖湿润和阳光充足的环境，也耐半阴，耐寒冷，耐干旱，耐瘠薄。

分布区域： 原产于中国华北以及黄河流域。分布于中国北京、山西、内蒙古等地区。日本、朝鲜也有分布。

园林应用： 可用于垂直绿化，布置花墙、花门、花廊、花架、花格、花柱、绿廊、绿亭，点缀斜坡、水池坡岸，装饰建筑物墙面或花篱。

别　　名：月月红长春花。

形态特征：直立灌木，高1～2米。小枝粗壮，圆柱形，近无毛，有短粗的钩状皮刺或无刺。小叶3～5，稀7，连叶柄长5～11厘米，小叶片宽卵形至卵状长圆形，长2.5～6厘米，宽1～3厘米，先端长渐尖或渐尖，基部近圆形或宽楔形，边缘有锐锯齿，两面近无毛，上面暗绿色，常带光泽，下面颜色较浅，顶生小叶片有柄，侧生小叶片近无柄，总叶柄较长，有散生皮刺和腺毛；托叶大部贴生于叶柄，仅顶端分离部分成耳状，边缘常有腺毛。花几朵集生，稀单生，直径4～5厘米；花瓣重瓣至半重瓣，红色、粉红色至白色，倒卵形，先端有凹缺，基部楔形；花柱离生，伸出萼筒口外，约与雄蕊等长。果卵球形或梨形，长1～2厘米，红色，萼片脱落。花期4～9月，果期6～11月。

生长习性：喜日照充足、空气流通、排水良好且避风的环境，盛夏需适当遮阴。

分布区域：中国是月季的原产地之一。现代月季，血缘关系极为复杂。

园林应用：可作花篱，宜片植、丛植，也可盆栽。

别　　名：辽东山梅花、石氏山梅花。

形态特征：灌木，高 1～2 米；小枝圆柱形，直立或稍弯曲，无毛，有成对或散生、镰刀状、浅黄色皮刺。小叶 7～9，连叶柄长 4.5～10 厘米；小叶片椭圆形、长圆形或卵形，稀倒卵形，长 1.5～4 厘米，宽 8～20 毫米，先端急尖或圆钝，基部近圆形或宽楔形，边缘有单锯齿，稀有重锯齿，两面无毛或下面有柔毛，中脉和侧脉均明显凸起；叶轴上面有散生皮刺、腺毛和短柔毛；托叶大部贴生于叶柄，离生部分耳状，卵形，边缘有腺齿，无毛。花常 3～6 朵，组成伞房状，有时单生；苞片卵形，先端渐尖，有柔毛和腺毛；花梗长 1～18 厘米，萼筒无毛或有腺毛；花直径约 3 厘米；萼片卵状披针形，先端常延长成叶状，全缘，外面有稀疏柔毛和腺毛，内面密被柔毛；花瓣白色，倒卵形，先端凹凸不平；花柱离生，密被长柔毛，比雄蕊短很多。果长圆形或卵球形，直径 1～1.8 厘米，顶端有短颈，红色，常有光泽。花期 6～8 月，果期 8～9 月。

生长习性：喜光，耐半阴，耐干旱，耐瘠薄，较耐寒，不耐水湿，忌积水，适于排水良好的肥沃润湿地。

分布区域：产于中国新疆。阿尔泰山区及西伯利亚中部有分布。中国内蒙古也有栽培。

园林应用：空气净化植物，观花、观果植物，宜作垂直绿化、绿篱，可应用于多种园林绿地。

形态特征： 灌木，高约1.5米。小枝粗壮，圆柱形，光滑无毛，幼时紫红色，老时黑褐色；冬芽卵形，先端急尖，外被紫褐色鳞片。叶在当年生枝条多互生，在老枝上丛生，叶片线状披针形、宽披针形或长圆倒披针形，长4～6.5厘米，宽1～2.3厘米，先端急尖或突尖，稀圆钝，基部渐狭，全缘，上下两面无毛，有明显中脉及4～5对侧脉；叶柄不显，无托叶。顶生穗状圆锥花序，长5～8厘米，直径4～6厘米，花梗长约3毫米，总花梗与花梗不具毛；苞片披针形；花直径约5毫米；萼筒浅钟状；萼片三角卵形，先端急尖，全缘，内外两面均不具毛；花瓣倒卵形，先端圆钝，基部下延呈宽楔形，两面无毛，白色；雄花具雄蕊20～25，着生在萼筒边缘，花丝细长，药囊黄色，约与花瓣等长或稍长；雌花具雌蕊5，退化，花柱稍偏斜，柱头肥厚花，盘环状，肥厚，具10裂片；雄花3～5退化雌蕊。蓇葖果5，并立，长3～4毫米，具直立稀开展的宿萼，果梗长5～8毫米。花期7月，果期8～9月。
生长习性： 生于海拔2000～4000米的高山、溪边或灌丛。
分布区域： 产于青海、甘肃、西藏地区。内蒙古也有栽培。西伯利亚南部也有分布。
园林应用： 观赏花木，可孤植、丛植、片植，配植于岩石园、公园、花园等处，常作绿篱、花篱和盆栽。

华北珍珠梅 *Sorbaria kirilowii* (Regel) Maxim.

蔷薇科珍珠梅属

别　　名：吉氏珍珠梅、珍珠梅。

形态特征：灌木，高达 3 米。小枝圆柱形，稍有弯曲，光滑无毛，幼时绿色，老时红褐色；冬芽卵形，先端急尖，无毛或近于无毛，红褐色。羽状复叶，具有小叶片 13 ～ 21，连叶柄在内长 21 ～ 25 厘米，宽 7 ～ 9 厘米，光滑无毛；小叶片对生，相距 1.5 ～ 2 厘米，披针形至长圆披针形，长 4 ～ 7 厘米，宽 1.5 ～ 2 厘米，先端渐尖，稀尾尖，基部圆形至宽楔形，边缘有尖锐重锯齿，上下两面均无毛或在脉腋间具短柔毛，羽状网脉，侧脉 15 ～ 23 对近平行，下面显著；小叶柄短或近于无柄，无毛；托叶膜质，线状披针形，长 8 ～ 15 毫米，先端钝或尖，全缘或顶端稍有锯齿，无毛或近于无毛。顶生大型密集的圆锥花序，分枝斜出或稍直立，直径 7 ～ 11 厘米。长 15 ～ 20 厘米，无毛，微被白粉；花梗长 3 ～ 4 毫米；苞片线状披针形，先端渐尖，全缘，长 2 ～ 3 毫米；花直径 5 ～ 7 毫米；萼筒浅钟状，内外两面均无毛；萼片长圆形，先端圆钝或截形，全缘，萼片与萼筒约近等长；花瓣倒卵形或宽卵形，先端圆钝，基部宽楔形，长 4 ～ 5 毫米，白色；雄蕊 20，与花瓣等长或稍短于花瓣，着生在花盘边缘；花盘圆杯状；心皮 5，无毛，花柱稍短于雄蕊。蓇葖果长圆柱形，无毛，长约 3 毫米，花柱稍侧生，向外弯曲；萼片宿存，反折，稀开展；果梗直立。花期 6 ～ 7 月，果期 9 ～ 10 月。

生长习性：中性树种，喜温暖湿润气候，喜光，稍耐阴，耐寒，较耐干旱瘠薄、排水良好之地。生于海拔 200 ～ 1300 米地带。

分布区域：产于中国 河北、河南、山东、山西、内蒙古等地。

园林应用：可丛植或列植，适合与其他各种观赏植物搭配栽植，花序也可用作切花。

珍珠梅 *Sorbaria sorbifolia* （L.） A.Br

蔷薇科珍珠梅属

别　　名：山高粱条子、高楷子、八本条。

形态特征：灌木，高可达2米。枝条开展，冬芽卵形，紫褐色，具有数枚互生外露的鳞片。羽状复叶，小叶片对生，披针形至卵状披针形，先端渐尖，稀尾尖，基部近圆形或宽楔形，稀偏斜，边缘有尖锐重锯齿，上下两面无毛或近于无毛。顶生大型密集圆锥花序，分枝近于直立，总花梗和花梗被星状毛或短柔毛，果期逐渐脱落；萼筒钟状，萼片三角卵形，萼片约与萼筒等长；花瓣长圆形或倒卵形，白色；雄蕊生在花盘边缘；心皮无毛或稍具柔毛。蓇葖果长圆形。花期7～8月开花，果期9月。

生长习性：耐寒，耐半阴，耐修剪，易萌蘖，喜排水良好的沙质壤土。生于海拔250～1500米的山坡疏林中。

分布区域：产于中国辽宁、吉林、黑龙江、内蒙古地区。俄罗斯、朝鲜、日本、蒙古也有分布。

园林应用：各类园林均有栽植，香花植物，可杀灭细菌。

金山绣线菊 *Spiraea japonica* Gold Mound　　　　蔷薇科绣线菊属

形态特征：落叶小灌木，植株较矮小，高仅25～35厘米，冠幅40～50厘米，枝叶紧密，冠形球状整齐。冬芽小，有鳞片；单叶互生，边缘具尖锐重锯齿，羽状脉；具短叶柄，无托叶；新生小叶金黄色，夏叶浅绿色，秋叶金黄色。花两性，伞房花序；萼筒钟状，萼片5；花瓣5，圆形较萼片长；雄蕊长于花瓣，着生在花盘与萼片之间；心皮5，离生。蓇葖果5，沿腹缝线开裂，内具数粒细小种子，种子长圆形，种皮膜质。花期6月中旬～8月上旬。

生长习性：喜光，不耐阴，适应性强，栽植范围广，对土壤要求不严，但以深厚、疏松、肥沃的壤土为佳。

分布区域：现中国多地有分布。

园林应用：适合作观花色叶地被，种在花坛、花境、草坪、池畔等地，宜作绿篱。

土庄绣线菊 *Spiraea pubescens* Turcz.

形态特征：灌木，高1~2米。小枝开展，稍弯曲，嫩时被短柔毛，褐黄色，老时无毛，灰褐色；冬芽卵形或近球形，具短柔毛，外被数个鳞片。叶片菱状卵形至椭圆形，长2~4.5厘米，宽1.3~2.5厘米，先端急尖，基部宽楔形，边缘自中部以上有深刻锯齿，有时3裂，上面有稀疏柔毛，下面被灰色短柔毛；叶柄被短柔毛。伞形花序具总梗，有花15~20朵；萼筒钟状，外面无毛，内面有灰白色短柔毛；花瓣卵形、宽倒卵形或近圆形，先端圆钝或微凹，长与宽各2~3毫米，白色；雄蕊25~30，约与花瓣等长；花盘圆环形，具10个裂片，裂片先端稍凹陷。蓇葖果开张，仅在腹缝微被短柔毛，花柱顶生，稍倾斜开展或几直立，多数具直立萼片。花期5~6月，果期7~8月。

生长习性：喜光，耐寒，喜水肥，对土壤要求不高，生长快，分枝力强。

分布区域：产于中国黑龙江、内蒙古、河北、河南等省区。蒙古、俄罗斯和朝鲜也有分布。

园林应用：可丛植于山坡、水岸、湖旁、石边、草坪角隅或建筑物前后，起到点缀或映衬作用，构建园林主景。

华空木 *Stephanandra chinensis* Hance　　　　蔷薇科小米空木属

别　　名：野珠兰、中国小米空木。

形态特征：灌木，高达1.5米。小枝细弱，圆柱形，微具柔毛，红褐色；冬芽小，卵形，先端稍钝，红褐色，鳞片边缘微被柔毛。叶片卵形至长椭卵形，长5～7厘米。宽2～3厘米，先端渐尖，稀尾尖，基部近心形、圆形、稀宽楔形，边缘常浅裂并有重锯齿，两面无毛，或下面沿叶脉微具柔毛，侧脉7～10对，斜出；叶柄长6～8毫米，近于无毛；托叶线状披针形至椭圆披针形，长6～8毫米，先端渐尖，全缘或有锯齿，两面近于无毛。顶生疏松的圆锥花序，长5～8厘米，直径2～3厘米；花梗长3～6毫米，总花梗和花梗均无毛；苞片小，披针形至线状披针形；萼筒杯状，无毛；萼片三角卵形，长约2毫米，先端钝，有短尖，全缘；花瓣倒卵形，稀长圆形，长约2毫米，先端钝，白色；雄蕊10，着生在萼筒边缘，较花瓣短约一半；心皮1，子房外被柔毛，花柱顶生，直立。蓇葖果近球形，直径约2毫米，被稀疏柔毛，具宿存直立的萼片；种子1，卵球形。花期5月，果期7～8月。

生长习性：生于海拔1000～1500米的阔叶林边或灌木丛中。

分布区域：产于中国河南、湖北、江西、湖南、安徽、江苏、浙江、四川、广东、福建。

园林应用：华空木根系发达，生长强健，长势旺盛，是点缀公园、庭院、池旁的较好树种。

144

紫穗槐 *Amorpha fruticosa* Linn.

别　　名：棉槐、椒条、棉条、穗花槐、紫翠槐、板条。

形态特征：落叶灌木，丛生，高1～4米。小枝灰褐色，被疏毛，后变无毛，嫩枝密被短柔毛。叶互生，奇数羽状复叶，长10～15厘米，有小叶11～25片，基部有线形托叶；小叶卵形或椭圆形，长1～4厘米，宽0.6～2.0厘米，先端圆形，锐尖或微凹，有一短而弯曲的尖刺，基部宽楔形或圆形，上面无毛或被疏毛，下面有白色短柔毛，具黑色腺点。穗状花序常一至数个顶生和枝端腋生，长7～15厘米，密被短柔毛；花萼被疏毛或几无毛，萼齿三角形，较萼筒短；旗瓣心形，紫色，无翼瓣和龙骨瓣；雄蕊10，下部合生成鞘，上部分裂，包于旗瓣之中，伸出花冠外。荚果下垂，微弯曲，顶端具小尖，棕色，表面有凸起的疣状腺点。花期3～5月；果期5～12月。

生长习性：喜光，喜干冷气候，耐寒，耐旱，耐淹。

分布区域：分布于中国东北、华北、西北及山东、安徽、江苏、河南、湖北、广西、四川等省。

园林应用：枝条直立，线条匀称，可丛植、片植。

形态特征：落叶乔木或小乔木，高可达 45 米。树皮灰黑色，厚 1～2 厘米，具深的裂缝及狭长的纵脊；小枝深褐色，粗糙，微有棱，具圆形皮孔；刺略扁，粗壮，深褐色，常分枝，长 2.5～10 厘米，少数无刺。叶为一回或二回羽状复叶（具羽片 4～14 对），长 11～22 厘米；小叶 11～18 对，纸质，椭圆状披针形，长 1.5～3.5 厘米，宽 4～8 毫米，先端急尖，有时稍钝，基部楔形或稍圆，微偏斜，边缘疏生波状锯齿并被疏柔毛，上面暗绿色，有光泽，无毛，偶尔中脉疏被短柔毛，下面暗黄绿色，中脉被短柔毛；小叶柄长约 1 毫米，被柔毛。花黄绿色；花梗长 1～2 毫米；雄花：直径 6～7 毫米，单生或数朵簇生组成总状花序；花序常数个簇生于叶腋或顶生，长 5～13 厘米，被短柔毛；花托长约 2 毫米；萼片 2～3，披针形，长 2～2.5 毫米；花瓣 3～4，卵形或卵状披针形，长约 2.5 毫米，与萼片两面均同被短柔毛，雄蕊 6～9；雌花组成较纤细的总状花序，花较少，花序常单生，与雄花序近等长；子房被灰白色绒毛。荚果带形，扁平，长 30～50 厘米，镰刀状弯曲或不规则旋扭，果瓣薄而粗糙，暗褐色，被疏柔毛；种子多数为扁卵形或椭圆形，长约 8 毫米，为较厚的果肉所分隔。花期 4～6 月，果期 10～12 月。
生长习性：喜温暖、湿润气候，喜光，稍耐阴，耐干旱，酸性、中性及石灰质土壤均能适应。
分布区域：原产于美国，从加拿大安大略省到美国德克萨斯州都有分布。在欧洲已经安家落户，同时也被引种到非洲、澳大利亚、新西兰和南美的一些地区。中国北部、南部、西南均可栽植，内蒙古也有栽培。
园林应用：可作绿篱、行道树、防风林，宜观赏和遮阴。

山皂荚 *Gleditsia japonica* Miq.

豆科皂荚属

别　　名：山皂角、皂荚树、皂角树、悬刀树、荚果树、乌犀树、鸡栖子、日本皂荚。

形态特征：落叶乔木或小乔木，高达25米。小枝紫褐色或脱皮后呈灰绿色，微有棱，具分散的白色皮孔，光滑无毛；刺略扁，粗壮，紫褐色至棕黑色，常分枝，长2～15.5厘米。叶为一回或二回羽状复叶，长11～25厘米；小叶3～10对，纸质至厚纸质，卵状长圆形或卵状披针形至长圆形，长2～7厘米，宽1～3厘米，先端圆钝，有时微凹，基部阔楔形或圆形，微偏斜，全缘或具波状疏圆齿，上面被短柔毛或无毛，微粗糙，有时有光泽，下面基部及中脉被微柔毛，老时毛脱落；网脉不明显；小叶柄极短。花黄绿色，组成穗状花序；花序腋生或顶生，被短柔毛，雄花序长8～20厘米，雌花序长5～16厘米；雄花：直径5～6毫米；花托长1.5毫米，深棕色，外面密被褐色短柔毛；萼片3～4，三角状披针形，长约2毫米，两面均被柔毛；花瓣4，椭圆形，长约2毫米，被柔毛；雌花：直径5～6毫米；花托长约2毫米；萼片和花瓣均为4～5形状与雄花的相似，长约3毫米，两面密被柔毛；不育雄蕊4～8。荚果带形，扁平，种子多数，椭圆形，深棕色，光滑。花期4～6月，果期6～11月。

生长习性：生于海拔100～1000米的向阳山坡或谷地、溪边路旁。

分布区域：产于中国辽宁、河北、山东、河南、江苏、安徽、浙江、江西、湖南等省区。内蒙古也有栽培。

园林应用：荚果含皂素，可代肥皂用以洗涤，并可作染料。园林观叶、观果植物，可种植于公园、庭院等。

皂荚 *Gleditsia sinensis* Lam.

别　　名：皂荚树、皂角、猪牙皂、牙皂。

形态特征：落叶乔木或小乔木，高可达 30 米。枝灰色至深褐色；刺粗壮，圆柱形，常分枝，多呈圆锥状。叶为一回羽状复叶，边缘具细锯齿，上面被短柔毛，下面中脉上稍被柔毛；网脉明显，在两面凸起；小叶柄被短柔毛。花杂性，黄白色，组成总状花序；花序腋生或顶生；雄花花瓣长圆形。荚果带状，果肉稍厚，两面膨起，弯曲作新月形，内无种子；果颈长 1～3.5 厘米；果瓣革质，褐棕色或红褐色，常被白色粉霜；种子多颗，棕色，光亮。花期 3～5 月，果期 5～12 月。

生长习性：喜光，稍耐阴，耐旱，耐热，耐寒。

分布区域：产于中国河北、陕西、甘肃等省区。

园林应用：可用于城乡景观林、道路绿化，也是退耕还林的首选树种。

铃铛刺 *Halimodendron halodendron* (Pall.) Voss 豆科铃铛刺属

别　　名：盐豆木。

形态特征：灌木，高 0.5～2 米。树皮暗灰褐色；分枝密，具短枝；长枝褐色至灰黄色，有棱，无毛；当年生小枝密被白色短柔毛。叶轴宿存，呈针刺状；小叶倒披针形，长 1.2～3 厘米，宽 6～10 毫米，顶端圆或微凹，有凸尖，基部楔形，初时两面密被银白色绢毛，后渐无毛；小叶柄极短。总状花序生 2～5 花；总花梗长 1.5～3 厘米，密被绢质长柔毛；花萼密被长柔毛，基部偏斜，萼齿三角形；旗瓣边缘稍反折，翼瓣与旗瓣近等长，龙骨瓣较翼瓣稍短；子房无毛，有长柄。荚果背腹稍扁，两侧缝线稍下凹，无纵隔膜，先端有喙，基部偏斜，裂瓣通常扭曲；种子小，微呈肾形。花期 7 月，果期 8 月。

生长习性：抗旱、抗盐，生于荒漠盐化沙土和河流沿岸的盐质土上，也常见于胡杨林下。

分布区域：产于中国内蒙古、新疆和甘肃。俄罗斯和蒙古也有分布。

园林应用：防风固沙植物，在园林中可用作绿篱，也可丛植。

北疆锦鸡儿 *Caragana camilli-schneideri* Kom. 豆科锦鸡儿属

别　　名：库车锦鸡儿。

形态特征：灌木，高0.8～2米。老枝粗壮，皮褐色，有凸起条棱。托叶针刺硬化，长2～5毫米，宿存；叶柄在长枝者长2～10毫米，硬化成针刺，宿存，在短枝者细瘦，脱落；叶假掌状，小叶4，倒卵形至宽披针形，长1～2厘米，宽6～7毫米，先端钝圆或锐尖，有短刺尖，基部渐狭或短柄，近无毛。花梗单生或2个并生，长1～1.5（2）厘米，关节在上部；萼筒长9～10毫米，宽5～6毫米，基部偏斜扩大，萼齿三角形，花冠黄色，长28～31毫米，旗瓣近圆形或卵圆形，瓣柄长约为瓣片的1/4，翼瓣宽线形，瓣柄长约为瓣片的1/4，翼瓣宽线形，瓣柄长约为瓣片的1/3，耳长约4毫米，龙骨瓣的瓣柄与瓣片近相等，耳不明显；子房密被柔毛。荚果圆筒形，具斜尖头，被柔毛。花期5～6月，果期7～8月。

生长习性：防风固沙植物，喜光，抗旱和抗寒性好，生于石质干山坡、山前平原、山沟地带。

分布区域：产于中国新疆。西伯利亚和中亚也有分布。中国内蒙古有栽培。

园林应用：可列植、群植和片植，宜作绿篱或防护绿带。

红花锦鸡儿 *Caragana rosea* Turcz. ex Maxim.

豆科锦鸡儿属

别　　名：金雀儿、黄枝条、乌兰—哈日嘎纳。

形态特征：灌木，高0.4～1米。树皮绿褐色或灰褐色，小枝细长，具条棱，托叶在长枝者成细针刺，长3～4毫米，短枝者脱落；叶柄长5～10毫米，脱落或宿存成针刺；叶假掌状；小叶4，楔状倒卵形，长1～2.5厘米，宽4～12毫米，先端圆钝或微凹，具刺尖，基部楔形，近革质，上面深绿色，下面淡绿色，无毛，有时小叶边缘、小叶柄、小叶下面沿脉被疏柔毛。花梗单生，长8～18毫米，关节在中部以上，无毛；花萼管状，不扩大或仅下部稍扩大，长7～9毫米，宽约4毫米，常紫红色，萼齿三角形，渐尖，内侧密被短柔毛；花冠黄色，常紫红色或全部淡红色，凋时变为红色，长20～22毫米，旗瓣长圆状倒卵形，先端凹入，基部渐狭成宽瓣柄，翼瓣长圆状线形，瓣柄较瓣片稍短，耳短齿状，龙骨瓣的瓣柄与瓣片近等长，耳不明显；子房无毛。荚果圆筒形，长3～6厘米，具渐尖头。花期4～6月，果期6～7月。

生长习性：喜光，耐寒，耐干旱，常生于山坡及沟谷。

分布区域：产于中国东北、华北、华东及河南、甘肃南部等地区。

园林应用：常作庭院绿化和道路绿化带，宜丛植、列植。

柠条锦鸡儿 *Caragana korshinskii* Kom. 豆科锦鸡儿属

形态特征： 灌木，有时小乔状，高 1～4 米。老枝金黄色，有光泽；嫩枝被白色柔毛。羽状复叶有 6～8 对小叶；托叶在长枝者硬化成针刺，长 3～7 毫米，宿存；叶轴长 3～5 厘米，脱落；小叶披针形或狭长圆形，长 7～8 毫米，宽 2～7 毫米，先端锐尖或稍钝，有刺尖，基部宽楔形，灰绿色，两面密被白色伏贴柔毛。花梗长 6～15 毫米，密被柔毛，关节在中上部；花萼管状钟形，密被伏贴短柔毛，萼齿三角形或披针状三角形；花冠长 20～23 毫米，旗瓣宽卵形或近圆形，先端截平而稍凹，具短瓣柄，稍短于瓣片，耳短小，齿状，龙骨瓣具长瓣柄，耳极短；子房披针形，无毛。荚果扁，披针形，长 2～2.5 厘米，宽 6～7 毫米，有时被疏柔毛。花期 5 月，果期 6 月。

生长习性： 生于半固定和固定沙地。

分布区域： 产于中国内蒙古、宁夏、甘肃地区。

园林应用： 优良的固沙植物和水土保持植物。

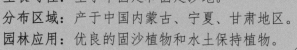

树锦鸡儿 *Caragana arborescens* Lam.　　　　　豆科锦鸡儿属

别　　名：蒙古锦鸡儿、陶日格—哈日嘎纳。

形态特征：小乔木或大灌木，高2～6米；老枝深灰色，平滑，稍有光泽，小枝有棱，幼时被柔毛，绿色或黄褐色。羽状复叶，有4～8对小叶；托叶针刺状，长5～10毫米，长枝者脱落，极少宿存；叶轴细瘦，幼时被柔毛；小叶长圆状倒卵形、狭倒卵形或椭圆形，长1～2毫米，宽5～10毫米先端圆钝，具刺尖，基部宽楔形，幼时被柔毛，或仅下面被柔毛。花梗2～5簇生，每梗1花，长2～5厘米，关节在上部，苞片小，刚毛状；花萼钟状，萼齿短宽；花冠黄色，旗瓣菱状宽卵形，宽与长近相等，先端圆钝，具短瓣柄，翼瓣长圆形，较旗瓣稍长，瓣柄长为瓣片的3/4，耳距状，长不及瓣柄的1/3，龙骨瓣较旗瓣稍短，瓣柄较瓣片略短，耳钝或略呈三角形；子房无毛或被短柔毛。荚果圆筒形，长3.5～6厘米，粗3～6.5毫米，先端渐尖。花期5～6月，果期8～9月。

生长习性：喜光，较耐阴，耐寒，耐干旱瘠薄，较盐碱，忌积水，对土壤要求不严。

分布区域：产于中国黑龙江、内蒙古、河北、山西、陕西、甘肃、新疆等省区。俄罗斯也有分布。

园林应用：可孤植、丛植于路旁、坡地或假山岩石旁，也可作绿篱材料和用来制作盆景。

胡枝子 *Lespedeza bicolor* Turcz.

豆科胡枝子属

别　　名：荻、胡枝条、扫皮、随军茶等。

形态特征：直立灌木，高1～3米。多分枝，小枝黄色或暗褐色，有条棱，被疏短毛；芽卵形，具数枚黄褐色鳞片。羽状复叶具3小叶；小叶质薄，卵形、倒卵形或卵状长圆形，长1.5～6厘米，宽1～3.5厘米，先端钝圆或微凹，稀稍尖，具短刺尖，基部近圆形或宽楔形，全缘，上面绿色，无毛，下面色淡，被疏柔毛，老时渐无毛。总状花序腋生，比叶长，常构成大型、较疏松的圆锥花序；花冠红紫色，极稀白色。荚果斜倒卵形，稍扁，表面具网纹，密被短柔毛。花期7～9月，果期9～10月。

生长习性：耐旱，耐瘠薄，耐酸性，耐盐碱，耐刈割，耐瘠薄。

分布区域：产于中国黑龙江、吉林、辽宁、河北、内蒙古、山西等省区。

园林应用：防风固沙植物，可作绿篱，宜散植、丛植或片植。

别　　名：洋槐。

形态特征：落叶乔木，高 10～25 米。树皮灰褐色至黑褐色，浅裂至深纵裂，稀光滑。小枝灰褐色，幼时有棱脊，微被毛，后无毛；具托叶刺；冬芽小，被毛。羽状复叶长 10～25 厘米；叶轴上面具沟槽；小叶 2～12 对，常对生，椭圆形、长椭圆形或卵形，先端圆，微凹，具小尖头，基部圆至阔楔形，全缘，上面绿色，下面灰绿色，幼时被短柔毛，后变无毛；小托叶针芒状，总状花序腋生，下垂，花多数，芳香；花萼斜钟状，萼齿 5，密被柔毛；花冠白色，各瓣均具瓣柄，旗瓣近圆形，先端凹缺，基部圆，反折，内有黄斑，翼瓣斜倒卵形，与旗瓣几等长，基部一侧具圆耳，龙骨瓣镰状，三角形，与翼瓣等长或稍短，前缘合生，先端钝尖；雄蕊二体；子房线形，花柱钻形。荚果褐色，或具红褐色斑纹，线状长圆形，扁平，先端上弯，具尖头，果颈短，沿腹缝线具狭翅；花萼宿存，有种子 2～15 粒；种子褐色至黑褐色，微具光泽，有时具斑纹，近肾形，种脐圆形，偏于一端。花期 4～6 月，果期 8～9 月。

生长习性：温带树种。喜光，不耐庇荫，萌芽力和根蘖性都很强。

分布区域：原产于美国。中国甘肃、青海、内蒙古、新疆、山西、陕西、山东等省区均有栽培。

园林应用：蜜源植物，可作为行道树、庭荫树。

红花刺槐 *Robinia hisqida* 豆科刺槐属

别　　名：红花洋槐、毛刺槐、江南槐。

形态特征：落叶灌木或小乔木，高达2米。茎、小枝、花梗均密被红色刺毛。托叶部变成刺状。羽状复叶，小叶7～13枚，广椭圆形至近圆形，长2～3.5厘米，叶端钝，有小尖头。花粉红或紫红色，2～7朵成稀疏的总状花序。英果，具腺状刺毛。花期5～6月，果期8～9月。

生长习性：浅根性树种，侧根发达，极喜光，怕荫蔽和水湿，耐寒，喜排水良好的土壤。

分布区域：产于北美。中国内蒙古有栽培。

园林应用：可孤植、列植和群植，宜作庭荫树、行道树、防护林及城乡绿化先锋树种。

毛洋槐 *Robinia hispida* Linn.

形态特征： 落叶灌木，高 1～3 米。幼枝绿色，密被紫红色硬腺毛及白色曲柔毛，二年生枝深灰褐色，密被褐色刚毛，毛长 2～5 毫米，羽状复叶长 15～30 厘米；叶轴被刚毛及白色短曲柔毛，上面有沟槽；小叶 5～7（8）对，椭圆形、卵形、阔卵形至近圆形，长 1.8～5 厘米，宽 1.5～3.5 厘米，通常叶轴下部 1 对小叶最小，两端圆，先端芒尖，幼嫩时上面暗红色，后变绿色，无毛，下面灰绿色，中脉疏被毛；小叶柄被白色柔毛；小托叶芒状，宿存。总状花序腋生，除花冠外，均被紫红色腺毛及白色细柔毛，花 3～8 朵；苞片卵状披针形，有时上部 3 裂，先端渐尾尖，早落；花萼紫红色，斜钟形，萼齿卵状三角形，先端尾尖至钻状；花冠红色至玫瑰红色，花瓣具柄，旗瓣近肾形，长约 2 厘米，宽约 3 厘米，先端凹缺，翼瓣镰形，长约 2 厘米，龙骨瓣近三角形，长约 1.5 厘米，先端圆，前缘合生，与翼瓣均具耳；雄蕊二体，对旗瓣的 1 枚分离；子房近圆柱形，长约 1.5 厘米，密布腺状突起，沿缝线微被柔毛；荚果线形，长 5～8 厘米，宽 8～12 毫米，扁平，密被腺刚毛，先端急尖，种子 3～5 粒。花期 5～6 月，果期 7～10 月。

生长习性： 喜光，耐旱，不耐水湿和荫蔽环境，耐寒性较强，喜排水良好的砂质壤土，有一定的耐盐碱力。

分布区域： 原产北美。中国北京、天津、陕西武功、南京和辽宁熊岳等地有少量引种。

园林应用： 耐修剪，可抗氟化氢等有毒有害气体，花大色美，供园林观赏，宜用作庭院、公园等绿化，可孤植、列植、片植或林植。

塔形洋槐 *Robinia pseudoacacia* var. *pyramidalis* (Pepin) Schneid.　豆科刺槐属

形态特征：洋槐的一个变种。与原变种不同为：枝挺直，无刺，树冠圆柱形。
园林应用：见于庭园栽培。

香花槐 *Robinia pseudoacacia* cv.idaho 豆科刺槐属

形态特征：刺槐属刺槐的栽培变种，落叶乔木，株高可达12米。叶互生，羽状复叶，叶椭圆形至卵长圆形，长3～6厘米；总状花序，下垂，着花200～500朵；花被红色，有浓郁芳香；无荚果。

生长习性：性耐寒，能抵抗零下25℃～零下28℃低温。耐干旱瘠薄，对土壤要求不严，酸性土、中性土及轻碱地均能生长。萌芽性强，生长快，对城市不良环境有抗性，抗病力强。

分布区域：原产于西班牙，现栽培广泛。

园林应用：香花植物，可作为行道树、庭荫树，多见于各种园林。

槐 *Sophora japonica* Linn.

豆科槐属

别　　名：国槐、槐树、槐蕊、豆槐、白槐、细叶槐、金药材、护房树、家槐。

形态特征：乔木，高达25米。树皮灰褐色，具纵裂纹。当年生枝绿色，无毛。羽状复叶长达25厘米；叶轴初被疏柔毛，旋即脱净；叶柄基部膨大，包裹着芽；托叶形状多变，有时呈卵形，叶状，有时线形或钻状，早落；小叶4～7对，对生或近互生，纸质，卵状披针形或卵状长圆形，先端渐尖，具小尖头，基部宽楔形或近圆形，稍偏斜，下面灰白色，初被疏短柔毛，旋变无毛。圆锥花序顶生，常呈金字塔形，长达30厘米；花萼浅钟状，萼齿5，近等大，被灰白色短柔毛，萼管近无毛；花冠白色或淡黄色，旗瓣近圆形，具短柄，有紫色脉纹，先端微缺，基部浅心形，翼瓣卵状长圆形，先端浑圆，基部斜戟形，无皱褶，龙骨瓣阔卵状长圆形，与翼瓣等长；雄蕊近分离，宿存；子房近无毛。荚果串珠状，种子间缢缩不明显，种子排列较紧密，具肉质果皮，成熟后不开裂，具种子1～6粒；种子卵球形，淡黄绿色，干后黑褐色。花期7～8月，果期8～10月。

生长习性：喜光，稍耐阴。

分布区域：中国北部较集中分布，辽宁、广东、台湾、甘肃、四川、云南等地广泛种植。

园林应用：适作庭荫树、行道树。防风固沙、抗污染性能强，可配植于公园、建筑四周、住宅区及草坪上。

金枝槐 *Sophora japonica* cv. Golden Stem

别　　名：金枝国槐。

形态特征：属于国槐的变种之一，落叶乔木，其特点是树茎、枝为金黄色，特别是在冬季，这种金黄色更浓、更加艳丽，独具风格，颇富园林木本花卉之风采，具有很高的观赏价值。黄金槐树茎、一年生枝为淡绿黄色，入冬后渐转黄色，二年生的树茎、枝为金黄色，树皮光滑；叶互生，6～16片组成羽状复叶，叶椭圆形，长2.5～5厘米，光滑，淡黄绿色。

生长习性：性耐寒，能抵抗零下30℃的低温，抗干旱性强，耐瘠薄。

分布区域：中国各省区广泛栽培。世界各地均有栽植。

园林应用：道路、风景区等园林绿化的珍品，不可多得的彩叶树种之一。在景观配置上既可作主要树种也可作混交树种，适用孤植、丛植、群植等各种种植方式的景观配置。在湖滨堤岸与垂柳、重阳木、乌桕树、香樟、枫树、桃树等花木相搭配，使湖光倒影更显灿烂美观。

龙爪槐 *Sophora japonica* Linn. var. *japonica* f. *pendula* Hort.　豆科槐属

别　　名：垂槐、盘槐。

形态特征：乔木，高达25米。树皮灰褐色，具纵裂纹。当年生枝绿色，无毛。羽状复叶长达25厘米；叶轴初被疏柔毛，旋即脱净；叶柄基部膨大，包裹着芽；托叶早落；小叶4～7对，对生或近互生，纸质，卵状披针形或卵状长圆形，先端渐尖，具小尖头，基部宽楔形或近圆形，下面初被疏短柔毛，旋变无毛。圆锥花序顶生，常呈金字塔形，长达30厘米；花梗比花萼短；小苞片2枚，形似小托叶；花冠白色或淡黄色，旗瓣近圆形，具短柄，有紫色脉纹，先端微缺，基部浅心形，翼瓣卵状长圆形，先端浑圆，基部斜截形，无皱褶，龙骨瓣阔卵状长圆形，与翼瓣等长；雄蕊近分离，宿存；子房近无毛。荚果串珠状，种子间缢缩不明显，成熟后不开裂，具种子1～6粒；种子卵球形，淡黄绿色，干后黑褐色。花期7～8月，果期8～10月。

生长习性：喜光，稍耐阴。能适应干冷气候。喜生于土层深厚、湿润肥沃、排水良好的沙质壤土。

分布区域：产于中国，现南北各省区广泛栽培，华北和黄土高原地区尤为多见。

园林应用：常见园林树种，宜孤植、对植、列植，可作门庭及行道树、庭荫树、观赏树。

臭椿 *Ailanthus altissima* (Mill.) Swingle

苦木科臭椿属

别　　名：臭椿皮、大果臭椿等。

形态特征：落叶乔木，高可达 20 余米，树皮平滑而有直纹。嫩枝有髓，幼时被黄色或黄褐色柔毛，后脱落。叶为奇数羽状复叶，长 40～60 厘米，叶柄长 7～13 厘米，有小叶 13～27；小叶对生或近对生，纸质，叶面深绿色，背面灰绿色，揉碎后具臭味。圆锥花序长 10～30 厘米；花淡绿色，花梗长 1～2.5 毫米；翅果长椭圆形，长 3～4.5 厘米，宽 1～1.2 厘米；种子扁圆形。花期 4～5 月，果期 8～10 月。

生长习性：深根性树种，喜光，耐寒，耐旱，不耐阴和水湿。适生于深厚、肥沃、湿润的砂质土壤。

分布区域：原产于中国东北部、中部和台湾地区。生长在气候温和的地带。

园林应用：可作做观赏树和行道树，宜孤植、丛植或与其他树种混栽，适宜于工厂、矿区等绿化。

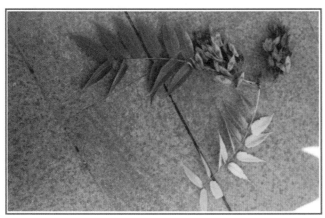

黄檗 *Phellodendron amurense* Rupr.

芸香科黄檗属

别　　名：檗木、黄檗木、黄波椤树、黄伯栗、关黄柏等。

形态特征：树高10～20米，大树高达30米，胸径1米。枝扩展，成年树的树皮有厚木栓层，浅灰或灰褐色，深沟状或不规则网状开裂，内皮薄，鲜黄色，味苦，黏质，小枝暗紫红色，无毛。叶轴及叶柄均纤细，有小叶5～13片，小叶薄纸质或纸质，卵状披针形或卵形，长6～12厘米，宽2.5～4.5厘米，顶部长渐尖，基部阔楔形，一侧斜尖，或为圆形，叶缘有细钝齿和缘毛，叶面无毛或中脉有疏短毛，叶背仅基部中脉两侧密被长柔毛，秋季落叶前叶色由绿转黄而明亮，毛被大多脱落。花序顶生；萼片细小，阔卵形，长约1毫米；花瓣紫绿色，长3～4毫米；雄花的雄蕊比花瓣长，退化雌蕊短小。果圆球形，径约1厘米，蓝黑色，通常有5～8浅纵沟，干后较明显；种子通常5粒。花期5～6月，果期9～10月。

生长习性：多生于山地杂木林中或山区河谷沿岸。适应性强，喜阳光，耐严寒。

分布区域：主产于中国东北和华北各省。内蒙古有少量栽种。

园林应用：可用于园林绿化，可列植、林植。

一叶萩 *Flueggea suffruticosa* (Pall.) Baill.

别　　名: 叶底珠。

形态特征: 灌木,高1～3米,多分枝;小枝浅绿色,近圆柱形,有棱槽,有不明显的皮孔;全株无毛。叶片纸质,椭圆形或长椭圆形,稀倒卵形,长1.5～8厘米,宽1～3厘米,顶端急尖至钝,基部钝至楔形,全缘或间中有不整齐的波状齿或细锯齿,下面浅绿色;侧脉每边5～8条,两面凸起,网脉略明显;托叶卵状披针形,宿存。花小,雌雄异株,簇生于叶腋;雄花:3～18朵簇生;雄蕊5;雌花萼片5,椭圆形至卵形,近全缘,背部呈龙骨状凸起;花盘盘状,全缘或近全缘;子房卵圆形,分离或基部合生,直立或外弯。蒴果三棱状扁球形,成熟时淡红褐色,有网纹,3片裂;种子卵形而一侧扁压状,褐色而有小疣状凸起。花期3～8月,果期6～11月。

生长习性: 多生长于山坡或路边。

分布区域: 分布于中国黑龙江、吉林、辽宁、河北、陕西、山东、江苏、安徽、浙江等地。

园林应用: 常应用于各种景观,宜片植、丛植。

小叶黄杨 *Buxus sinica* (Rehd. et Wils.) Cheng subsp. *sinica* var. *parvifolia* M. Cheng　黄杨科黄杨属

别　　名：黄杨木、瓜子黄杨、锦熟黄杨。

形态特征：灌木或小乔木，高 1～6 米；枝圆柱形，有纵棱，灰白色；小枝四棱形，全面被短柔毛或外方相对两侧面无毛，节间长 0.5～2 厘米。叶革质，阔椭圆形、阔倒卵形、卵状椭圆形或长圆形，大多数长 1.5～3.5 厘米，宽 0.8～2 厘米，先端圆或钝，常有小凹口，不尖锐，基部圆或急尖或楔形，叶面光亮，中脉凸出，下半段常有微细毛，侧脉明显，叶背中脉平坦或稍凸出，中脉上常密被白色短线状钟乳体，全无侧脉，叶柄上面被毛。花序腋生，头状，花密集，花序轴长 3～4 毫米，被毛，苞片阔卵形。长 2～2.5 毫米，背部多少有毛；雄花约 10 朵，无花梗，外萼片卵状椭圆形，内萼片近圆形，长 2.5～3 毫米，无毛，雄蕊连花药长 4 毫米，不育雌蕊有棒状柄，末端膨大，高 2 毫米左右（高度约为萼片长度的 2/3 或和萼片几等长）；雌花：萼片长 3 毫米，子房较花柱稍长，无毛，花柱粗扁，柱头倒心形，下延达花柱中部。蒴果近球形，长 6～8（10）毫米，宿存花柱长 2～3 毫米。花期 3 月，果期 5～6 月。

生长习性：喜温暖、半阴、湿润气候，耐旱，耐寒，耐修剪，属浅根性树种，生长慢，寿命长。生于海拔 1200～2600 米地带。

分布区域：产于中国陕西、甘肃、湖北、四川、江西、浙江、安徽、江苏、山东各省区。内蒙古也有栽培。

园林应用：观叶树种，可抗污染、净化空气，常作绿篱，宜整形或散植。

黄栌 *Cotinus coggygria* Scop　　　漆树科黄栌属

别　　名：红叶、红叶黄栌、黄道栌、黄溜子、黄龙头、黄栌材、黄栌柴、黄栌会等。

形态特征：落叶小乔木或灌木，树冠圆形，高可达3～8米，质部黄色，树汁有异味。单叶互生，叶片全缘或具齿，叶柄细，无托叶，叶倒卵形或卵圆形。圆锥花序疏松、顶生，花小、杂性，仅少数发育；不育花的花梗花后伸长，被羽状长柔毛，宿存；苞片披针形，早落；花萼5裂，宿存，裂片披针形：花瓣5枚，长卵圆形或卵状披针形，长度为花萼大小的2倍。核果小，干燥，肾形扁平，绿色，侧面中部具残存花柱；外果皮薄，具脉纹，不开裂；内果皮角质；种子肾形，无胚乳。花期5～6月，果期7～8月。

生长习性：性喜光，耐半阴，耐寒，耐干旱瘠薄和碱性土壤，不耐水湿，根系发达，萌蘖性强。

分布区域：原产于中国西南、华北和浙江地区。南欧、叙利亚、伊朗、巴基斯坦及印度北部亦产。

园林应用：适合城市大型公园、天然公园、半山坡上、山地风景区内，可群植成林、单独成林或混交成林。宜孤植、丛植。

紫叶黄栌 *Cotinus coggygria* 'Purpureus' 或 *Cotinus coggygria* 'Nordine' 或 *Cotinus coggygria* 'Arropurpurea' 漆树科黄栌属

形态特征： 落叶灌木或小乔木，树冠圆形或半圆形。小枝红紫色，髓紫红色。单叶互生，卵形至倒卵形，先端圆或微凹，叶全缘，春季呈红紫色，夏季暗紫色，秋季转为紫红色。叶及枝表面密被白色柔毛。圆锥状花序顶生于新梢，无杂色，小型，4～8个小穗附生，每个小穗开花4～6朵，小花粉紫色，多数花不孕；花梗宿存，紫红色，羽毛状，长约23厘米。果序长5～10厘米，果实紫红色，扁状，肾形。花期5～6月，果期7～8月。

生长习性： 适生性强，喜光，耐寒，耐旱，稍耐阴。

分布区域： 原产于美国，适应范围广泛，可在中国的大部分地区推广栽培。

园林应用： 常用作园景树，宜丛植、孤植、列植。

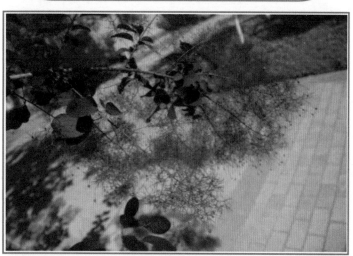
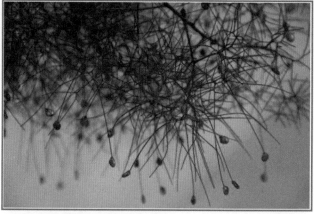

火炬树 *Rhus Typhina*

漆树科盐肤木属

别　　名：鹿角漆、火炬漆、加拿大盐肤木。

形态特征：落叶小乔木。高达12米。柄下芽。小枝密生灰色茸毛。奇数羽状复叶，小叶19～23，长椭圆状至披针形，长5～13厘米，缘有锯齿，先端长渐尖，基部圆形或宽楔形，上面深绿色，下面苍白色，两面有茸毛，老时脱落，叶轴无翅。圆锥花序顶生、密生茸毛，花淡绿色，雌花花柱有红色刺毛。核果深红色，密生茸毛，花柱宿存、密集成火炬形。花期6～7月，果期8～9月。

生长习性：喜光，耐寒，对土壤适应性强，耐干旱瘠薄，耐水湿，耐盐碱。

分布区域：分布在中国的东北南部，华北、西北北部暖温带落叶阔叶林区、温带草原区。

园林应用：具有入侵性，主要用于荒山绿化兼作盐碱荒地风景林树种。

矮卫矛 *Euonymus nanus* Bieb.

形态特征：小灌木，直立或有时匍匐，高约1米；枝条绿色，具多数纵棱。叶互生或三叶轮生，偶有对生，线形或线状披针形，长1.5～3.5厘米，宽2.5～6毫米，先端钝，具短刺尖，基部钝或渐窄，边缘具稀疏短刺齿，常反卷，主脉明显，侧脉不明显；近无柄。聚伞花序1～3花；花序梗细长丝状，长2～3厘米；小花梗丝状，长8～15毫米，紫棕色；花紫绿色，直径7～8毫米，4数；雄蕊无花丝，花药顶裂；子房每室3～4胚珠。蒴果粉红色，扁圆，4浅裂，长约7毫米，直径约9毫米；种子稍扁球状，种皮棕色，假种皮橙红色，包被种子一半。花期5月上旬～7月下旬，果期8～9月。

生长习性：生于林边。

分布区域：产于中国内蒙古、山西、西藏等省区。

园林应用：广泛应用于城市园林、道路绿化的绿篱带、色带拼图和造型。抗性强，能净化空气，美化环境。适应范围广，较其他树种，栽植成本低，见效快，具有广阔的苗木市场空间。

白杜 *Euonymus maackii* Rupr.　　　卫矛科卫矛属

别　　名：丝绵木、明开夜合、华北卫矛。

形态特征：小乔木，高达6米。叶卵状椭圆形、卵圆形或窄椭圆形，长4～8厘米，宽2～5厘米，先端长渐尖，基部阔楔形或近圆形，边缘具细锯齿，有时极深而锐利；叶柄通常细长，常为叶片的1/4～1/3，但有时较短。聚伞花序三至多花，花序梗略扁，淡白绿色或黄绿色；雄蕊花药紫红色，花丝细长。蒴果倒圆心状，成熟后果皮粉红色；种子长椭圆状，种皮棕黄色，假种皮橙红色，全包种子，成熟后顶端常有小口。花期5～6月，果期9月。

生长习性：喜光，耐寒，耐旱，稍耐阴，耐水湿。深根性植物，根萌蘖力强，生长较慢。

分布区域：产于中国黑龙江、内蒙古、陕西等省区。

园林应用：可孤植、列植。可吸收二氧化硫、氯气等有害气体，抗性较强，宜植于林缘、草坪路旁、湖边及溪畔，也可用作防护林或工厂绿化树种。

卫矛 *Euonymus alatus* (Thunb.) Sieb.

卫矛科卫矛属

别　名：鬼箭羽。

形态特征：灌木，高1～3米；小枝常具2～4列宽阔木栓翅；冬芽圆形，长2毫米左右，芽鳞边缘具不整齐细坚齿。叶卵状椭圆形、窄长椭圆形，偶为倒卵形，长2～8厘米，宽1～3厘米，边缘具细锯齿，两面光滑无毛；叶柄长1～3毫米。聚伞花序1～3花；花序梗长约1厘米，小花梗长5毫米；花白绿色，直径约8毫米，4数；萼片半圆形；花瓣近圆形；雄蕊着生花盘边缘处，花丝极短，开花后稍增长，花药宽阔长方形，2室顶裂。蒴果1～4深裂，裂瓣椭圆状，长7～8毫米；种子椭圆状或阔椭圆状，长5～6毫米，种皮褐色或浅棕色，假种皮橙红色，全包种子。花期5～6月，果期7～10月。

生长习性：喜光，稍耐阴，耐干旱、瘠薄和寒冷，对气候和土壤适应性强，萌芽力强，耐修剪。

分布区域：除中国东北三省、新疆、青海、西藏、广东及海南以外，全国各省区均产。

园林应用：易栽植，可抗空气污染，可用于城市园林、道路、公路绿化的绿篱带等。

形态特征：落叶灌木或小乔木，高5～6米。树皮粗糙、微纵裂，灰色，稀深灰色或灰褐色。小枝细瘦，近于圆柱形，无毛，当年生枝绿色或紫绿色，多年生枝淡黄色或黄褐色，皮孔椭圆形或近于圆形、淡白色。叶纸质，基部圆形，截形或略近于心脏形，叶片长圆卵形或长圆椭圆形，长6～10厘米，宽4～6厘米，常较深的3～5裂；中央裂片锐尖或狭长锐尖，侧裂片通常钝尖，向前伸展，各裂片的边缘均具不整齐的钝尖锯齿，裂片间的凹缺钝尖；上面深绿色，无毛，下面淡绿色，近于无毛。伞房花序，花杂性，雄花与两性花同株；萼片5，花瓣5，长圆卵形白色；雄蕊8；花柱无毛，顶端2裂。果实黄绿色或黄褐色；翅连同小坚果中段较宽或两侧近于平行，张开近于直立或成锐角。花期5月，果期10月。

生长习性：生长于海拔800米以下的丛林中。

分布区域：产于中国黑龙江、内蒙古、河北等省区。

园林应用：叶秋季变红，可单独成林，宜可与其他树种群植。

梣叶槭 *Acer negundo* L. 槭树科槭属

别　　名：糖槭。

形态特征：落叶乔木，高达20米。树皮黄褐色或灰褐色；小枝圆柱形，无毛，当年生枝绿色，多年生枝黄褐色。羽状复叶，长10～25厘米，有3～7（稀9）枚小叶；小叶纸质，卵形或椭圆状披针形，长8～10厘米，宽2～4厘米，先端渐尖，基部钝一形或阔楔形，边缘常有3～5个粗锯齿，稀全缘，中小叶的小叶柄长3～4厘米，侧生小叶的小叶柄长3～5毫米，上面深绿色，无毛，下面淡绿色，除脉腋有丛毛外其余部分无毛；主脉和5～7对侧脉均在下面显著。雄花的花序聚伞状，雌花的花序总状，均由无叶的小枝旁边生出，常下垂，花小，黄绿色，开于叶前，雌雄异株。小坚果凸起；翅宽8～10毫米，稍向内弯，连同小坚果长3～3.5厘米，张开成锐角或近于直角。花期4～5月，果期9月。

生长习性：喜光，耐寒，耐旱。喜生于湿润、肥沃土壤，稍耐水湿，但在较干旱的土壤上也能生长。

分布区域：产于北美洲。近百年内始引种于中国，在中国辽宁、内蒙古等地区有栽培。

园林应用：秋天叶色变金黄，吸污能力强，可作庭荫树、行道树及防护林树种。

花叶梣叶槭是梣叶槭的变种。叶子有斑纹或花纹。

金叶复叶槭 *Acer negundo* 'Aurea'

槭树科槭属

别　名：金叶梣叶槭、金叶糖槭、金叶美国槭、金叶白蜡槭。

形态特征：为梣叶槭的栽培品种。落叶乔木，高10米左右，属速生树种。小枝光滑，奇数羽状复叶，叶较大，对生，小叶长3～5厘米，叶春季金黄色。叶背平滑，缘有不整齐粗齿。先花后叶，花单性，无花瓣，两翅成锐角。花期4～6月，果期8～9月。

生长习性：喜光，喜冷凉气候，耐干旱，耐寒冷，耐轻度盐碱地，喜疏松肥沃土壤，耐烟尘，根萌蘖性强，生长较快。

分布区域：原产于北美东部地区。中国华北、西北、东北、江浙、华南均有栽培。

园林应用：可作园林绿化植物，可孤植、列植、丛植。

别　　名：伞花槭、拧筋槭。

形态特征：落叶乔木，高20～25米。树皮褐色，常成薄片脱落。小枝圆柱形，有圆形或卵形皮孔；当年生枝紫色或淡紫色，嫩时有稀疏的疏柔毛，多年生枝淡紫褐色。冬芽细小，鳞片边缘纤毛状，覆瓦状排列。覆叶由3小叶组成，小叶纸质，长圆卵形或长圆披针形，稀长圆倒卵形，长7～9厘米，宽2.5～3.5厘米，先端锐尖，边缘在中段以上有2～3个粗的钝锯齿，稀全缘；顶生小叶的基部楔形或阔楔形，小叶柄长5～7毫米；侧生小叶基部倾斜或钝形，小叶柄长1～2毫米；上面绿色，嫩时除沿叶脉有很稀疏的疏柔毛外，其余部分无毛；下面淡绿色，略有白粉，沿叶脉有白色疏柔毛；中肋在上面稍凹下，在下面凸起；侧脉11～13对，在下面显著；叶柄细瘦，淡紫色，长5～7厘米，近于无毛。花序伞房状，连同长8毫米的总花梗在内，约长2厘米，密被疏柔毛，具3花；花梗长1～1.2厘米，细瘦，被疏柔毛。花杂性，雄花与两性花异株。小坚果凸起，近于球形，直径1～1.3厘米，密被淡黄色疏柔毛；翅黄褐色，中段较宽，宽1.6厘米，连同小坚果长4～4.5厘米，张开成锐角或近于直角。花期4月，果期9月。

生长习性：喜光，喜湿润，耐阴，耐寒，不耐旱。

分布区域：产于中国东北地区。内蒙古也有栽培。

园林应用：秋季变红叶植物，可用于道路绿化、公园观赏树种，可丛植、群植，也可单植，单植宜用大苗，群植宜种植纯林。

色木槭 *Acer mono* Maxim.

别　　名: 五角枫地锦槭、五角槭、色木。

形态特征: 落叶乔木,高达 15 ～ 20 米。树皮粗糙,常纵裂,灰色,稀深灰色或灰褐色;小枝细瘦,无毛,当年生枝绿色或紫绿色,多年生枝灰色或淡灰色,具圆形皮孔;冬芽近于球形,鳞片卵形,外侧无毛,边缘具纤毛。叶纸质,基部截形或近于心脏形,叶片的外貌近于椭圆形,长 6 ～ 8 厘米,常 5 裂,有时 3 裂及 7 裂的叶生于同一树上;裂片卵形,先端锐尖或尾状锐尖,全缘,裂片间的凹缺常锐尖,深达叶片的中段,上面深绿色,无毛,下面淡绿色,除了在叶脉上或脉腋被黄色短柔毛外,其余部分无毛;主脉 5 条,在上面显著,在下面微凸起,侧脉在两面均不显著;叶柄长 4 ～ 6 厘米,细瘦,无毛。花多数,杂性,雄花与两性花同株,多数常成无毛的顶生圆锥状伞房花序,花叶同放;萼片 5,黄绿色,长圆形,顶端钝形;花瓣 5,淡白色,椭圆形或椭圆倒卵形。翅果嫩时紫绿色,成熟时淡黄色;小坚果压扁状;翅长圆形,张开成锐角或近于钝角。花期 5 月,果期 9 月。

生长习性: 稍耐阴,深根性,喜湿润肥沃土壤,在酸性、中性、石碳岩上均可生长。

分布区域: 产于中国东北、华北和长江流域。俄罗斯、蒙古、朝鲜和日本也有分布。

园林应用: 能吸附有害气体、净化空气,叶色多变,可用于多种绿化。

细裂槭 *Acer stenolobum* Rehd.

形态特征：落叶小乔木，高约5米。小枝细瘦，当年生枝淡紫绿色，无毛，多年生枝浅褐色，皮孔稀少。冬芽细小，卵圆形，鳞片复叠，边缘纤毛状。叶纸质，长3～5厘米，宽3～6厘米，基部近于截形，深3裂，裂片长圆披针形，先端渐尖，两侧近于平行，常全缘，稀中段以下近于全缘，中段以上有2～3枚粗锯齿，中裂片直伸，侧裂片平展，裂片间的凹缺近于直角，上面绿色，下面淡绿色，除脉腋有丛毛外，其余部分无毛，主脉3条在下面显著，侧脉8～9对在下面显著；叶柄细瘦，长3～6厘米，淡紫色，无毛，上面有浅沟。伞房花序无毛，连同长5～10毫米的总花梗在内共长3～4厘米，生于着4叶的小枝顶端。花淡绿色，杂性，雄花与两性花同株；萼片5，卵形，边缘或近先端有纤毛，花瓣5，长圆形或线状长圆形，与萼片近于等长或略短小；雄蕊5，雄花花丝较萼片约长2倍，两性花的花丝则与萼片近于等长，花药卵圆形；两性花的子房有疏柔毛，花柱2裂达于中段，柱头反卷，雄花的雄蕊不发育。翅果嫩时淡绿色，成熟后淡黄色，小坚果凸起，翅近于长圆形，宽8～10毫米，连同小坚果长约2～2.5厘米，张开成钝角或近于直角。花期4月，果期9月。

生长习性：生于海拔1000～1500米的比较阴湿的山坡或沟底。

分布区域：产于中国内蒙古、山西、宁夏、陕西和甘肃等地。

园林应用：叶秋季变红，叶型奇特，可作为观叶树种应用于各种绿化，宜片植、列植或林植。

血皮槭 *Acer griseum* (Franch.) Pax

别　　名：马梨光。

形态特征：落叶乔木，高10～20米。树皮赭褐色，常成卵形，纸状的薄片脱落。小枝圆柱形，当年生枝淡紫色，密被淡黄色长柔毛，多年生枝深紫色或深褐色，2～3年的枝上尚有柔毛宿存。冬芽小，鳞片被疏柔毛，覆叠。复叶有3小叶；小叶纸质，卵形，椭圆形或长圆椭圆形，长5～8厘米，宽3～5厘米，先端钝尖，边缘有2～3个钝形大锯齿，顶生的小叶片基部楔形或阔楔形，有5～8毫米的小叶柄，侧生小叶基部斜形，有长2～3毫米的小叶柄，上面绿色，嫩时有短柔毛，渐老则近于无毛；下面淡绿色，略有白粉，有淡黄色疏柔毛，叶脉上更密，主脉在上面略凹下，在下面凸起，侧脉9～11对，在上面微凹下，在下面显著；叶柄长2～4厘米，有疏柔毛，嫩时更密。聚伞花序有长柔毛，常仅有3花；总花梗长6～8毫米；花淡黄色，杂性，雄花与两性花异株；萼片5，长圆卵形，长6毫米，宽2～3毫米；花瓣5，长圆倒卵形，长7～8毫米，宽5毫米；雄蕊10，长1～1.2厘米，花丝无毛，花药黄色；花盘位于雄蕊的外侧；子房有绒毛；花梗长10毫米。小坚果黄褐色，凸起，近于卵圆形或球形。花期4月，果期9月。

生长习性：喜光也耐阴，土壤类型以山地棕壤、黄棕壤、山地褐土为主，生于海拔1500～2000米的疏林中。

分布区域：产于中国河南西南部、陕西南部、甘肃东南部、湖北西部和四川东部地区。内蒙古有栽培。

园林应用：树皮色彩奇特，叶变色于10月和11月，从黄色、橘黄色至红色，常被作为庭园主景树。

别　　名：平基槭、华北五角槭、色树、元宝树、枫香树。

形态特征：落叶乔木，高达 10 米。单叶对生，掌状 5 裂，裂片先端渐尖，有时中裂片或中部 3 裂片又 3 裂，叶基通常截形最下部两裂片有时向下开展。花小而黄绿色，花成顶生聚伞花序，4 月花与叶同放。翅果扁平，翅较宽而略长于果核，形似元宝。花期在 5 月，果期在 9 月。

生长习性：耐阴，喜温凉、湿润气候，耐寒性强，但过于干冷则对生长不利，在炎热地区也如此。

分布区域：广布于中国东北、华北等地区。

园林应用：宜作庭荫树、行道树或风景林树种。现多用于道路绿化。

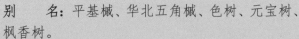

薄叶鼠李 *Rhamnus leptophylla* Schneid.

鼠李科鼠李属

别　　名： 白色木、白赤木、蜡子树、细叶鼠李。

形态特征： 灌木或稀小乔木，高达5米。小枝对生或近对生，褐色或黄褐色，稀紫红色，平滑无毛，有光泽，芽小，鳞片数个，无毛。叶纸质，对生或近对生，或在短枝上簇生，倒卵形至倒卵状椭圆形，稀椭圆形或矩圆形，长3～8厘米，宽2～5厘米，顶端短突尖或锐尖，稀近圆形，基部楔形，边缘具圆齿或钝锯齿，上面深绿色，无毛或沿中脉被疏毛，下面浅绿色，仅脉腋有簇毛，侧脉每边3～5条，具不明显的网脉，上面下陷，下面凸起；叶柄长0.8～2厘米，上面有小沟，无毛或被疏短毛；托叶线形，早落。花单性，雌雄异株，4基数，有花瓣，花梗长4～5毫米，无毛；雄花10～20个簇生于短枝端；雌花数个至10余个簇生于短枝端或长枝下部叶腋，退化雄蕊极小，花柱2半裂。核果球形，基部有宿存的萼筒。花期3～5月，果期5～10月。

生长习性： 喜光，耐寒，耐干旱，对土壤要求不严。

分布区域： 广布于中国陕西、河南、山东、安徽、浙江、江西、四川、云南、贵州等省区。内蒙古也有栽培。

园林应用： 可列植、丛植和片植，用于园林绿地。

鼠李 *Rhamnus davurica* Pall 鼠李科鼠李属

别　　名： 大绿、大脑头、大叶鼠李、黑老鸦刺。

形态特征： 灌木或小乔木，高达10米。幼枝无毛，小枝对生或近对生，褐色或红褐色。叶纸质，对生或近对生，或在短枝上簇生，宽椭圆形或卵圆形，稀倒披针状椭圆形。花单性，雌雄异株，4基数，有花瓣，雌花1～3个生于叶腋或数个至20余个簇生于短枝端。核果球形，黑色，具2分核；种子卵圆形，黄褐色。花期5～6月，果期7～10月。

生长习性： 深根性树种，怕湿热，喜湿润土壤，耐旱，耐寒，不耐积水。喜光，在光照充足处生长良好。

分布区域： 产于中国黑龙江、吉林、辽宁、河北等地区。俄罗斯西伯利亚及远东地区、蒙古和朝鲜也有分布。

园林应用： 常见园林绿化树种，也可制作盆景。

乌苏里鼠李 *Rhamnus ussuriensis* J. Vass.

鼠李科鼠李属

别　　名：老鸹眼。

形态特征：灌木，高达5米，全株无毛或近无毛。小枝灰褐色，无光泽，枝端常有刺，对生或近对生，腋芽和顶芽卵形，具数个鳞片，鳞片边缘无毛或近无毛，长约3～4毫米。叶纸质，对生或近对生，或在短枝端簇生，狭椭圆形或狭矩圆形，稀披针状椭圆形或椭圆形，长3～10.5厘米，宽1.5～3.5厘米，顶端锐尖或短渐尖，基部楔形或圆形，稍偏斜，边缘具钝或圆齿状锯齿，齿端常有紫红色腺体，两面无毛或仅下面脉腋被疏柔毛，侧脉每边4～5，稀6条，两面凸起，具明显的网脉；叶柄长1～2.5厘米；托叶披针形，早落。花单性，雌雄异株，4基数，有花瓣；花梗长6～10毫米；雌花数个至20余个簇生于长枝下部叶腋或短枝顶端，萼片卵状披针形，长于萼筒的3～4倍，有退化雄蕊，花柱2浅裂或近半裂。核果球形或倒卵状球形，直径5～6毫米，黑色，具2分核，基部有宿存的萼筒。花期4～6月，果期6～10月。

生长习性：生长于海拔1600米以下的河边、山地林中或山坡灌丛。

分布区域：产于中国黑龙江、吉林、辽宁、内蒙古、河北北部和山东等省区。

园林应用：可用于各种园林绿化，可丛植、片植。

圆叶鼠李 *Rhamnus globosa* Bunge

别　　名：山绿柴、冻绿、冻绿树、黑旦子、偶栗子。

形态特征：灌木，稀小乔木，高2～4米。小枝对生或近对生，灰褐色，顶端具针刺，幼枝和当年生枝被短柔毛。叶纸质或薄纸质，对生或近对生，稀兼互生，或在短枝上簇生，近圆形、倒卵状圆形或卵圆形，边缘具圆齿状锯齿，上面绿色，初时被密柔毛，后渐脱落或仅沿脉及边缘被疏柔毛，下面淡绿色，全部或沿脉被柔毛，侧脉每边3～4条，上面下陷，下面凸起，网脉在下面明显，叶柄长6～10毫米，被密柔毛。花单性，雌雄异株，通常数个至20个簇生于短枝端或长枝下部叶腋；种子黑褐色，有光泽，背面或背侧有长为种子3/5的纵沟。花期4～5月，果期6～10月。

生长习性：耐阴，耐干旱。可种植于树下。

分布区域：产于中国辽宁、河北、山西、河南南部和西部、陕西南部、山东、安徽、江苏、浙江、江西、湖南及甘肃等地区。

园林应用：可作绿篱，宜散植、丛植。

枣 *Ziziphus jujuba* Mill.

别　　名：枣树、枣子、大枣、红枣树、刺枣、枣子树、贯枣、老鼠屎。

形态特征：落叶小乔木，稀灌木，高达 10 余米。树皮褐色或灰褐色；有长枝，短枝和无芽小枝（即新枝）比长枝光滑，紫红色或灰褐色，呈之字形曲折，具 2 个托叶刺，长刺可达 3 厘米，粗直，短刺下弯，长 4～6 毫米；短枝短粗，矩状，自老枝发出；当年生小枝绿色，下垂，单生或 2～7 个簇生于短枝上。叶纸质，卵形，卵状椭圆形，或卵状矩圆形；长 3～7 厘米，宽 1.5～4 厘米，顶端钝或圆形，稀锐尖，具小尖头，基部稍不对称，近圆形，边缘具圆齿状锯齿，上面深绿色，无毛，下面浅绿色，无毛或仅沿脉多少被疏微毛，基生三出脉；叶柄长 1～6 毫米，或在长枝上的可达 1 厘米，无毛或有疏微毛；托叶刺纤细，后期常脱落。花黄绿色，两性，5 基数，无毛，具短总花梗，单生或 2～8 个密集成腋生聚伞花序；花梗长 2～3 毫米；萼片卵状三角形；花瓣倒卵圆形，基部有爪，与雄蕊等长；花盘厚，肉质，圆形，5 裂；子房下部藏于花盘内，与花盘合生，花柱 2 半裂。核果矩圆形或长卵圆形，长 2～3.5 厘米，直径 1.5～2 厘米，成熟时红色，后变红紫色，中果皮肉质，厚，味甜，核顶端锐尖，基部锐尖或钝，2 室，具 1 或 2 种子，果梗长 2～5 毫米；种子扁椭圆形，长约 1 厘米，宽 8 毫米。花期 5～7 月，果期 8～9 月。

生长习性：喜光，耐贫瘠，耐盐碱，对土壤适应性强，生长于海拔 1700 米以下的山区、丘陵或平原。

分布区域：产于中国吉林、辽宁、河北、山东、山西、陕西等地区。内蒙古也有栽培。

园林应用：枝干挺拔，可观叶、观果，宜孤植、丛植或片植，可应用于庭园、公园或路旁。

椴树 *Tilia tuan* Szyszyl.

别　　名：千层皮、青科榔、大椴树、大叶椴、椴、椴麻、滚筒树、滚筒树根。

形态特征：乔木，高20米，树皮灰色，直裂。小枝近秃净，顶芽无毛或有微毛。叶卵圆形，长7～14厘米，宽5.5～9厘米，先端短尖或渐尖，基部单侧心形或斜截形，上面无毛，下面初时有星状茸毛，侧脉6～7对，边缘上半部有疏而小的齿突；叶柄长3～5厘米，近秃净。聚伞花序长8～13厘米，无毛；花柄长7～9毫米；苞片狭窄倒披针形，长10～16厘米，宽1.5～2.5厘米，无柄，先端钝，基部圆形或楔形，上面通常无毛，下面有星状柔毛，下半部5～7厘米与花序柄合生；萼片长圆状披针形，长5毫米，被茸毛，内面有长茸毛；花瓣长7～8毫米；退化雄蕊长6～7毫米；雄蕊长5毫米；子房有毛，花柱长4～5毫米。果实球形，宽8～10毫米，无棱，有小突起，被星状茸毛。花期7月。

生长习性：深根性树种，喜光和温凉湿润气候，耐寒，幼苗、幼树较耐阴，不耐水湿，抗毒性强，适生于深厚、肥沃、湿润的土壤。

分布区域：产于中国湖北、四川、云南、贵州、广西、湖南、江西地区。内蒙古也有栽培。

园林应用：观形、香花树种，对有害气体的抗性强，可列植、丛植和片植，适宜于各种园林绿化。

辽椴 *Tilia mandshurica* Rupr. et Maxim.

别　　名：糠椴。

形态特征：乔木，高 20 米，直径 50 厘米，树皮暗灰色。嫩枝被灰白色星状茸毛，顶芽有茸毛。叶卵圆形，长 8～10 厘米，宽 7～9 厘米，先端短尖，基部斜心形或截形，上面无毛，下面密被灰色星状茸毛，侧脉 5～7 对，边缘有三角形锯齿，齿刻相隔 4～7 毫米，锯齿长 1.5～5 毫米；叶柄长 2～5 厘米，圆柱形，较粗大，初时有茸毛，很快变秃净。聚伞花序长 6～9 厘米，有花 6～12 朵，花序柄有毛；花柄长 4～6 毫米，有毛；苞片窄长圆形或窄倒披针形，长 5～9 厘米，宽 1～2.5 厘米，上面无毛，下面有星状柔毛，先端圆，基部钝，下半部 1/3～1/2 与花序柄合生，基部有柄长 4～5 毫米；萼片长 5 毫米，外面有星状柔毛，内面有长丝毛；花瓣长 7～8 毫米；退化雄蕊花瓣状，稍短小；雄蕊与萼片等长；子房有星状茸毛，花柱长 4～5 毫米，无毛。果实球形，长 7～9 毫米，有 5 条不明显的棱。花期 7 月，果实 9 月。

生长习性：性喜光、较耐阴，耐寒，耐修剪，喜凉爽、湿润气候和深厚、肥沃而排水良好的中性和微酸性土壤。

分布区域：产于中国东北各省及河北、内蒙古等省区。朝鲜及俄罗斯西伯有分布。

园林应用：观叶观形树种，蜜源植物，宜作庭荫树、行道树。

蒙椴 *Tilia mongolica* Maxim.

别　　名： 小叶椴、白皮椴、米椴。

形态特征： 乔木，高10米。树皮淡灰色，有不规则薄片状脱落；嫩枝无毛，顶芽卵形，无毛。叶阔卵形或圆形，长4～6厘米，宽3.5～5.5厘米，先端渐尖，常出现3裂，基部微心形或斜截形，上面无毛，下面仅脉腋内有毛丛，侧脉4～5对，边缘有粗锯齿，齿尖突出。聚伞花序长5～8厘米，有花6～12朵，花瓣长6～7毫米；退化雄蕊花瓣状，稍窄小；雄蕊与萼片等长；子房有毛，花柱秃净。果实倒卵形，长6～8毫米，被毛，有棱或有不明显的棱。花期7月。

生长习性： 喜光，耐寒，喜凉润气候，生于潮湿山地或干湿适中的平原。

分布区域： 产于中国内蒙古、河北、河南、山西及江宁西部地区。

园林应用： 秋叶亮黄色，树形较矮，只宜在公园、庭园及风景区栽植，不宜作行道树。

紫椴 *Tilia amurensis* Rupr.

椴树科椴树属

形态特征： 乔木，高 25 米，直径达 1 米，树皮暗灰色，片状脱落。嫩枝初时有白丝毛，很快变秃净，顶芽无毛，有鳞苞 3 片。叶阔卵形或卵圆形，长 4.5～6 厘米，先端急尖或渐尖，基部心形，稍整正，有时斜截形，上面无毛，下面浅绿色，脉腋内有毛丛，侧脉 4～5 对，边缘有锯齿，齿尖突出 1 毫米；叶柄长 2～3.5 厘米，纤细，无毛。聚伞花序长 3～5 厘米，纤细，无毛，有花 3～20 朵；花柄长 7～10 毫米；苞片狭带形，长 3～7 厘米，两面均无毛，下半部或下部 1/3 与花序柄合生，基部有柄长 1～1.5 厘米；萼片阔披针形，长 5～6 毫米，外面有星状柔毛；花瓣长 6～7 毫米；退化雄蕊不存在；雄蕊较少，约 20 枚，长 5～6 毫米；子房有毛，花柱长 5 毫米。果实卵圆形，长 5～8 毫米，被星状茸毛，有棱或有不明显的棱。花期 7 月。

生长习性： 深根性树种，喜光，喜肥，喜排水良好的湿润土壤，耐寒，稍耐阴，不耐水湿和沼泽地，对土壤要求比较严格。萌蘖性强，抗烟、抗毒性强。

分布区域： 产于中国黑龙江、吉林及辽宁地区。内蒙古有栽培。

园林应用： 可净化空气，常用作公园、工厂绿化树种，宜列植、丛植或片植。

多枝柽柳 *Tamarix ramosissima* Lcdcb

别　　名：红柳。

形态特征：灌木或小乔木状，高 1～3 米。老杆和老枝的树皮暗灰色，当年生木质化的生长枝淡红或橙黄色，长而直伸，有分枝，第二年生枝则颜色渐变淡。枝条细瘦，红棕色；叶披针形、长 2～5 厘米，总状花序密生在当年生枝上，组成顶生大圆锥花序；果实为蒴果三角状圆锥形。花期 5～9 月。

生长习性：喜光，不耐阴，在遮阴处多生长不良。根系发达，既耐干又耐水湿，抗风能力强，耐盐碱土，能在含盐量 1.2% 的盐碱地上正常生长。

分布区域：产于中国西藏西部、新疆、青海，甘肃、内蒙古和宁夏等省区。

园林应用：可作为园林观赏植物。多枝柽柳花期长（5～9 月），花色艳丽，枝条婀娜多姿，再加上其耐修剪的特性，可将其修剪成各种动物形状，是庭院绿化的优良树种。

沙枣 *Elaeagnus angustifolia* Linn.

胡颓子科胡颓子属

别　名: 七里香、香柳、刺柳、桂香柳、银柳、银柳胡颓子、牙格达、红豆、则给毛道等。

形态特征: 落叶乔木或小乔木,高5～10米,无刺或具刺,刺长30～40毫米,棕红色,发亮。幼枝密被银白色鳞片,老枝鳞片脱落,红棕色,光亮。叶薄纸质,矩圆状披针形至线状披针形,长3～7厘米,宽1～1.3厘米,顶端钝尖或钝形,基部楔形,全缘,上面幼时具银白色圆形鳞片,成熟后部分脱落,带绿色,下面灰白色,密被白色鳞片,有光泽,侧脉不甚明显;叶柄纤细,银白色,长5～10毫米。花银白色或黄色,直立或近直立,密被银白色鳞片,芳香,常1～3花簇生新枝基部最初5～6片叶的叶腋;萼筒钟形内面被白色星状柔毛。果实椭圆形,粉红色,密被银白色鳞片;果肉乳白色,粉质;果梗短,粗壮。花期5～6月,果期9月。

生长习性: 抗旱,抗风沙,耐盐碱,耐贫瘠。

分布区域: 主要分布于中国西北各省区。世界分布于地中海沿岸、亚洲西部等地。

园林应用: 可保持水土,抗风沙,防止干旱,调节气候,改良土壤,常用来营造防护林、防沙林、用材林和风景林。

中国沙棘 *Hippophae rhamnoides* L. subsp. *sinensis* Rousi　胡颓子科沙棘属

别　　名：醋柳、黄酸刺、酸刺柳、黑刺、酸刺。

形态特征：落叶灌木或乔木，高1～5米，高山沟谷可达18米，棘刺较多，粗壮，顶生或侧生。嫩枝褐绿色，密被银白色且带褐色鳞片或有时具白色星状柔毛，老枝灰黑色，粗糙；芽大，金黄色或锈色。单叶通常近对生，与枝条着生相似，纸质，狭披针形或矩圆状披针形，两端钝形或基部近圆形，基部最宽，上面绿色，初被白色盾形毛或星状柔毛，下面银白色或淡白色，被鳞片，无星状毛；叶柄极短。果实圆球形，橙黄色或橘红色；种子小，阔椭圆形至卵形，有时稍扁，黑色或紫黑色，具光泽。花期4～5月，果期9～10月。

生长习性：喜光，耐寒，耐酷热，耐风沙及干旱气候。对土壤适应性强。

分布区域：产于中国河北、内蒙古、山西、陕西、甘肃、青海、四川西部等地区。

园林应用：可作为防风固沙、水土保持林，也可应用于园林绿化，宜作刺篱和果篱。

形态特征：灌木或亚灌木状，高30～70厘米，直立，粗糙，被粗毛及短小硬毛，分枝细，密被短柔毛。叶薄革质，披针形或卵状披针形，稀矩圆形，顶部的线状披针形，长2～4厘米，宽5～15毫米，顶端长渐尖，基部圆形至阔楔形，下延至叶柄，幼时两面被贴伏短粗毛，后渐脱落而粗糙，侧脉约4对，在上面凹下，在下面明显凸起，叶柄极短，长约1毫米。花单生于叶柄之间或近腋生，组成少花的总状花序；花梗纤细；花萼基部上方具短距，带红色，背部特别明显，密被黏质的柔毛或绒毛；花瓣6，其中上方2枚特大而显著，矩圆形，深紫色，波状，具爪，其余4枚极小，锥形，有时消失；雄蕊11，有时12枚，其中5～6枚较长，突出萼筒之外，花丝被绒毛；子房矩圆形。花期4～5月，果期7～8月。

生长习性：耐修剪，耐热，喜高温，不耐寒。喜光，也能耐半阴，在全日照、半日照条件下均能正常生长，喜排水良好的沙质土壤。

分布区域：原产于墨西哥。中国内蒙古有引种。

园林应用：可作绿篱、花境、切花、盆栽等。

火红萼距花 *Cuphea platycentra* Lem.

千屈菜科萼距花属

别　　名：火焰花、雪茄花。

形态特征：半耐寒的亚灌木，分枝极多，成丛生状，披散，高30厘米以上，全株无毛或近无毛。叶对生，披针形至卵状披针形，长2.5～6厘米，宽约3厘米，顶端渐尖，基部渐狭，具短柄或上面的无柄。花单生叶腋或近腋生，具细长的花梗，花梗长约5～23毫米，顶端具小苞片；萼筒细长，长约2厘米，基部背面有距，顶端6齿裂，火焰红色，末端有紫黑色的环，口部白色；无花瓣。

生长习性：喜光，喜高温，喜排水良好的沙质土壤，耐半阴，耐热，不耐寒。

分布区域：原产于墨西哥。中国北京曾有引种。

园林应用：可用作花境、花坛和基础栽植，供观赏。

紫薇 *Lagerstroemia indica* L.　　　　千屈菜科紫薇属

别　　名： 痒痒花、痒痒树、紫金花、紫兰花、蚊子花、西洋水杨梅、百日红、无皮树。

形态特征： 落叶灌木或小乔木，高可达 7 米。树皮平滑，灰色或灰褐色；枝干多扭曲，小枝纤细，具 4 棱，略成翅状。叶互生或有时对生，纸质，椭圆形、阔矩圆形或倒卵形，长 2.5～7 厘米，宽 1.5～4 厘米，顶端短尖或钝形，有时微凹，基部阔楔形或近圆形，无毛或下面沿中脉有微柔毛，侧脉 3～7 对，小脉不明显。花淡红色或紫色、白色，直径 3～4 厘米，常组成顶生圆锥花序；中轴及花梗均被柔毛；花萼两面无毛，裂片 6，三角形，直立；花瓣 6，皱缩，具长爪；雄蕊 36～42，外面 6 枚着生于花萼上，比其余的长得多；子房 3～6 室，无毛。蒴果椭圆状球形或阔椭圆形，成熟时或干燥时呈紫黑色，室背开裂。花期 6～9 月，果期 9～12 月。

生长习性： 耐旱，半阴生，喜生于肥沃、湿润的土壤上，在钙质土或酸性土都生长良好。

分布区域： 中国广东、福建等地有生长。内蒙古有极少栽培。

园林应用： 花色鲜艳，花期长，寿命长，现热带地区已广泛栽培为庭园观赏树，有时也作盆景。

红瑞木 *Swida alba*

别　　名：红梗木、凉子木、红瑞山茱萸。

形态特征：灌木，高达3米。树皮紫红色；幼枝有淡白色短柔毛，后即秃净而被蜡状白粉，老枝红白色，散生灰白色圆形皮孔及略为突起的环形叶痕。叶对生，纸质，椭圆形，稀卵圆形，长5～8.5厘米，宽1.8～5.5厘米，先端突尖，基部楔形或阔楔形，边缘全缘或波状反卷，上面暗绿色，有极少的白色平贴短柔毛，下面粉绿色，被白色贴生短柔毛，有时脉腋有浅褐色髯毛，中脉在上面微凹陷，下面凸起，侧脉5对，弓形内弯，在上面微凹下，下面凸出，细脉在两面微显明。伞房状聚伞花序顶生，花小，白色或淡黄白色，花萼裂片4，花瓣4，卵状椭圆形，雄蕊4，子房下位。核果长圆形，微扁，长约8毫米，直径5.5～6毫米，成熟时乳白色或蓝白色，花柱宿存。花期6～7月，果期8～10月。

生长习性：性极耐寒，耐旱，耐修剪，喜光，喜较深厚、湿润但肥沃疏松的土壤。

分布区域：产于中国东北、华北、西北、华东等地区。朝鲜半岛及俄罗斯也有分布。

园林应用：观干、观叶、观果树种，园林中多丛植草坪上或与常绿乔木相间种植。

刺楸 *Kalopanax septemlobus* (Thunb.) Koidz.　　五加科刺楸属

别　　名：鼓钉刺、刺枫树、刺桐、云楸等。

形态特征：落叶乔木，高约10米，最高可达30米，胸径达70厘米以上，树皮暗灰棕色。小枝淡黄棕色或灰棕色，散生粗刺；刺基部宽阔扁平，通常长5～6毫米，基部宽6～7毫米，在茁壮枝上的长达1厘米以上，宽1.5厘米以上。叶片纸质，在长枝上互生，在短枝上簇生，圆形或近圆形，直径9～25厘米，稀达35厘米，掌状5～7浅裂，裂片阔三角状卵形至长圆状卵形，长不及全叶片的1/2，茁壮枝上的叶片分裂较深，裂片长超过全叶片的1/2，先端渐尖，基部心形，上面深绿色，无毛或几无毛，下面淡绿色，幼时疏生短柔毛，边缘有细锯齿，放射状主脉5～7条，两面均明显；叶柄细长，长8～50厘米，无毛。圆锥花序大，长15～25厘米，直径20～30厘米；伞形花序直径1～2.5厘米，有花多数；总花梗细长，长2～3.5厘米，无毛；花梗细长，无关节，无毛或稍有短柔毛，长5～12毫米；花白色或淡绿黄色；萼无毛，长约1毫米，边缘有5小齿；花瓣5，三角状卵形，长约1.5毫米；雄蕊5；花丝长3～4毫米；子房2室，花盘隆起；花柱合生成柱状，柱头离生。果实球形，直径约5毫米，蓝黑色；宿存花柱长2毫米。花期7～10月，果期9～12月。

生长习性：喜光，喜湿，耐阴，耐寒，适应性强。

分布区域：中国广大区域内均有分布。

园林应用：叶形美观，树干通直，满身硬刺，适合作行道树或园林配植。

雪柳 *Fontanesia fortunei* Carr.

木犀科雪柳属

别　　名： 五谷树、挂梁青。

形态特征： 落叶灌木或小乔木，高达8米；树皮灰褐色。枝灰白色，圆柱形，小枝淡黄色或淡绿色，四棱形或具棱角，无毛。叶片纸质，披针形、卵状披针形或狭卵形，长3～12厘米，宽0.8～2.6厘米，先端锐尖至渐尖，基部楔形，全缘，两面无毛，中脉在上面稍凹入或平，下面凸起，侧脉2～8对，斜向上延伸，两面稍凸起，有时在上面凹入；叶柄长1～5毫米，上面具沟，光滑无毛。圆锥花序顶生或腋生，顶生花序长2～6厘米，腋生花序较短，长1.5～4厘米；花两性或杂性同株；苞片锥形或披针形，长0.5～2.5毫米；花梗长1～2毫米，无毛；花萼微小，杯状，深裂，裂片卵形，膜质，长约0.5毫米；花冠深裂至近基部，裂片卵状披针形，长2～3毫米，宽0.5～1毫米，先端钝，基部合生；雄蕊花丝长1.5～6毫米，伸出或不伸出花冠外，花药长圆形，长2～3毫米；花柱长1～2毫米，柱头2叉。果黄棕色，倒卵形至倒卵状椭圆形花柱宿存，边缘具窄翅。种子长约3毫米，具三棱。花期4～6月，果期6～10月。

生长习性： 喜光，喜温暖、湿润气候，稍耐阴，耐寒，耐旱，耐瘠薄，适应性强。

分布区域： 产于中国河北、陕西、山东、江苏、安徽、浙江、河南及湖北东部地区。内蒙古也有栽培。

园林应用： 叶形似柳，白花如雪，黄果满枝。具有滞尘、抗空气污染和减弱噪音的功能。可孤植于庭院，列植于路旁，丛植于池畔、坡地、路旁、草坪或树丛边缘。

东北连翘 *Forsythia mandschurica* Uyeki

木犀科连翘属

形态特征：落叶灌木，高约 1.5 米；树皮灰褐色。小枝开展，当年生枝绿色，无毛，略呈四棱形，疏生白色皮孔，二年生枝直立，无毛，灰黄色或淡黄褐色，疏生褐色皮孔，外有薄膜状剥裂，具片状髓。叶片纸质，宽卵形、椭圆形或近圆形，长 5～12 厘米，先端尾状渐尖、短尾状渐尖或钝，基部为不等宽楔形、近截形至近圆形，叶缘具锯齿、牙齿状锯齿或牙齿，上面绿色，无毛，下面淡绿色，疏被柔毛，叶脉在上面凹入，下面凸起；叶柄长 0.5～1 厘米，疏被柔毛或近无毛，上面具沟。花单生于叶腋；花萼长约 5 毫米，裂片下面呈紫色，卵圆形，长 2～3 毫米，先端钝，边缘具睫毛；花冠黄色，长约 2 厘米，裂片披针形，长 0.7～1.5 厘米，先端钝或凹；雄蕊长 2～3 毫米。果长卵形，先端喙状渐尖至长渐尖，皮孔不明显，开裂时向外反折。花期 5 月，果期 9 月。

生长习性：喜光，喜温暖、湿润气候，耐半阴，耐寒，耐旱，怕水涝，一般土壤均能正常生长。

分布区域：产于中国辽宁鸡冠山，生山坡。内蒙古有栽培。

园林应用：可用于各种园林绿化，宜丛植、列植或片植。

连翘 *Forsythia suspensa* (Thunb.) Vahl 木犀科连翘属

别　　名：黄花杆、黄寿丹。

形态特征：落叶灌木。枝开展或下垂，棕色、棕褐色或淡黄褐色，小枝土黄色或灰褐色，略呈四棱形，疏生皮孔，节间中空，节部具实心髓。叶通常为单叶，或3裂至三出复叶，叶片卵形、宽卵形或椭圆状卵形至椭圆形，长2～10厘米，宽1.5～5厘米，先端锐尖，基部圆形、宽楔形至楔形，叶缘除基部外具锐锯齿或粗锯齿，上面深绿色，下面淡黄绿色，两面无毛。花通常单生或2至数朵着生于叶腋，先于叶开放；花萼绿色；花冠黄色，裂片倒卵状长圆形或长圆形。果卵球形、卵状椭圆形或长椭圆形，先端喙状渐尖，表面疏生皮孔。花期3～4月，果期7～9月。

生长习性：喜光，较耐阴，喜温暖、湿润气候，耐寒、耐干旱瘠薄，怕涝，适应性强。

分布区域：中国产于河北、山西、陕西、山东、安徽西部、河南等地，中国除华南地区外，其他各地均有栽培，日本也有栽培。

园林应用：可作花篱、花丛、花坛等，在绿化美化城市方面应用广泛。

别　　名：青榔木、白荆树。

形态特征：落叶乔木，高 10～12 米。树皮灰褐色，纵裂。芽阔卵形或圆锥形，被棕色柔毛或腺毛。小枝黄褐色，粗糙，无毛或疏被长柔毛，旋即秃净，皮孔小，不明显。羽状复叶长 15～25 厘米；叶轴挺直，上面具浅沟，初时疏被柔毛，旋即秃净；小叶 5～7 枚，硬纸质，卵形、倒卵状长圆形至披针形，顶生小叶与侧生小叶近等大或稍大，先端锐尖至渐尖，基部钝圆或楔形，叶缘具整齐锯齿，上面无毛，下面无毛或有时沿中脉两侧被白色长柔毛，中脉在上面平坦，侧脉 8～10 对，下面凸起，细脉在两面凸起，明显网结。圆锥花序顶生或腋生枝梢，花雌雄异株，雄花密集，雌花疏离，花萼大，桶状，长 2～3 毫米，4 浅裂，花柱细长，柱头 2 裂。翅果匙形，长 3～4 厘米，宽 4～6 毫米，上中部最宽，先端锐尖，常呈犁头状，基部渐狭，翅平展，下延至坚果中部，坚果圆柱形，长约 1.5 厘米；宿存萼紧贴于坚果基部，常在一侧开口深裂。花期 4～5 月，果期 7～9 月。

生长习性：喜光，较耐盐碱，适应性强。生于海拔 800～1600 米的山地杂木林中。

分布区域：产于中国南北各省区。越南、朝鲜也有分布。

园林应用：白蜡树其干形通直，树形美观，抗烟尘、二氧化硫和氯气，是工厂、城镇绿化美化的树种。

花曲柳 *Fraxinus rhynchophylla* Hance

别　　名：大叶白蜡树、大叶梣。

形态特征：落叶大乔木，高 12 ～ 15 米，树皮灰褐色，光滑，老时浅裂。冬芽阔卵形，顶端尖，黑褐色，具光泽，内侧密被棕色曲柔毛。当年生枝淡黄色，通直，无毛，去年生枝暗褐色，皮孔散生。羽状复叶长 15 ～ 35 厘米；叶柄基部膨大；叶轴上面具浅沟，小叶着生处具关节，节上有时簇生棕色曲柔毛；小叶 5 ～ 7 枚，革质，阔卵形、倒卵形或卵状披针形，长 3 ～ 11 厘米，宽 2 ～ 6 厘米，营养枝的小叶较宽大，顶生小叶显著大于侧生小叶，下方 1 对最小，两侧略歪斜或下延至小叶柄，叶缘呈不规则粗锯齿，齿尖稍向内弯，有时也呈波状，通常下部近全缘，上面深绿色，中脉略凹入，脉上有时疏被柔毛，下面色淡，沿脉腋被白色柔毛，渐秃净，细脉在两面均凸起；小叶柄上面具深槽。圆锥花序顶生或腋生当年生枝梢，长约 10 厘米，雄花与两性花异株；花萼浅杯状，无花冠。翅果线形，具宿存萼。花期 4 ～ 5 月，果期 9 ～ 10 月。

生长习性：生长于海拔 1500 米以下的河湖边岸湿润地段。

分布区域：产于中国东北和黄河流域各省。

园林应用：可用于各种园林绿化。

美国红梣 *Fraxinus pennsylvanica* Marsh.

木犀科梣属

别　　名：毛白蜡、洋白蜡、青梣。

形态特征：落叶乔木，高 10～20 米。树皮灰色，粗糙，皱裂；顶芽圆锥形，尖头，被褐色糠秕状毛；小枝红棕色，圆柱形，被黄色柔毛或秃净，老枝红褐色，光滑无毛。羽状复叶长 18～44 厘米；叶柄长 2～5厘米，基部膨大；叶轴圆柱形，上面具较宽的浅沟，密被灰黄色柔毛；小叶 7～9 枚，薄革质，长圆状披针形、狭卵形或椭圆形，长 4～13 厘米，宽 2～8 厘米，顶生小叶与侧生小叶几等大，先端渐尖或急尖，基部阔楔形，叶缘具不明显钝锯齿或近全缘，上面黄绿色，无毛，下面淡绿色，疏被绢毛，脉上较密，中脉在上面凹入，侧脉 7～9 对，与细脉在下面凸起；小叶无柄或下方 1 对小叶具短柄。圆锥花序生于去年生枝上，花密集，雄花与两性花异株，与叶同时开放；雄花花萼小，萼齿不规则深裂，花药大，长圆形，花丝短；两性花花萼较宽，萼齿浅裂，花柱细，柱头 2 裂。翅果狭倒披针形。花期 4 月，果期 8～10 月。

生长习性：生长于河湖边岸湿润地段，树姿美丽。

分布区域：原产于美国东海岸至落基山脉一带。中国引种栽培已久，分布遍及全国各地。

园林应用：为世界著名的观赏树木，可用于各种园林绿化。

204

迎春花 *Jasminum nudiflorum* Lindl.   木犀科素馨属

别　　名：小黄花、金腰带、黄梅、清明花。

形态特征：落叶灌木，直立或匍匐，高 0.3～5 米，枝条下垂。枝稍扭曲，光滑无毛，小枝四棱形，棱上多少具狭翼。叶对生，三出复叶，小枝基部常具单叶；叶轴具狭翼，叶柄长 3～10 毫米，无毛；叶片和小叶片幼时两面稍被毛，老时仅叶缘具睫毛；小叶片卵形、长卵形或椭圆形，狭椭圆形，稀倒卵形，先端锐尖或钝，具短尖头，基部楔形，叶缘反卷，中脉在上面微凹入，下面凸起，侧脉不明显；顶生小叶片较大，无柄或基部延伸成短柄。花单生于去年生小枝的叶腋，稀生于小枝顶端；苞片小叶状，披针形、卵形或椭圆形，花萼绿色，裂片 5～6 枚，窄披针形，先端锐尖；花冠黄色，向上渐扩大，裂片 5～6 枚，长圆形或椭圆形，先端锐尖或圆钝。花期 6 月。

生长习性：喜光，耐旱，稍耐阴，略耐寒，不耐涝。

分布区域：原产于中国华南和西南的亚热带地区，南北方栽培极为普遍，华北、安徽、河南等省区均可生长。

园林应用：宜配置在湖边、溪畔、桥头、墙隅或在草坪、林缘、坡地、房屋周围。

金叶女贞 *Ligustrum* × *vicaryi* Rehder   木犀科女贞属

别　　名：英国女贞、金边女贞。

形态特征：美国加州的金边女贞与欧洲女贞树种杂交而成。落叶灌木，株高2～3米。其嫩枝带有短毛。单叶对生，薄革质叶，椭圆形或卵状椭圆形，先端尖，基部楔形，全缘。新叶金黄色，老叶黄绿色至绿色。总状花序，花为两性，呈筒状白色小花；核果椭圆形，内含一粒种子，黑紫色。花期5～6月，果期10月。

生长习性：喜光，耐阴性较差，耐旱耐热，耐寒力中等，以疏松肥沃、通透性良好的沙壤土地块栽培为佳。

分布区域：原产于美国加州。中国于20世纪80年代引种栽培。分布于中国华北南部、华东、华南等地区。

园林应用：夏季开花，呈团状，有淡香，叶色鲜亮，花形优美。可作绿篱，也可丛植、片植，应用于多种园林绿地。

水蜡 *Ligustrum obtusifolium* Sieb. et Zucc. 木犀科女贞属

形态特征： 落叶多分枝灌木，高2～3米。树皮暗灰色。小枝淡棕色或棕色，圆柱形，被较密微柔毛或短柔毛。叶片纸质，披针状长椭圆形、长椭圆形、长圆形或倒卵状长椭圆形，长1.5～6厘米，宽0.5～2.2厘米，先端钝或锐尖，有时微凹而具微尖头，萌发枝上叶较大。圆锥花序着生于小枝顶端。果近球形或宽椭圆形。花期5～6月，果期8～10月。

生长习性： 适应性较强，喜光照，稍耐阴，耐寒，对土壤要求不严。

分布区域： 原产于中国中南部地区，现北方各地广泛栽培。日本也有分布。

园林应用： 可用作行道树、园路树，也是制作盆景的好材料。

小蜡 *Ligustrum sinense* Lour.

木犀科女贞属

形态特征: 落叶灌木或小乔木,高2～4米。小枝圆柱形,幼时被淡黄色短柔毛或柔毛,老时近无毛。叶片纸质或薄革质,卵形、椭圆状卵形、长圆形、长圆状椭圆形至披针形,或近圆形,长2～7厘米,宽1～3厘米,先端锐尖、短渐尖至渐尖,或钝而微凹,基部宽楔形至近圆形,或为楔形,上面深绿色,疏被短柔毛或无毛,或仅沿中脉被短柔毛,下面淡绿色,疏被短柔毛或无毛,常沿中脉被短柔毛,侧脉4～8对,上面微凹入,下面略凸起;叶柄长28毫米,被短柔毛。圆锥花序顶生或腋生,塔形,长4～11厘米,宽3～8厘米。果近球形,径5～8毫米。花期3～6月,果期9～12月。

生长习性: 生于海拔200～2600米的山坡、山谷、溪边、河旁、路边密林、疏林或混交林中。

分布区域: 产于中国江苏、浙江、安徽等地。

园林应用: 可用于各种园林绿地。

小叶女贞 *Ligustrum quihoui* Carr.　　　　　木犀科女贞属

别　　名：小叶冬青、小白蜡、楝青、小叶水蜡树。

形态特征：落叶灌木，高1～3米。小枝淡棕色，圆柱形，密被微柔毛，后脱落。叶片薄革质，形状和大小变异较大，披针形、长圆状椭圆形、椭圆形、倒卵状长圆形至倒披针形或倒卵形，长1～4厘米，宽0.5～2厘米，先端锐尖、钝或微凹，基部狭楔形至楔形，叶缘反卷，上面深绿色，下面淡绿色，常具腺点，两面无毛，稀沿中脉被微柔毛，中脉在上面凹入，下面凸起，侧脉2～6对，不明显，在上面微凹入，下面略凸起；叶柄无毛或被微柔毛。圆锥花序顶生，近圆柱形，长4～15厘米，宽2～4厘米，分枝处常有1对叶状苞片；小苞片卵形，具睫毛；花萼无毛，萼齿宽卵形或钝三角形；花冠长，裂片卵形或椭圆形，先端钝；雄蕊伸出裂片外，花丝与花冠裂片近等长或稍长。果倒卵形、宽椭圆形或近球形，呈紫黑色。花期5～7月，果期8～11月。

生长习性：喜光照，稍耐阴，较耐寒，华北地区可露地栽培；对二氧化硫、氯等毒气有较好的抗性。性强健，耐修剪，萌发力强。生于沟边、路旁或河边灌丛中。

分布区域：产于中国陕西南部、山东、江苏、安徽、浙江、江西、四川、贵州西北部、云南等地区。

园林应用：主要作绿篱栽植，抗多种有毒气体，是优良的抗污染树种。

别　　名：暴马子、荷花丁香、阿穆尔丁香等。

形态特征：落叶小乔木或大乔木，高4～10米，可达15米，具直立或开展枝条。树皮紫灰褐色，具细裂纹。枝灰褐色，无毛，当年生枝绿色或略带紫晕，无毛，疏生皮孔，二年生枝棕褐色，光亮，无毛，具较密皮孔。叶片厚纸质，宽卵形、卵形至椭圆状卵形，或为长圆状披针形，长2.5～13厘米，宽1～6厘米，先端短尾尖至尾状渐尖或锐尖，基部常圆形，或为楔形、宽楔形至截形，上面黄绿色，干时呈黄褐色，侧脉和细脉明显凹入使叶面呈皱缩，下面淡黄绿色，秋时呈锈色，无毛，稀沿中脉略被柔毛，中脉和侧脉在下面凸起；叶柄长1～2.5厘米，无毛。圆锥花序由1到多对着生于同一枝条上的侧芽抽生，长10～20厘米，宽8～20厘米；花萼齿钝、凸尖或截平；花冠白色，呈辐状，裂片卵形，先端锐尖；花丝与花冠裂片近等长或长于裂片可达1.5毫米，花药黄色。果长椭圆形，先端常钝，或为锐尖、凸尖，光滑或具细小皮孔。花期6～7月，果期8～10月。

生长习性：喜光，喜温暖、湿润及阳光充足，稍耐阴，耐寒，耐旱，耐瘠薄，对土壤的要求不严。

分布区域：产于中国黑龙江、吉林、辽宁地区。俄罗斯远东地区和朝鲜也有分布。

园林应用：广泛栽植于庭园、机关、厂矿、居民区等地。宜丛植、散植，也可作盆栽、促成栽培、切花等用。

北京丁香 *Syringa pekinensis* Rupr.

木犀科丁香属

别　　名：臭多罗。

形态特征：大灌木或小乔木，高2～5米，可达10米。树皮褐色或灰棕色，纵裂。小枝带红褐色，细长，向外开展，具显著皮孔，萌枝被柔毛。叶片纸质，卵形、宽卵形至近圆形，或为椭圆状卵形至卵状披针形，长2.5～10厘米，宽2～6厘米，先端长渐尖、骤尖、短渐尖至锐尖，基部圆形、截形至近心形，或为楔形，上面深绿色，干时略呈褐色，无毛，侧脉平，下面灰绿色，无毛，稀被短柔毛，侧脉平或略凸起；叶柄长1.5～3厘米，细弱，无毛，稀有被短柔毛。花序由1对或2至多对侧芽抽生，长5～20厘米，宽3～18厘米，栽培的更长而宽；花序轴、花梗、花萼无毛；花序轴散生皮孔；花梗长0～1毫米；花萼长1～1.5毫米，截形或具浅齿；花冠白色，呈辐状，长3～4毫米，花冠管与花萼近等长或略长，裂片卵形或长椭圆形，长1.5～2.5毫米，先端锐尖或钝，或略呈兜状；花丝略短于或稍长于裂片，花药黄色，长圆形，长约1.5毫米。果长椭圆形至披针形，长1.5～2.5厘米，先端锐尖至长渐尖，光滑，稀疏生皮孔。花期5～8月，果期8～10月。

生长习性：喜阳，但也稍耐阴，耐寒，耐旱；对土壤要求不严，宜土壤湿润。生于海拔600～2400米地带。

分布区域：产于中国内蒙古、河北、山西、河南、陕西、宁夏、甘肃、四川北部等省区。

园林应用：观花树种，可用作景观树、行道树、庭园树等。

211

巧玲花 *Syringa pubescens* Turcz.　　木犀科丁香属

别　　名：小叶丁香、雀舌花等。

形态特征：灌木，高1～4米。树皮灰褐色。小枝带四棱形，无毛，疏生皮孔。叶片卵形、椭圆状卵形、菱状卵形或卵圆形。叶缘具睫毛，上面深绿色，无毛，稀有疏被短柔毛，下面淡绿色，被短柔毛、柔毛至无毛。花序轴与花梗、花茎略带紫红色，无毛，稀有略被柔毛或短柔毛；花序轴明显四棱形；花梗短；花萼截形或萼齿锐尖、渐尖或钝；花冠紫色，盛开时呈淡紫色，后渐近白色。果通常为长椭圆形，皮孔明显。花期5～6月，果期6～8月。

生长习性：喜光，喜温暖、湿润及阳光充足，稍耐阴，耐寒，较耐旱。

分布区域：产于中国河北、山西、陕西东部、山东西部、河南地区。

园林应用：香花植物，常丛植于建筑前、茶室、凉亭周围。散植于园路两旁、草坪之中，与其他种类丁香配植成专类园。也可盆栽、促成栽培、切花等用。

贺兰山丁香 *Syringa Pinnatifolia* Homsl

木犀科丁香属

形态特征：灌木，高可高达3米。树皮薄纸质片状剥裂，内皮紫褐色。老枝黑褐色。单数羽状复叶，对生，长3～6.5厘米，宽1.5～3厘米，小叶5～7，矩圆形或矩圆状卵形，稀倒卵形或狭卵形，长0.8～2厘米，宽0.5～1厘米，先端通常钝圆，或有1小刺头，稀渐尖，基部多偏斜，一侧下延，全缘，两面光滑无毛；近无柄。圆锥花序侧生，出自去年枝的叶腋，长2～4厘米，光滑无毛。花萼钟状，4齿裂，长约2毫米；花冠高脚蝶状，花冠筒长约1厘米径约1.5毫米，先端裂片4，开展，矩圆形或卵状矩圆形，长约4毫米，宽2.5～3毫米；雄蕊2，着生于花冠筒的中上部，花丝短，花药长约2毫米，不伸出花冠外；花柱2裂，高不超过雄蕊。蒴果披针状矩圆形，先端尖。花期5～6月，果期6～9月。

生长习性：喜暖。生于海拔2000～3000米的山地杂木林及灌丛中。

分布区域：是木樨科丁香属的新变种，仅分布于中国贺兰山的峡子沟、三关大木头沟、皂刺沟和雪林子沟。

园林应用：优良观赏植物，可用于庭园绿化。

红丁香 *Syringa villosa* Vahl

木犀科丁香属

形态特征： 灌木，高达4米。枝直立，粗壮，灰褐色，具皮孔，小枝淡灰棕色，无毛或被微柔毛，具皮孔。叶片卵形、椭圆状卵形、宽椭圆形至倒卵状长椭圆形，长4～11（15）厘米，宽1.5～6（11）厘米，先端锐尖或短渐尖，基部楔形或宽楔形至近圆形，上面深绿色，无毛，下面粉绿色，贴生疏柔毛或仅沿叶脉被须状柔毛或柔毛，稀无毛；叶柄长0.8～2.5厘米，无毛或略被柔毛。圆锥花序直立，由顶芽抽生，长圆形或塔形，长5～13（17）厘米，宽3～10厘米；花序轴与花梗、花萼无毛，或被微柔毛、短柔毛或柔毛；花序轴具皮孔；花梗长0.5～1.5毫米；花芳香；花萼长2～4毫米，萼齿锐尖或钝；花冠淡紫红色、粉红色至白色，花冠管细弱，稀较粗达3毫米，近圆柱形裂片成熟时呈直角向外展开，卵形或长圆状椭圆形。果长圆形，先端凸尖，皮孔不明显。花期5～6月，果期9月。

生长习性： 生于海拔1200～2200米的山坡灌丛。

分布区域： 分布于中国河北、山西地区。

园林应用： 观花植物，也是绿化道的骨干花灌木。可广泛种植于公园、绿地广场、小游园等地。

欧丁香 *Syringa vulgaris* L.

木犀科丁香属

别　　名：欧洲丁香、洋丁香。

形态特征：灌木或小乔木，高3～7米。树皮灰褐色；小枝、叶柄、叶片两面、花序轴、花梗和花萼均无毛，或具腺毛，老时脱落。小枝棕褐色，略带四棱形，疏生皮孔。叶片卵形、宽卵形或长卵形，长3～13厘米，宽2～9厘米，先端渐尖，基部截形、宽楔形或心形，上面深绿色，下面淡绿色。圆锥花序近直立，由侧芽抽生，宽塔形至狭塔形，或近圆柱形；花序轴疏生皮孔；花冠紫色或淡紫色，花冠管细弱，近圆柱形，裂片呈直角开展，椭圆形、卵形至倒卵圆形，先端略呈兜状，或不内弯。果倒卵状椭圆形、卵形至长椭圆形，先端渐尖或骤凸，光滑。花期4～5月，果期6～7月。

生长习性：喜光，稍耐阴，耐干旱，耐寒。

分布区域：原产于东南欧地区。中国华北各省普遍栽培，东北、西北以及江苏各地也有栽培。

园林应用：可用于丛植、散植或片植，观赏价值高，广泛应用于各种绿地。

紫丁香 *Syringa oblata* Lindl.

木犀科丁香属

别　　名： 丁香、百结、情客、龙梢子、华北紫丁香、紫丁白。

形态特征： 灌木或小乔木，高可达5米。树皮灰褐色或灰色。小枝、花序轴、花梗、苞片、花萼、幼叶两面以及叶柄均无毛而密被腺毛。小枝较粗，疏生皮孔。叶片革质或厚纸质，卵圆形至肾形，宽常大于长，长2～14厘米，宽2～15厘米，先端短凸尖至长渐尖或锐尖，基部心形、截形至近圆形，或宽楔形，上面深绿色，下面淡绿色；萌枝上叶片常呈长卵形，先端渐尖，基部截形至宽楔形；叶柄长1～3厘米。圆锥花序直立，由侧芽抽生，近球形或长圆形，长4～16厘米，宽3～7厘米；花梗长0.5～3毫米；花萼长约3毫米，萼齿渐尖、锐尖或钝；花冠紫色，长1.1～2厘米，花冠管圆柱形，长0.8～1.7厘米，裂片呈直角开展，卵圆形、椭圆形至倒卵圆形，长3～6毫米，宽3～5毫米，先端内弯略呈兜状或不内弯；花药黄色，位于距花冠管喉部0～4毫米处。果倒卵状椭圆形、卵形至长椭圆形，长1～1.5厘米，宽4～8毫米，先端长渐尖，光滑。花期4～5月，果期6～10月。

生长习性： 喜光，喜温暖、湿润，稍耐阴，耐寒，耐旱，耐瘠薄，对土壤的要求不严。

分布区域： 分布于中国黑龙江、吉林、辽宁、内蒙古、河北等省区。广泛栽培于世界各温带地区。

园林应用： 常丛植于建筑前、茶室凉亭周围；散植于园路两旁、草坪之中；与其他种类丁香配植成专类园；也可作盆栽、促成栽培、切花等用。

形态特征： 灌木，高1～4米。长枝对生或互生，细弱，上部常弧状弯垂，短枝簇生，常被星状短绒毛至几无毛；小枝四棱形或近圆柱形。叶在长枝上互生，在短枝上为簇生，在长枝上的叶片披针形或线状披针形，长3～10厘米，宽2～10毫米，顶端急尖或钝，基部楔形，通常全缘或有波状齿，上面深绿色，幼时被灰白色星状短绒毛，老渐近无毛，下面密被灰白色星状短绒毛；叶柄长1～2毫米；在花枝上或短枝上的叶很小，椭圆形或倒卵形，长5～15毫米，宽2～10毫米，顶端圆至钝，基部楔形或下延至叶柄，全缘兼有波状齿，毛被与长枝上的叶片相同。花多朵组成簇生状或圆锥状聚伞花序；花序较短，密集，长1～4.5厘米，宽1～3厘米，常生于二年生的枝条上；花序梗极短，基部通常具有少数小叶；花梗长3毫米；花芳香；花萼钟状，长2.5～4毫米，具四棱，外面密被灰白色星状绒毛和一些腺毛，花萼裂片三角状披针形，内面被疏腺毛；花冠紫蓝色，外面被星状毛，后变无毛或近无毛，花冠管长6～10毫米，直径1.2～1.8毫米，喉部被腺毛，后变无毛，花冠裂片近圆形或宽卵形；雄蕊着生于花冠管内壁中部，花丝极短，花药长圆形；子房长卵形，无毛，花柱长约1毫米，柱头卵状。蒴果椭圆状。花期5～7月，果期7～10月。

生长习性： 喜光，耐干旱，耐寒性好，生于海拔1500～4000米的干旱山地灌木丛中或河滩边灌木丛中。

分布区域： 中国特有品种，产于内蒙古、河北、山西、陕西、宁夏、甘肃、青海、河南、四川和西藏等省区。

园林应用： 宜孤植、丛植或片植，可布置花坛、花境，丛植于山石旁或稀疏林下，也可盆栽。

荆条 *Vitex negundo* L.var.*heterophylla* (Franch.) Rehd.　马鞭草科牡荆属

别　　名：黄荆柴、黄金子。

形态特征：灌木或小乔木。小枝四棱形，密生灰白色绒毛。掌状复叶，小叶5，少有3；小叶片长圆状披针形至披针形，顶端渐尖，基部楔形，全缘或每边有少数粗锯齿，表面绿色，背面密生灰白色绒毛；中间小叶长4～13厘米，宽1～4厘米，两侧小叶依次递小，若具5小叶时，中间3片小叶有柄，最外侧的2片小叶无柄或近于无柄。聚伞花序排成圆锥花序式，顶生，长10～27厘米，花序梗密生灰白色绒毛；花萼钟状，顶端有5裂齿，外有灰白色绒毛；花冠淡紫色，外有微柔毛，顶端5裂，二唇形；雄蕊伸出花冠管外；子房近无毛。核果近球形，径约2毫米；宿萼接近果实的长度。花期4～6月，果期7～10月。

生长习性：常生于山地阳坡上，形成灌丛。

分布区域：中国北方地区广为分布。

园林应用：是绿色屏障，对荒地护坡和防止风沙均有一定的环境保护作用。

薰衣草 *Lavandula angustifolia* Mill.

唇形科薰衣草属

别　　名：香水植物、灵香草、香草、黄香草。

形态特征：小灌木。茎直立，被星状绒毛，老枝灰褐色，具条状剥落的皮层。叶条形或披针状条形，被或疏或密的灰色星状绒毛，干时灰白色或橄榄绿色，全缘而外卷。轮伞花序在枝顶聚集成间断或近连续的穗状花序；苞片菱状卵形，小苞片不明显；花萼卵状筒形或近筒状；花冠长约为槽的二倍，筒直伸，在喉部内被腺状毛。小坚果椭圆形，光滑。花期 6 月。

生长习性：成年植株既耐低温，又耐高温，性喜干燥，需水不多。

分布区域：分布于地中海沿岸、欧洲、大洋洲列岛、中国新疆、美国田纳西州等地区。

园林应用：香花类植物，用于建薰衣草专类芳香植物园，可绿化、美化、彩化、香化环境。

形态特征： 多分枝灌木，高0.5～1米，栽培时可达2米多。枝条细弱，弓状弯曲或俯垂，淡灰色，有纵条纹，棘刺长0.5～2厘米，生叶和花的棘刺较长，小枝顶端锐尖成棘刺状。叶纸质或栽培者质稍厚，单叶互生或2～4枚簇生，卵形、卵状菱形、长椭圆形、卵状披针形，顶端急尖，基部楔形，长1.5～5厘米，宽0.5～2.5厘米，栽培者较大，可长达10厘米以上，宽达4厘米。花在长枝上单生或双生于叶腋，在短枝上则同叶簇生；花梗长1～2厘米，向顶端渐增粗。花冠漏斗状，长9～12毫米，淡紫色；雄蕊较花冠稍短，或因花冠裂片外展而伸出花冠，花丝在近基部处密生一圈绒毛并交织成椭圆状的毛丛，与毛丛等高处的花冠筒内壁亦密生一环绒毛；花柱稍伸出雄蕊，上端弓弯，柱头绿色。浆果红色，卵状，栽培者可成长矩圆状或长椭圆状，顶端尖或钝，长7～15毫米，种子扁肾脏形，黄色。花果期6～11月。

生长习性： 喜冷凉气候，抗旱耐寒，防风固土。

分布区域： 分布于中国东北、河北、山西、陕西、甘肃以及西南、华中、华南和华东各省区。

园林应用： 可作盆景，宜散植、丛植、片植，常作为刺篱应用于园林之中。

梓树 *Catalpa ovata* G. Don.

紫葳科梓属

别　　名: 梓楸、花楸、水桐、河楸、臭梧桐、黄花楸、水桐秋等。

形态特征: 落叶乔木,一般高6米,最高可达15米。树冠伞形,主干通直平滑,呈暗灰色或者灰褐色,嫩枝具稀疏柔毛。蒴果线形,下垂,深褐色,长20～30厘米,粗5～7毫米,冬季不落;叶对生或近于对生,有时轮生,叶阔卵形,长宽相近,长约25厘米,顶端渐尖,基部心形,全缘或浅波状,常3浅裂,叶片上面及下面均粗糙;圆锥花序顶生,微被疏毛,长12～28厘米;种子长椭圆形,长6～8毫米,宽约3毫米,两端具有平展的长毛。花期6～7月,果期8～10月。

生长习性: 适应性较强,喜温暖,耐寒,不耐干旱瘠薄。土壤以深厚、湿润、肥沃的夹沙土较好。

分布区域: 分布于中国长江流域及以北地区、东北南部、华北、西北、华中、西南地区,日本也有分布。

园林应用: 速生树种,可作行道树、庭荫树以及工厂绿化树种。

形态特征： 灌木，通常高 0.7～2 米，有时达 3 米。枝近圆柱状，嫩枝被短绒毛或短柔毛，老枝无毛，覆有片状纵裂的薄皮。叶纸质，偶有薄革质，形状和大小多有变异，阔卵形、卵形、长圆形、椭圆形或披针形，长 0.5～2.5 厘米，宽达 1.5 厘米，顶端短尖、钝或有时圆，基部楔尖或渐狭，两面被稀疏至很密的柔毛或下面近无毛，通常有缘毛；侧脉每边约 3～5 条，下面稍凸起或不明显；叶柄长 1～5 毫米，多少被毛；托叶基部阔三角形，顶端骤尖，具短尖头，长通常 1～2 毫米，被柔毛或绒毛。聚伞花序顶生和近枝顶腋生，通常有花 3 朵，有时 5～7 朵；花无梗或具短梗；小苞片干膜质，透明，多少被毛，比萼长，约 2/3～3/4 合生，分离部分钻状渐尖，具短尖头，有脉纹，被缘毛；萼管长约 2 毫米，裂片 5，长约 1～1.2 毫米，顶端钝至近截平，被缘毛；花冠漏斗状，管长 9～10 毫米，外面密被短绒毛，里面被长柔毛，裂片 5，阔卵形，长约 2～2.5 毫米，边檐狭而薄，内折，顶端内弯；雄蕊 5，花药线形；花柱通常有 5 个丝状的柱头，有时 3 或 4 个，长柱花的伸出，短柱花的内藏。果长 4.5～5 毫米。花期 6 月，果期 9～10 月。

生长习性： 喜光，耐干旱，稍耐寒，耐贫瘠，对土壤要求不严。

分布区域： 中国特有品种，产于陕西、湖北、四川、云南、西藏等地区，内蒙古也有栽培。

园林应用： 可作绿篱、花篱，常用于庭院、公园及道路绿化，宜丛植、片植。

野生种丁香 *Leptodermis potanini* Batalin

茜草科野丁香属

形态特征：灌木，高 0.5～2 米或过之。枝浅灰色，嫩枝常淡红色，有二列柔毛。叶疏生或稍密集，较薄，卵形或披针形，有时长圆形或椭圆形，或阔长圆形，顶端钝至近圆，有短尖头，基部楔形，全缘，两面被白色短柔毛，下面苍白，通常几近光秃；侧脉每边 3～4 条，下面凸起，网脉明显；叶柄短。聚伞花序顶生，无梗，简单，3 花，极少退化至 1 或 2 花，中央的花无梗，两侧的花有梗；花梗红色，有 2 列硬毛或柔毛；萼管狭倒圆锥形，上部和萼裂片均密被硬毛或柔毛，裂片 5 或 6，狭三角形，顶端短尖，长为宽的 3 倍，被缘毛；花冠漏斗形，管的外面多少被柔毛或近无毛，内面上部及喉部密被硬毛，冠檐伸展，此冠管短 3 倍，花冠裂片 5 或 6，镊合状排列，顶端圆，具膜质边檐，无色，无毛。蒴果自顶 5 裂至基部，其裂片冠以宿萼裂片。花期 5 月，果期秋冬。

生长习性：生于海拔 800～2400 米的山坡灌丛中。

分布区域：产于中国陕西、湖北、四川及贵州、云南等地。

园林应用：应用于各种园林，与其他种配合种植。

蝟实 *Kolkwitzia amabilis* Graebn.

形态特征：多分枝直立灌木，高达3米。幼枝红褐色，被短柔毛及糙毛，老枝光滑，茎皮剥落。叶椭圆形至卵状椭圆形，长3～8厘米，宽1.5～2.5厘米，顶端尖或渐尖，基部圆或阔楔形，全缘，少有浅齿状，上面深绿色，两面散生短毛，脉上和边缘密被直柔毛和睫毛；叶柄长1～2毫米。伞房状聚伞花序具长1～1.5厘米的总花梗；苞片披针形，紧贴子房基部；萼筒外面密生长刚毛，上部缢缩似颈，裂片钻状披针形，长0.5厘米，有短柔毛；花冠淡红色，长1.5～2.5厘米，基部甚狭，中部以上突然扩大，裂片不等，其中二枚稍宽短，内面具黄色斑纹；花药宽椭圆形；花柱有软毛，柱头圆形，不伸出花冠筒外。果实密被黄色刺刚毛，顶端伸长如角，冠以宿存的萼齿。花期5～6月，果期8～9月。

生长习性：喜光，耐寒，耐旱，不耐水湿，抗性强，生于海拔350～1340米的山坡、路边和灌丛中。

分布区域：中国特有品种，产于山西、陕西、甘肃、河南、湖北及安徽等省，内蒙古也有栽培。

园林应用：三级保护植物。花序紧凑、花密色艳，果如刺猬，可孤植、丛植等，广泛用于多种园林绿地。

长白忍冬 *Lonicera ruprechtiana* Regel

忍冬科忍冬属

别　　名： 王八骨头、扁旦胡子。

形态特征： 落叶灌木，高达3米。幼枝和叶柄被绒状短柔毛，枝疏被短柔毛或无毛；凡小枝、叶柄、叶两面、总花梗和苞片均疏生黄褐色微腺毛。冬芽约有6对鳞片。叶纸质，矩圆状倒卵形、卵状矩圆形至矩圆状披针形，长4～6厘米，顶渐尖或急渐尖，基部圆至楔形或近截形，有时两侧不等，边缘略波状起伏或有时具不规则浅波状大牙齿，有缘毛，上面初时疏生微毛或近无毛，下面密被短柔毛；叶柄长3～8毫米。总花梗长6～12毫米，疏被微柔毛；苞片条形，长5～6毫米，长超过萼齿，被微柔毛；小苞片分离，圆卵形至卵状披针形，长为萼筒的1/4～1/3，无毛或具腺缘毛；相邻两萼筒分离，长2毫米左右，萼齿卵状三角形至三角状披针形，干膜质，长1毫米左右；花冠白色，后变黄色，外面无毛，筒粗短，长4～5毫米，内密生短柔毛，基部有1深囊，唇瓣长8～11毫米，上唇两侧裂深达1/2～2/3处，下唇长约1厘米，反曲；雄蕊短于花冠，花药长约3毫米，花丝着生于药隔的近基部，基部有短柔毛；花柱略短于雄蕊，全被短柔毛，柱头粗大。果实橘红色，圆形，直径5～7毫米；种子椭圆形，棕色，长3毫米左右，有细凹点。花期5～6月，果期7～8月。

生长习性： 喜光，耐干旱，耐寒，对土壤要求不严，生于海拔300～1100米的阔叶林下或林缘。

分布区域： 产于中国吉林、黑龙江、辽宁，内蒙古也有栽培。

园林应用： 观叶观花树种，香花植物，红果经冬不落，是中国北方园林中优良花灌木绿化树种之一。

225

淡红忍冬 *Lonicera acuminata* Wall.

忍冬科忍冬属

别　　名：巴东忍冬、肚子银花。

形态特征：落叶或半常绿藤本，幼枝、叶柄和总花梗均被疏或密、通常卷曲的棕黄色糙毛或糙伏毛，有时夹杂开展的糙毛和微腺毛，或仅着花小枝顶端有毛，更或全然无毛。叶薄革质至革质，卵状矩圆形、矩圆状披针形至条状披针形，长4～8.5厘米，顶端长渐尖至短尖，基部圆至近心形，有时宽楔形或截形，两面被疏或密的糙毛或至少上面中脉有棕黄色短糙伏毛，有缘毛；叶柄长3～5毫米。双花在小枝顶集合成近伞房状花序或单生于小枝上部叶腋，总花梗长4～18毫米；苞片钻形，比萼筒短或略较长，有少数短糙毛或无毛；小苞片宽卵形或倒卵形，为萼筒长的2/5～1/3，顶端钝或圆，有时微凹，有缘毛；萼筒椭圆形或倒壶形，长2.5～3毫米，无毛或有短糙毛，萼齿卵形、卵状披针形至狭披针形或有时狭三角形，长为萼筒的2/5～1/4，边缘无毛或有疏或密的缘毛；花冠黄白色而有红晕，漏斗状，长1.5～2.4厘米，外面无毛或有开展或半开展的短糙毛，有时还有腺毛，唇形，筒长9～12毫米，与唇瓣等长或略较长，基部有囊，上唇直立，裂片圆卵形，下唇反曲；雄蕊略高出花冠，花药长4～5毫米，约为花丝的1/2，花丝基部有短糙毛；花柱除顶端外均有糙毛。果实蓝黑色，卵圆形，直径6～7毫米；种子椭圆形至矩圆形，稍扁，长4～4.5毫米，有细凹点，两面中部各有1凸起的脊。花期6月，果期10～11月。

生长习性：生于海拔1000～3200米的山坡和山谷的林中、林间空旷地或灌丛中。

分布区域：产于中国陕西、甘肃、安徽、浙江、江西、福建、台湾、湖北、湖南、广东、广西等地。

园林应用：观叶观花树种，可丛植、片植，宜用作绿篱，可用于多种园林绿地。

226

红花金银忍冬 *Lonicera maackii* (Rupr.) Maxim. var. *erubescens* Rehd. 忍冬科忍冬属

形态特征： 落叶灌木，高达6米，茎干直径达10厘米。幼枝、叶两面脉上、叶柄、苞片、小苞片及萼檐外面都被短柔毛和微腺毛。冬芽小，卵圆形，有5~6对或更多鳞片。叶纸质，形状变化较大，通常卵状椭圆形至卵状披针形，稀矩圆状披针形或倒卵状矩圆形，更少菱状矩圆形或圆卵形，长5~8厘米，顶端渐尖或长渐尖，基部宽楔形至圆形；叶柄长2~5毫米。花芳香，生于幼枝叶腋，总花梗长1~2毫米，短于叶柄；苞片条形，有时条状倒披针形而呈叶状，长3~6毫米；小苞片多少连合成对，长为萼筒的1/2至几相等，顶端截形；相邻两萼筒分离，长约2毫米，无毛或疏生微腺毛，萼檐钟状，为萼筒长的2/3至相等，干膜质，萼齿宽三角形或披针形，不相等，顶尖，裂隙约达萼檐之半；花冠、小苞片和幼叶均带淡紫红色，长2厘米，外被短伏毛或无毛，唇形，筒长约为唇瓣的1/2，内被柔毛；雄蕊与花柱长约达花冠的2/3，花丝中部以下和花柱均有向上的柔毛。果实暗红色，圆形，直径5~6毫米；种子具蜂窝状微小浅凹点。花期5~6月，果期8~10月。

生长习性： 喜光，抗旱，耐寒，耐贫瘠，生于山坡。

分布区域： 产于中国甘肃、江苏等省区，内蒙古有栽培。

园林应用： 观形观花树种，挂果期长，可丛植、列植和片植，应用于庭院和园林绿地。

227

形态特征：落叶灌木，高2～3米，冠幅2.5米。茎直立丛生，枝条紧密，幼枝中空，皮光滑无毛，常紫红色，老枝的皮为灰褐色。单叶对生，偶有三叶轮生，卵形或椭圆形，全缘，近革质，蓝绿色。花粉红色，对生于叶腋处，形似蝴蝶，有芳香，花朵盛开时向上翻卷，状似飞燕。浆果红色。花期4～5月，新生枝开花期7～8月，果期9～10月。

生长习性：喜光，耐寒，稍耐阴，耐修剪。

分布区域：原产于土耳其。中国东北、华北、西北及长江流域均可栽培，内蒙古也有栽培。

园林应用：观叶、观花、观果花灌木，一年两次开花结果，其观赏程度高、观赏期长，可植于草坪中、水边、庭院等，也可作绿篱。

金银忍冬 *Lonicera maackii* (Rupr.) Maxim.

忍冬科忍冬属

别　　名：金银木、胯杷果。

形态特征：落叶灌木，高达 6 米，茎干直径达 10 厘米。幼枝、叶两面脉上、叶柄、苞片、小苞片及萼檐外面都被短柔毛和微腺毛。叶纸质，形状变化较大，通常卵状椭圆形至卵状披针形，稀矩圆状披针形或倒卵状矩圆形，更少菱状矩圆形或圆卵形，长 5～8 厘米，顶端渐尖或长渐尖，基部宽楔形至圆形。花芳香，生于幼枝叶腋；萼檐钟状，为萼筒长的 2/3 至相等，干膜质，萼齿宽三角形或披针形，不相等，顶尖，裂隙约达萼檐之半；花冠先白色后变黄色，外被短伏毛或无毛，唇形，筒长约为唇瓣的 1/2，内被柔毛。果实暗红色，圆形，直径 5～6 毫米；种子具蜂窝状微小浅凹点。花期 5～6 月，果期 8～10 月。

生长习性：喜强光，稍耐旱，喜温暖的环境，亦较耐寒。

分布区域：分布于中国黑龙江、吉林、辽宁三省的东部，河北、山西、陕西、甘肃、山东等地。

园林应用：观花、观果植物，丛植或林植于草坪、山坡、林缘、路边或点缀于建筑周围。

229

小叶忍冬 *Lonicera microphylla* Willd. ex Roem. et Schult. 忍冬科忍冬属

形态特征：落叶灌木，高达 2～3 米。幼枝无毛或疏被短柔毛，老枝灰黑色。叶纸质，倒卵形、倒卵状椭圆形至椭圆形或矩圆形，有时倒披针形，长 5～22 毫米，顶端钝或稍尖，有时圆形至截形而具小凸尖，基部楔形，具短柔毛状缘毛，两面被密或疏的微柔伏毛或有时近无毛，下面常带灰白色，下半部脉腋常有趾蹼状鳞腺；叶柄很短。总花梗成对生于幼枝下部叶腋，长 5～12 毫米，稍弯曲或下垂；苞片钻形，长略超过萼檐或达萼筒的 2 倍；相邻两萼筒几乎全部合生，无毛，萼檐浅短，环状或浅波状，齿不明显；花冠黄色或白色，长 7～10 毫米，外面疏生短糙毛或无毛，唇形，唇瓣长约等于基部一侧具囊的花冠筒，上唇裂片直立，矩圆形，下唇反曲；雄蕊着生于唇瓣基部，与花柱均稍伸出，花丝有极疏短糙毛，花柱有密或疏的糙毛。果实红色或橙黄色，圆形，直径 5～6 毫米；种子淡黄褐色，光滑，矩圆形或卵状椭圆形，长 2.5～3 毫米。花期 5～7 月，果期 7～9 月。

生长习性：喜光、耐旱，生于海拔 1100～3600 米地带。

分布区域：产于中国内蒙古、河北、山西等地区。阿富汗、印度西北部、蒙古等也有分布。

园林应用：观叶观花树种，可丛植、片植，宜用作绿篱，可植于公园绿地、墙缘或山石园。

形态特征：落叶灌木，高达 3 米，全体近于无毛。冬芽小，约有 4 对鳞片。叶纸质，卵形或卵状矩圆形，有时矩圆形，长 2～5 厘米，顶端尖，稀渐尖或钝形，基部圆或近心形，稀阔楔形，两侧常稍不对称，边缘有短糙毛；叶柄长 2～5 毫米。总花梗纤细，长 1～2 厘米；苞片条状披针形或条状倒披针形，长与萼筒相近或较短，有时叶状而远超过萼筒；小苞片分离，近圆形至卵状矩圆形，长为萼筒的 1/3～1/2；相邻两萼筒分离，萼檐具三角形或卵形小齿；花冠粉红色或白色，长约 1.5 厘米，唇形，筒短于唇瓣，长 5～6 毫米，基部常有浅囊，上唇两侧裂深达唇瓣基部，开展，中裂较浅；雄蕊和花柱稍短于花冠，花柱被短柔毛。果实红色，圆形，直径 5～6 毫米，双果之一常不发育。花期 5～6 月，果期 7～8 月。

生长习性：喜光，抗旱，耐寒，耐瘠薄，生于海拔 900～1600 米的石质山坡或山沟的林缘和灌丛中。

分布区域：产于中国新疆。黑龙江、内蒙古等地有栽培。

园林应用：形态优美，枝叶繁茂，花香果艳，花期较长，可孤植、成行列植，用于庭院、花篱布局和厂矿绿化。

接骨木 *Sambucus williamsii* Hance

忍冬科接骨木属

别　　名：公道老、扦扦活、马尿骚、大接骨丹。

形态特征：落叶灌木，高达4米。茎无棱，多分枝，灰褐色，无毛。叶对生，单数羽状复叶；小叶卵形、椭圆形或卵状披针形，先端渐尖，基部偏斜阔楔形，边缘有较粗锯齿，两面无毛。圆锥花序顶生，密集成卵圆形至长椭圆状卵形；花萼钟形，5裂，裂片舌状；花冠辐射状，45裂，裂片倒卵形，淡黄色；雄蕊5枚，着生于花冠上，较花冠短；雌蕊1枚，子房下位，花柱短浆果鲜红色。花期4～5月，果期7～9月。

生长习性：喜光，耐阴，较耐寒，耐旱。

分布区域：产于中国黑龙江、吉林、山西等省区。

园林应用：可用于各类园林绿化，可散植、丛植。

金叶接骨木 *Sambucus racemosa* 'Plumosa aurea'   忍冬科接骨木属

别　　名：公道老。

形态特征：多年生落叶灌木。植株高1.5～2.5米。新叶金黄色，老叶绿色。花成顶生的聚伞花序，为白色和乳白色。浆果状核果，红色。花期5月，果期6～8月。

生长习性：抗寒性强，宜植于阳光充足，中等肥力、富含腐殖质、湿润、排水良好的土壤。

分布区域：原产于中国。内蒙古有栽培。

园林应用：初夏开白花，初秋结红果，适宜于水边、林缘和草坪边缘栽植，可盆栽或配置花境观赏。

毛接骨木 *Sambucus williamsii* Hance var. *miquelii* (Nakai) Y. C. Tang 忍冬科接骨木属

别　　名：接骨木、木蒴藋、续骨草、九节风。

形态特征：落叶灌木或小乔木，高5～6米。老枝淡红褐色，具明显的长椭圆形皮孔，髓部淡褐色。羽状复叶有小叶片2～3对，侧生小叶片卵圆形、狭椭圆形至倒矩圆状披针形，长5～15厘米，宽1.2～7厘米，顶端尖、渐尖至尾尖，边缘具不整齐锯齿，有时基部或中部以下具1至数枚腺齿，基部楔形或圆形，有时心形，两侧不对称，最下一对小叶有时具长0.5厘米的柄，顶生小叶卵形或倒卵形，顶端渐尖或尾尖，基部楔形，具长约2厘米的柄，叶搓揉后有臭气，小叶片主脉及侧脉基部被明显的黄白色长硬毛，小叶柄、叶轴及幼枝亦被黄色长硬毛。花与叶同出，圆锥形聚伞花序顶生，长5～11厘米，宽4～14厘米，具总花梗，花序轴除被短柔毛外还夹杂长硬毛，花序分枝多成直角开展；花小而密；萼筒杯状，长约1毫米，萼齿三角状披针形，稍短于萼筒；花冠蕾时带粉红色，开后白色或淡黄色，筒短，裂片矩圆形或长卵圆形，长约2毫米；雄蕊与花冠裂片等长，开展，花丝基部稍肥大，花药黄色；子房3室，花柱短，柱头3裂。果实红色，极少蓝紫黑色，卵圆形或近圆形，直径3～5毫米；分核2～3枚，卵圆形至椭圆形，长2.5～3.5毫米，略有皱纹。花期4～5月，果期9～10月。

生长习性：生长于海拔1000～1400米的松林和桦木林中及山坡岩缝、林缘等地带。

分布区域：产于中国黑龙江、吉林、辽宁和内蒙古等省区。

园林应用：可用于园林各种绿地，宜丛植、片植。

234

鸡树条 *Viburnum opulus* Linn. var. *calvescens* (Rehd.) Hara 忍冬科荚蒾属

别　名：天目琼花。

形态特征：落叶灌木，高达1.5～4米。当年小枝有棱，无毛，有明显凸起的皮孔，二年生小枝带色或红褐色，近圆柱形；老枝和茎干暗灰色，树皮质薄而非木栓质，常纵裂。冬芽卵圆形，有柄，有1对合生的外鳞片，无毛，内鳞片膜，基部合生成筒状。叶轮廓圆卵形至广卵形或倒卵形，长6～12厘米，通常3裂，具掌状3出脉，基部圆形、截形或浅心形，无毛，裂片顶端渐尖，边缘具不整齐粗牙齿，侧裂片略向外开展。复伞形式聚伞花序直径5～10厘米，大多周围有大型的不孕花，总花梗粗壮，长2～5厘米，无毛，第一级辐射枝6～8条，通常7条，花生于第二至第三级辐射枝上，花梗极短；花冠白色，辐状，裂片近圆形，长约1毫米。果实红色，近圆形；核扁，近圆形，灰白色。花期5～6月，果期9～10月。

分布区域：阳性树种，耐寒性强，深根性，稍耐阴，喜湿润空气，但在干旱气候也能生长良好。对土壤要求不严，在微酸性及中性土壤上都能生长。耐寒性强，根系发达，移植容易成活。

分布区域：分布于中国黑龙江、吉林、辽宁、河北、山西、陕西等地区。日本、朝鲜和俄罗斯也有分布。

园林应用：宜作行道、公园灌丛、墙边及建筑物前绿化树种。

蒙古荚蒾 *Viburnum mongolicum* (Pall.) Rehd.

忍冬科荚蒾属

别　　名：蒙古绣球花、土连树。

形态特征：落叶灌木，高达2米。幼枝、叶下面、叶柄和花序均被簇状短毛，二年生小枝黄白色，浑圆，无毛。叶纸质，宽卵形至椭圆形，稀近圆形，长2.5～5厘米，顶端尖或钝形，基部圆或楔圆形，边缘有波状浅齿，齿顶具小突尖，上面被簇状或叉状毛，下面灰绿色，侧脉4～5对，近缘前分枝而互相网结，连同中脉上面略凹陷或不明显，下面凸起；叶柄长4～10毫米。聚伞花序直径1.5～3.5厘米，具少数花，总花梗长5～15毫米，第一级辐射枝5条或较少，花大部生于第一级辐射枝上；萼筒矩圆筒形，长3～5毫米，无毛，萼齿波状；花冠淡黄白色，筒状钟形，无毛，筒长5～7毫米，直径约3毫米，裂片长约1.5毫米；雄蕊约与花冠等长，花药矩圆形。果实红色而后变黑色，椭圆形，长约10毫米；核扁，长约8毫米，直径5～6毫米，有2条浅背沟和3条浅腹沟。花期5月，果期9月。

生长习性：抗寒，抗旱，耐阴。生于海拔800～2400米地带。

分布区域：产于中国内蒙古、河北、山西、陕西、宁夏等地区。俄罗斯西伯利亚东部和蒙古也有分布。

园林应用：观形、观叶、观花和观果植物，枝稠叶密，树冠球形，叶形美观，花序、果实观赏价值高。园林可用作花篱、球形孤植、丛植、花境等多种用途。

236

皱叶荚蒾 *Viburnum rhytidophyllum* Hemsl.

忍冬科荚蒾属

别　　名：枇杷叶荚蒾。

形态特征：常绿灌木或小乔木，高达4米。幼枝、芽、叶下面、叶柄及花序均被由黄白色、黄褐色或红褐色簇状毛组成的厚绒毛，毛的分枝长0.3～0.7毫米；当年小枝粗壮，稍有棱角，二年生小枝红褐色或灰黑色，无毛，散生圆形小皮孔，老枝黑褐色。叶革质，卵状矩圆形至卵状披针形，长8～18厘米，顶端稍尖或略钝，基部圆形或微心形，全缘或有不明显小齿，上面深绿色有光泽，幼时疏被簇状柔毛，后变无毛，各脉深凹陷而呈极度皱纹状，下面有凸起网纹，侧脉6～8对，近缘处互相网结，很少直达齿端。聚伞花序稠密，总花梗粗壮，第一级辐射枝通常7条，四角状，粗壮，花生于第三级辐射枝上，无柄；萼筒筒状钟形，被由黄白色簇状毛组成的绒毛，萼齿微小，宽三角状卵形；花冠白色，辐状，裂片圆卵形，略长于筒；雄蕊高出花冠，花药宽椭圆形。核果红色，后变黑色。花期4～5月，果期9～10月。

生长习性：喜光，较耐阴，喜湿润，不耐涝，对土壤要求不严。

分布区域：产于中国陕西、湖北、四川等地。内蒙古也有栽培。

园林应用：观赏灌木，可丛植、片植或散植，宜作绿篱。

红王子锦带 *Weigela florida* cv.Red Prince   忍冬科锦带花属

形态特征： 落叶开张性灌木，株高1～2米。枝条扶疏，嫩枝淡红色，老枝灰褐色，单叶对生，叶椭圆形，先端渐尖，叶缘有锯齿，幼枝及叶脉具柔毛，花冠五裂，漏斗状钟形，花冠筒中部以下变细，雄蕊5枚，雌蕊1枚，高出花冠筒，聚伞花序生于小辣顶端或叶腋，茹果柱状，黄褐色。花期5～6月，果期8～9月。

生长习性： 喜光，耐寒，抗旱，畏水涝。喜肥沃、湿润、排水良好的土壤。

分布区域： 中国江苏、山东、浙江等地均有分布。

园林应用： 观花灌木，可作花篱、绿篱。可孤植或与其他灌木配植，宜群植、丛植和行列式栽植。

锦带花 *Weigela florida* (Bunge) A. DC.

忍冬科锦带花属

别　　名：五色海棠、山脂麻、海仙花。

形态特征：落叶灌木，高达1～3米；幼枝稍四方形，有2列短柔毛；树皮灰色。芽顶端尖，具3～4对鳞片，常光滑。叶矩圆形、椭圆形至倒卵状椭圆形，长5～10厘米，顶端渐尖，基部阔楔形至圆形，边缘有锯齿，上面疏生短柔毛，脉上毛较密，下面密生短柔毛或绒毛，具短柄至无柄。花单生或成聚伞花序生于侧生短枝的叶腋或枝顶；花冠紫红色或玫瑰红色，长3～4厘米，直径2厘米，外面疏生短柔毛，裂片不整齐，开展，内面浅红色。果实长1.5～2.5厘米，顶有短柄状喙，疏生柔毛；种子无翅。花期4～6月。

生长习性：喜光，耐阴，耐寒，生于海拔800～1200米的湿润沟谷、阴或半阴处。

分布区域：分布于中国黑龙江、吉林、辽宁、内蒙古、山西、陕西、河南、山东北部、江苏北部等地区。

园林应用：早春花灌木，可作花篱，适宜庭院墙隅丛植、散植或湖畔群植。

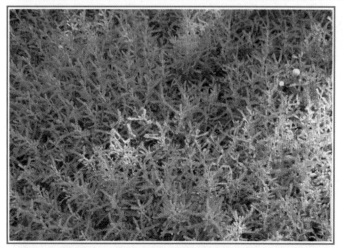

别　　名：薰衣草棉、银香菊、绵山菊。

形态特征：常绿小灌木，株高30～100厘米，全株覆满银白色棉毛，分枝细密旺盛。互生羽状裂叶，裂齿圆形。叶长约3厘米、叶宽约0.5厘米，下位叶常干枯露出枝干，搓揉会散发出类似木材与薰衣草的香味。头状花序圆球形，花黄色，花序直径约3厘米。花期5～7月。

生长习性：喜光，耐旱，耐寒，对土壤要求不严。

分布区域：原产于法国南部与北非的地中海沿岸地区。中国有栽培。

园林应用：可作树篱、织锦花园，适宜作为庭园或组合盆栽配色使用。

栾树 *Koelreuteria paniculata* Laxm.

别　　名：木栾、栾华、五乌拉叶、乌拉、乌拉胶、黑色叶树、石栾树、黑叶树、木栏牙。

形态特征：落叶灌木或小乔木，高2～5米。小枝粗壮，褐红色，无毛，顶芽和侧芽有覆瓦状排列的芽鳞。叶连柄长15～30厘米；小叶4～8对，膜质或纸质，披针形或近卵形，两侧稍不对称，长2.5～6厘米，宽1.2～2厘米，顶端渐尖，基部楔形，边缘有锐利锯齿，顶生小叶通常3深裂，腹面深绿色，无毛或中脉上有疏毛，背面鲜绿色，嫩时被绒毛和成束的星状毛；侧脉纤细，两面略凸起。花序先叶抽出或与叶同时抽出，两性花的花序顶生，雄花序腋生，直立，总花梗短，基部常有残存芽鳞；花瓣白色，基部紫红色或黄色，有清晰的脉纹，爪之两侧有须毛。蒴果长达6厘米，黑色而有光泽。花期春季，果期秋初。

生长习性：喜阳，耐半阴，耐瘠薄，耐盐碱，抗旱，抗寒能力强，零下41.4℃安全越冬。对土壤适应性很强。

分布区域：分布于中国北部和东北部，宁夏、甘肃、辽宁、内蒙古、河南等地区。中国各地区均有栽培。

园林应用：宜孤植、群植和列植，可用于公园、庭园等绿地绿化。

文冠果 *Xanthoceras sorbifolium* Bunge　　　　无患子科文冠果属

别　　名： 文冠木、文官果、土木瓜、木瓜、温旦革子。

形态特征： 落叶灌木或小乔木，高2～5米。小枝粗壮，褐红色，无毛，顶芽和侧芽有覆瓦状排列的芽鳞。叶连柄长15～30厘米；小叶4～8对，膜质或纸质，披针形或近卵形，两侧稍不对称，长2.5～6厘米，宽1.2～2厘米，顶端渐尖，基部楔形，边缘有锐利锯齿，顶生小叶通常3深裂，腹面深绿色，无毛或中脉上有疏毛，背面鲜绿色，嫩时被绒毛和成束的星状毛；侧脉纤细，两面略凸起。花序先叶抽出或与叶同时抽出，两性花的花序顶生，雄花序腋生，长12～20厘米，直立，总花梗短，基部常有残存芽鳞；苞片长0.5～1厘米；萼片长6～7毫米，两面被灰色绒毛；花瓣白色。蒴果长达6厘米；种子长达1.8厘米，黑色而有光泽。花期春季，果期秋初。

生长习性： 喜阳，耐半阴，对土壤适应性很强，耐瘠薄，耐盐碱，抗旱，抗寒能力强，零下41.4℃可安全越冬。

分布区域： 分布于中国北部和东北部地区，宁夏、甘肃、辽宁、内蒙古、河南等地。

园林应用： 文冠果树姿秀丽，花序大，花朵稠密，花期长，甚为美观。可于公园、庭园、绿地孤植或群植。

草本植物

指茎内的木质部不发达，含木质化细胞少，支持力弱的植物。

草本植物因完成整个生活史的年限长短不同，可分为三种：

①一年生草本（annual herb），是指从种子发芽、生长、开花、结实至枯萎死亡，其寿命只有1年的草本植物，即在一个生长季节内就可完成生活周期的，即当年开花、结实后枯死的植物，如牵牛花等。

②二年生草本（biennial herb），第一年生长季（秋季）仅长营养器官，到第二年生长季（春季）开花、结实后枯死的植物，如冬小麦等。

③多年生草本植物（perennial herb），生活期比较长，一般为两年以上的草本植物，如菊花等。

大麻 *Cannabis sativa* L.

形态特征： 一年生直立草本，高1～3米。枝具纵沟槽，密生灰白色贴伏毛。叶掌状全裂，裂片披针形或线状披针形，长7～15厘米，中裂片最长，先端渐尖，基部狭楔形，表面深绿，微被糙毛，背面幼时密被灰白色贴状毛后变无毛，边缘具向内弯的粗锯齿，中脉及侧脉在表面微下陷，背面隆起；叶柄密被灰白色贴伏毛；托叶线形。雄花序长达25厘米；花黄绿色，花被5，膜质，外面被细伏贴毛，雄蕊5，花丝极短，花药长圆形；雌花绿色，花被1，紧包子房，略被小毛。瘦果为宿存黄褐色苞片所包，果皮坚脆，表面具细网纹。花期5～6月，果期7月。

生长习性： 喜光作物，耐大气干旱而不耐土壤干旱，生长期间不耐涝，对土壤的要求比较严格。

分布区域： 原产于锡金、不丹、印度和中亚细亚。现世界各国均有野生或栽培。

园林应用： 多见于林下植被。

水蓼 *Polygonum hydropiper* L.

别　　名：水蓼、辣蓼、蔷、虞蓼、蔷蓼、蔷虞、泽蓼、辛菜、蓼芽菜灯等。

形态特征：一年生草本，高 40～70 厘米。茎直立，多分枝，无毛，节部膨大。叶披针形或椭圆状披针形，长 4～8 厘米，宽 0.5～2.5 厘米，顶端渐尖，基部楔形，边缘全缘，具缘毛，两面无毛，被褐色小点，有时沿中脉具短硬伏毛，具辛辣味，叶腋具闭花受精花；托叶鞘筒状，膜质，褐色，疏生短硬伏毛，顶端截形，具短缘毛，通常托叶鞘内藏有花簇。总状花序呈穗状，顶生或腋生，通常下垂，下部间断；苞片漏斗状，绿色，边缘膜质，疏生短缘毛，每苞内具 3～5 花；花梗比苞片长；花被 5 深裂，稀 4 裂，绿色，上部白色或淡红色，被黄褐色透明腺点，花被片椭圆形。瘦果卵形，双凸镜状或具 3 棱，密被小点，黑褐色，无光泽，包于宿存花被内。花期 5～9 月，果期 6～10 月。

生长习性：生长于湿地、水边或水中。

分布区域：中国大部分地区有分布。

园林应用：水景植物，可用于水体边缘。

形态特征： 多年生草本。根粗壮，黄褐色。茎直立，高 50～120 厘米，不分枝或上部分枝，具浅沟槽。基生叶披针形或狭披针形，长 10～25 厘米，宽 2～5 厘米，顶端急尖，基部楔形，边缘皱波状；茎生叶较小狭披针形；叶柄长 3～10 厘米；托叶鞘膜质，易破裂。花序狭圆锥状，花序分枝近直立或上升；花两性；淡绿色；花梗细，中下部具关节，关节果时稍膨大；花被片 6，外花被片椭圆形，长约 1 毫米，内花被片果时增大，宽卵形，网脉明显，顶端稍钝，基部近截形，边缘近全缘，全部具小瘤，稀 1 片具小瘤，小瘤卵形，长 1.5～2 毫米。瘦果卵形，顶端急尖，具 3 锐棱，暗褐色，有光泽。花期 5～6 月，果期 6～7 月。

生长习性： 喜光，耐旱，生于海拔 30～2500 米的河滩、沟边湿地。

分布区域： 产于中国东北、华北、西北、山东、河南、湖北、四川、贵州、云南地区。

园林应用： 常见草本植物，可用作林下地被类植物使用。

鸡冠花 *Celosia cristata* L. 苋科青葙属

别　名：鸡髻花、老来红、芦花鸡冠、笔鸡冠、小头鸡冠、凤尾鸡冠、大鸡公花、鸡角根、红鸡冠。

形态特征：一年生直立草本，高30～80厘米。全株无毛，粗壮。分枝少，近上部扁平，绿色或带红色，有棱纹凸起。单叶互生，具柄；叶片先端渐尖或长尖，基部渐窄成柄，全缘。大花序下面有数个较小的分枝，圆锥状矩圆形，表面羽毛状，花被片红色、紫色、黄色、橙色或红色黄色相间，苞片、小苞片和花被片干膜质，宿存；胞果卵形。种子肾形，黑色，光泽。花果期7～9月。

生长习性：喜温暖、干燥气候，怕干旱，喜阳光，不耐涝。

分布区域：原产于非洲、美洲等地。现世界各地广为栽培。

园林应用：高型品种用于花境、花坛，是很好的切花材料，切花瓶插能保持10天以上。也可制干花，经久不凋。

紫茉莉 *Mirabilis jalapa* L. 紫茉莉科紫茉莉属

别　名：胭脂花、粉豆花、夜饭花、状元花、丁香叶、苦丁香等。

形态特征：一年生草本，高可达1米。根肥粗，倒圆锥形，黑色或黑褐色。茎直立，圆柱形，多分枝，无毛或疏生细柔毛，节稍膨大。叶片卵形或卵状三角形，长3～15厘米，宽2～9厘米，顶端渐尖，基部截形或心形，全缘，两面均无毛，脉隆起。花常数朵簇生枝端；总苞钟形，5裂，裂片三角状卵形，顶端渐尖，无毛，具脉纹，果时宿存；花被紫红色、黄色、白色或杂色，高脚碟状，5浅裂；雄蕊5，花丝细长，常伸出花外，花药球形；花柱单生，线形，伸出花外，柱头头状。瘦果球形，革质，黑色，表面具皱纹；种子胚乳白粉质。花期6～10月，果期8～11月。

生长习性：性喜温和而湿润的气候条件，不耐寒。

分布区域：原产热带地区。现世界各地广泛种植。

园林应用：中国南北各地常作为观赏花卉栽培，有时逸为野生。

石竹 *Dianthus chinensis* L.

石竹科石竹属

别　　名：洛阳花、中国石竹、石竹子花。

形态特征：多年生草本，高30～50厘米，全株无毛，带粉绿色。茎由根茎生出，疏丛生，直立，上部分枝。叶片线状披针形，长3～5厘米，宽2～4毫米，顶端渐尖，基部稍狭，全缘或有细小齿，中脉较显。花单生枝端或数花集成聚伞花序，花瓣倒卵状三角形，紫红色、粉红色、鲜红色或白色，顶缘不整齐齿裂，喉部有斑纹，疏生髯毛；雄蕊露出喉部外，花药蓝色；子房长圆形，花柱线形。蒴果圆筒形，包于宿存萼内，顶端4裂；种子黑色，扁圆形。花期5～6月，果期7～9月。

生长习性：耐寒，耐干旱，不耐酷暑，忌水涝，喜阳光充足、干燥、通风及凉爽湿润气候。

分布区域：原产于中国北方，现南北普遍生长。

园林应用：可用于花坛、花境、花台或盆栽，也可用于岩石园和草坪边缘点缀。大面积成片栽植时可作景观地被材料，切花观赏亦佳。

248

别　　名：美国石竹、十样锦、五彩石竹。

形态特征：多年生草本，高30～60厘米，全株无毛。茎直立，有棱。叶片披针形，长4～8厘米，宽约1厘米，顶端急尖，基部渐狭，合生成鞘，全缘，中脉明显。花多数，集成头状，有数枚叶状总苞片；花梗极短；苞片4，卵形，顶端尾状尖，边缘膜质，具细齿，与花萼等长或稍长；花萼筒状，长约1.5厘米，裂齿锐尖；花瓣具长爪，瓣片卵形，通常红紫色，有白点斑纹，顶端齿裂，喉部具髯毛；雄蕊稍露于外；子房长圆形，花柱线形。蒴果卵状长圆形，长约1.8厘米，顶端4裂至中部；种子褐色，扁卵形，平滑。花果期5～10月。

生长习性：性耐寒，不耐酷暑，喜向阳、干燥、通风和排水良好的肥沃壤土。

分布区域：原产欧洲。中国各地栽培供观赏。

园林应用：对有毒气体吸收能力强，可用于花坛、花境、花台或盆栽，也可用于岩石园和草坪边缘点缀。

细小石头花 *Gypsophila muralis* L.   石竹科石头花属

形态特征： 一年生草本，高 5～20 厘米。茎自基部开始分枝，被微柔毛，上部无毛。叶片线形，长 5～25 毫米，宽 1～2.5 毫米，急尖或钝，基部变狭，苍白色。二歧聚伞花序疏散；花梗细，直挺，长为花萼的多倍；苞片叶状；花萼倒圆锥筒状，长 3～4 毫米，宽 0.5～2.5 毫米，萼齿裂至 1/4 或 1/3，圆形，顶端啮蚀状；花瓣粉红色，脉色较深，倒卵状楔形，长为花萼的 1.5～2 倍，顶端啮蚀状；雄蕊与花瓣等长或稍长；子房卵球形，花柱短。蒴果长圆形，比宿存萼长。花期 5～10 月。

生长习性： 喜光，耐寒，耐干旱，生于田间路旁草地或墙上。

分布区域： 产于中国黑龙江兴凯湖东岸。俄罗斯（西伯利亚、远东乌苏里），哈萨克斯坦和欧洲也有栽植。

园林应用： 可作花坛、花境、盆栽等。

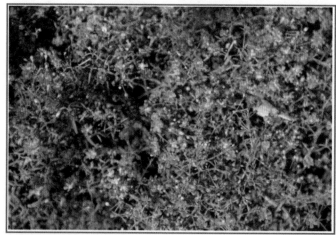

圆锥石头花 *Gypsophila paniculata* L.　　　　　石竹科石头花属

别　　　名：锥花丝石竹、圆锥花丝石竹、丝石竹、锥花霞草。

形态特征：多年生草本，高30～80厘米。根粗壮。茎单生，稀数个丛生，直立，多分枝，无毛或下部被腺毛。叶片披针形或线状披针形，长2～5厘米，宽2.5～7毫米，顶端渐尖，中脉明显。圆锥状聚伞花序多分枝，疏散，花小而多；花梗纤细，长2～6毫米，无毛；苞片三角形，急尖；花萼宽钟形，长1.5～2毫米，具紫色宽脉，萼齿卵形，圆钝，边缘白色，膜质；花瓣白色或淡红色，匙形，长约3毫米，宽约1毫米，顶端平截或圆钝；花丝扁线形，与花瓣近等长，花药圆形；子房卵球形，直径约1毫米，花柱细长。蒴果球形，稍长于宿存萼，4瓣裂。花期6～8月，果期8～9月。

生长习性：喜光，抗旱，抗寒，生于海拔1100～1500米的草地、固定沙丘、石质山坡。

分布区域：原产于中国新疆。哈萨克斯坦、俄罗斯、蒙古、北美也有分布。

园林应用：观赏类地被植物，可应用于花境、花坛，宜栽植于山坡、墙隅、庭院等。

剪秋罗 *Lychnis fulgens* Fisch.　　　　　　　　石竹科剪秋罗属

别　　　名：大花剪秋罗。

形态特征：多年生草本，高 50～80 厘米，全株被柔毛。根簇生，纺锤形，稍肉质。茎直立，不分枝或上部分枝。叶片卵状长圆形或卵状披针形，长 4～10 厘米，宽 2～4 厘米，基部圆形，稀宽楔形，不呈柄状，顶端渐尖，两面和边缘均被粗毛。二歧聚伞花序具数花，稀多数花，紧缩呈伞房状；花直径 3.5～5 厘米，花梗长 3～12 毫米；苞片卵状披针形，草质，密被长柔毛和缘毛；花萼筒状棒形，长 15～20 毫米，直径 3～3.5 厘米，后期上部微膨大，被稀疏白色长柔毛，沿脉较密，萼齿三角状，顶端急尖；花瓣深红色，爪不露出花萼，狭披针形，具缘毛，瓣片轮廓倒卵形，深 2 裂达瓣片的 1/2，裂片椭圆状条形，有时顶端具不明显的细齿，瓣片两侧中下部各具 1 线形小裂片；副花冠片长椭圆形，暗红色，呈流苏状；雄蕊微外露，花丝无毛。蒴果长椭圆状卵形，长 12～14 毫米。花期 6～7 月，果期 8～9 月。

生长习性：喜光，稍耐阴，耐寒性较强，生于低山疏林下、灌丛草甸阴湿地。

分布区域：产于中国黑龙江、河北、山西、内蒙古，其他省偶有栽培。日本、朝鲜和俄罗斯也有分布。

园林应用：多用于花坛、花境配植，是岩石园中优良的植物材料，也适宜盆栽及切花用。

肥皂草 *Saponaria officinals*

形态特征： 多年生草本，高30～70厘米。主根肥厚，肉质；根茎细、多分枝。茎直立，不分枝或上部分枝，常无毛。叶片椭圆形或椭圆状披针形，长5～10厘米，基部渐狭成短柄状，微合生，半抱茎，顶端急尖，边缘粗糙，两面均无毛，具3或5基出脉。聚伞圆锥花序，小聚伞花序有3～7花；花瓣白色或淡红色，无毛，瓣片楔状倒卵形，顶端微凹缺；副花冠片线形；雄蕊和花柱外露。蒴果长圆状卵形；种子圆肾形，黑褐色，具小瘤。花期6～9月。

生长习性： 喜光，耐半阴，耐寒，耐修剪，在干燥地及湿地上均可正常生长，对土壤要求不严。

分布区域： 地中海沿岸均有野生。中国城市公园栽培供观赏，在大连、青岛等城市逸为野生。

园林应用： 可用于花坛布置、花境布置、地被覆盖、岩石园布置等，宜作屋顶绿化。

麦蓝菜 *Vaccaria segetalis*

石竹科麦蓝菜属

别　　名：奶米、王不留、麦蓝子、剪金子、留行子。

形态特征：一年生或二年生草本，高30～70厘米，全株无毛，微被白粉，呈灰绿色。根为主根系。茎单生，直立，上部分枝。叶片卵状披针形或披针形，长3～9厘米，宽1.5～4厘米，基部圆形或近心形，微抱茎，顶端急尖，具3基出脉。伞房花序稀疏；花梗细，花萼卵状圆锥形，后期微膨大呈球形，棱绿色，棱间绿白色，近膜质，萼齿小，三角形，顶端急尖，边缘膜质；花瓣淡红色，爪狭楔形，淡绿色，瓣片狭倒卵形，斜展或平展，微凹缺，有时具不明显的缺刻；雄蕊内藏；花柱线形，微外露。蒴果宽卵形或近圆球形；种子近圆球形，红褐色至黑色。花期5～7月，果期6～8月。

生长习性：喜温暖气候，对土壤要求不严格，忌水浸。

分布区域：国外常见于低海拔区。中国分布于北京、辽宁、河北、山西、陕西、甘肃等地区。

园林应用：可用于花境、花坛或地被类植物。

别　　名：子午莲、茈碧莲、白睡莲。

形态特征：多年水生草本。根状茎短粗。叶纸质，心状卵形或卵状椭圆形，长5～12厘米，宽3.5～9厘米，基部具深弯缺，约占叶片全长的1/3，裂片急尖，稍开展或几重合，全缘，上面光亮，下面带红色或紫色，两面皆无毛，具小点。花梗细长；花萼基部四棱形，萼片革质，宽披针形或窄卵形，宿存；花瓣白色，宽披针形、长圆形或倒卵形，内轮不变成雄蕊；雄蕊比花瓣短；柱头具5～8辐射线。浆果球形，为宿存萼片包裹；种子椭圆形，黑色。花期6～8月，果期8～10月。

生长习性：喜阳光，通风良好。

分布区域：在中国广泛分布，生在池沼中。俄罗斯、朝鲜、日本、印度、越南、美国均有分布。

园林应用：可盆栽、池栽，常用于园林水景和园林小品中。

芡实 *Euryale ferox*

形态特征：一年生大型水生草本。沉水叶箭形或椭圆肾形，长 4～10 厘米，两面无刺；叶柄无刺；浮水叶革质，椭圆肾形至圆形，直径 10～130 厘米，盾状，有或无弯缺，全缘，下面带紫色，有短柔毛，两面在叶脉分枝处有锐刺；叶柄及花梗粗壮，长可达 25 厘米，皆有硬刺。花长约 5 厘米；萼片披针形，长 1～1.5 厘米，内面紫色，外面密生稍弯硬刺；花瓣矩圆披针形或披针形，长 1.5～2 厘米，紫红色，成数轮排列，向内渐变成雄蕊；无花柱，柱头红色，成凹入的柱头盘。浆果球形，直径 3～5 厘米，污紫红色，外面密生硬刺；种子球形，直径 10 余毫米，黑色。花期 7～8 月，果期 8～9 月。

生长习性：喜温暖、阳光充足，不耐寒也不耐旱。生长适宜温度为 20℃～30℃，水深 30～90 厘米。适宜小水域、流动性小的水体。适宜肥沃的土壤。

分布区域：产于中国各省，从黑龙江至云南、广东均有栽植。生在池塘、湖沼中。

园林应用：可用于公园、园林等水体造景。

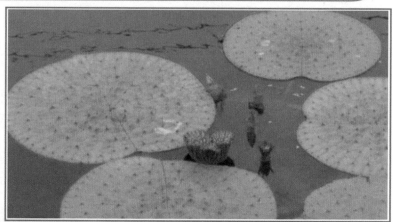

乌头 *Aconitum carmichaeli* Debx.

毛茛科乌头属

形态特征： 块根倒圆锥形，长2～4厘米，粗1～1.6厘米。茎高60～150厘米，中部之上疏被反曲的短柔毛，等距离生叶，分枝。茎下部叶在开花时枯萎；茎中部叶有长柄；叶片薄革质或纸质，五角形，长6～11厘米，宽9～15厘米，基部浅心形三裂达或近基部，中央全裂片宽菱形，有时倒卵状菱形或菱形，急尖，有时短渐尖近羽状分裂，二回裂片约2对，斜三角形，生1～3枚牙齿，间或全缘，侧全裂片不等二深裂，表面疏被短伏毛，背面通常只沿脉疏被短柔毛；叶柄长1～2.5厘米，疏被短柔毛。顶生总状花序，轴及花梗多少密被反曲而紧贴的短柔毛；下部苞片三裂，其他的狭卵形至披针形；萼片蓝紫色，外面被短柔毛，上萼片高盔形，下缘稍凹，喙不明显；花瓣无毛，微凹；雄蕊无毛或疏被短毛，花丝有2小齿或全缘；心皮3～5，子房疏或密被短柔毛，稀无毛。蓇葖果长1.5～1.8厘米，三棱形，只在二面密生横膜翅。花期9～10月。

生长习性： 喜温暖、湿润气候，选择阳光充足、表上疏松排水良好、中等肥力土壤为佳，适应性强，忌连作。生于山地草坡或灌丛中。

分布区域： 分布于中国云南、四川、湖北、贵州等地。

园林应用： 优良的地被类植物，可作花境、花坛。

257

形态特征：根肥大，圆柱形，外皮黑褐色。茎高 15～50 厘米，常在上部分枝，除被柔毛外还密被腺毛。基生叶少数，二回三出复叶；叶片宽 4～10 厘米，中央小叶具 1～6 毫米的短柄，楔状倒卵形，长 1.5～3 厘米，宽几相等或更宽，上部三裂，裂片常有 2～3 个圆齿，表面绿色，无毛，背面淡绿色至粉绿色，被短柔毛或近无毛；叶柄疏被柔毛或无毛，基部有鞘。茎生叶数枚，为一至二回三出复叶，向上渐变小。花 3～7 朵，倾斜或微下垂；苞片三全裂；花梗长 2～7 厘米；萼片黄绿色，长椭圆状卵形，顶端微钝，疏被柔毛；花瓣瓣片与萼片同色，直立，倒卵形，比萼片稍长或稍短，顶端近截形，距直或微弯，长 1.2～1.8 厘米；雄蕊长达 2 厘米，伸出花外，花药长椭圆形，黄色；退化雄蕊白膜质，线状长椭圆形；花柱比子房长或等长。蓇葖长 1.5 厘米；种子黑色，狭倒卵形，长约 2 毫米，具微凸起的纵棱。花期 5～7 月，果期 7～8 月。

生长习性：喜凉爽气候，忌夏季高温曝晒，性强健且耐寒，喜富含腐殖质、湿润而排水良好的沙质壤土。

分布区域：分布于中国青海东部、甘肃、宁夏、陕西、山西、山东、河北、内蒙古等省区。

园林应用：可成片植于草坪上、密林下，或作地被覆盖，多用于花境、花坛、庭院、岩石园等，也用作切花。

黄花铁线莲 *Clematis intricata* Bunge

毛茛科铁线莲属

别　　名：透骨草。

形态特征：草质藤本。茎纤细，多分枝，有细棱，近无毛或有疏短毛。一至二回羽状复叶；小叶有柄，2～3全裂或深裂，浅裂，中间裂片线状披针形、披针形或狭卵形，长1～4.5厘米，宽0.2～1.5厘米，顶端渐尖，基部楔形，全缘或有少数牙齿，两侧裂片较短，下部常2～3浅裂。聚伞花序腋生，通常为3花，有时单花；花序梗较粗，有时极短，疏被柔毛；中间花梗无小苞片，侧生花梗下部有2片对生的小苞片，苞片叶状，较大，全缘或2～3浅裂至全裂；萼片4，黄色，狭卵形或长圆形，顶端尖，两面无毛，偶尔内面有极稀柔毛，外面边缘有短绒毛；花丝线形，有短柔毛，花药无毛。瘦果卵形至椭圆状卵形，扁，边缘增厚，被柔毛；花柱宿存，被长柔毛。花期6～7月，果期8～9月。

生长习性：耐寒，耐旱，较喜光照，但不耐暑热强光，不耐水渍，喜深厚肥沃、排水良好的碱性壤土及轻沙质壤土。

分布区域：分布于中国青海东部、甘肃南部、陕西、山西、河北、辽宁凌源、内蒙古西部和南部。

园林应用：可栽培于绿廊支柱、灌木篱笆附近，让其攀附生长；也可布置于墙垣、棚架、阳台、门廊等处，效果显得格外优雅别致。

翠雀 *Delphinium grandiflorum*

毛茛科翠雀属

形态特征: 多年生草本,无块根。茎高35～65厘米,与叶柄均被反曲而贴伏的短柔毛,上部有时变无毛,等距地生叶,分枝。基生叶和茎下部叶有长柄;叶片圆五角形,长2.2～6厘米,宽4～8.5厘米,三全裂,中央全裂片近菱形,一至二回三裂近中脉,小裂片线状披针形至线形,边缘干时稍反卷,侧全裂片扇形,不等二深裂近基部,两面疏被短柔毛或近无毛;叶柄长为叶片的3～4倍,基部具短鞘。总状花序有3～15花;下部苞片叶状,其他苞片线形;花梗与轴密被贴伏的白色短柔毛;小苞片生花梗中部或上部,线形或丝形;萼片紫蓝色,椭圆形或宽椭圆形,外面有短柔毛,距钻形,直或末端稍向下弯曲;花瓣蓝色,无毛,顶端圆形;退化雄蕊蓝色,瓣片近圆形或宽倒卵形,顶端全缘或微凹,腹面中央有黄色髯毛;雄蕊无毛;心皮3。蓇葖果;种子倒卵状四面体形,沿棱有翅。花期5～10月。

生长习性: 喜光,耐半阴,耐旱,耐寒,喜冷凉气候,忌炎热。

分布区域: 分布于中国云南、四川、山西、河北、内蒙古、辽宁等地。在俄罗斯、蒙古也有分布。

园林应用: 其花色大多为蓝紫色或淡紫色,花形似蓝色飞燕落满枝头,因而又名"飞燕草",是珍贵的蓝色花卉资源,具有很高的观赏价值。广泛应用于庭院绿化、盆栽观赏和切花生产。

形态特征：多年生草本，茎高 25～50 厘米，植株全部无毛，不分枝或上部分枝。叶为二至三回羽状复叶，末回裂片狭线形或丝形，顶端锐尖。花直径约 2.8 厘米，下面有叶状总苞；萼片蓝色，卵形，顶端锐渐尖，基部有短爪；花瓣与腺毛黑种草相似，在重瓣品种与萼片形状相同；心皮通常 5，子房合生至花柱基部。蒴果椭圆球形，长约 2 厘米。花期 5～7 月。

生长习性：喜光，较耐寒，宜肥沃、排水良好的土壤。

分布区域：原产欧洲南部。在中国一些城市有栽培，供观赏。

园林应用：布置花坛、花境或盆栽。

芍药 *Paeonia lactiflora* Pall.

别　　名：将离、离草、婪尾春、余容、犁食、没骨花、黑牵夷。

形态特征：多年生草本，根粗壮，分枝黑褐色。茎高40～70厘米，无毛。下部茎生叶为二回三出复叶，上部茎生叶为三出复叶；小叶狭卵形，椭圆形或披针形，顶端渐尖，基部楔形或偏斜，边缘具白色骨质细齿，两面无毛，背面沿叶脉疏生短柔毛。花数朵，生茎顶和叶腋，有时仅顶端一朵开放，而近顶端叶腋处有发育不好的花芽；苞片4～5，披针形，大小不等；萼片4，宽卵形或近圆形；花瓣9～13，倒卵形，白色，有时基部具深紫色斑块；花丝黄色；花盘浅杯状，包裹心皮基部，顶端裂片钝圆。蓇葖果，顶端具喙。花期5～6月，果期8月。

生长习性：喜光照，耐旱。

分布区域：分布于中国江苏、东北、华北、陕西及甘肃南部。在朝鲜、日本、蒙古及西伯利亚地区也有分布。

园林应用：芍药可作专类园、切花、花坛用花等，常和牡丹搭配种植。

白头翁 *Pulsatilla chinensis* (Bunge) Regel 　　　　毛茛科白头翁属

别　　名：羊胡子花、老冠花、将军草、大碗花等。

形态特征：植株高 15～35 厘米，根状茎粗。基生叶 4～5，通常在开花时刚刚生出，有长柄；叶片宽卵形，三深裂至三全裂，中深裂片全缘或有齿，侧深裂片不等二浅裂，侧全裂片无柄或近无柄，不等三深裂，表面变无毛，背面有长柔毛；叶柄有密长柔毛。花葶 1～2，有柔毛；苞片 3，基部合生成筒，三深裂，深裂片线形，不分裂或上部三浅裂，背面密被长柔毛；花梗结果时增长；花直立；萼片蓝紫色，长圆状卵形，长 2.8～4.4 厘米，宽 0.9～2 厘米，背面有密柔毛；雄蕊长约为萼片之半。聚合果直径 9～12 厘米；瘦果纺锤形，扁，长 3.5～4 毫米，有长柔毛，花柱宿存，有向上斜展的长柔毛。花期 4～5 月。

生长习性：耐寒，耐旱，不耐高温，忌积水，以土层深厚、排水良好的砂质壤土生长良好。

分布区域：分布于中国四川、湖北、内蒙古、辽宁等省区。在朝鲜和俄罗斯远东地区也有分布。

园林应用：观花观果植物，环境污染指示植物，可配植于林间隙地及灌木丛间，宜用于花坛、花境或盆栽欣赏。

毛茛 *Ranunculus japonicus* Thunb.

毛茛科毛茛属

形态特征：多年生草本。茎直立，高30～70厘米，中空，有槽，具分枝，生开展或贴伏的柔毛。基生叶多数；叶片圆心形或五角形，长及宽为3～10厘米，基部心形或截形，通常3深裂不达基部，中裂片倒卵状楔形或宽卵圆形或菱形，3浅裂，边缘有粗齿或缺刻，两面贴生柔毛，下面或幼时的毛较密；叶柄长达15厘米，生开展柔毛。下部叶与基生叶相似，渐向上叶柄变短，叶片较小，3深裂，裂片披针形，有尖齿牙或再分裂；最上部叶线形，全缘，无柄。聚伞花序有多数花，疏散；萼片椭圆形，生白柔毛；花瓣5，倒卵状圆形。聚合果近球形；瘦果扁平，无毛，喙短直或外弯。花果期4～9月。

生长习性：喜温暖、湿润气候，日温在25℃生长最好。喜生于田野、湿地、河岸、沟边及阴湿的草丛中。生长期间需要适当的光照，忌土壤干旱，不宜在重黏性土中栽培。生于海拔200～2500米的田沟旁和林缘路边的湿草地上。

分布区域：除西藏外，中国各省区广泛分布。朝鲜、日本、俄罗斯远东地区也有分布。

园林应用：可用作地被类植物，宜配置花境或林下、林缘植物。

天葵 *Semiaquilegia adoxoides* (DC.) Makino   毛茛科天葵属

别　　名： 紫背天葵、雷丸草、夏无踪、小乌头、老鼠屎草等。

形态特征： 块根长1~2厘米，粗3~6毫米，外皮棕黑色。茎1~5条，高10~32厘米，直径1~2毫米，被稀疏的白色柔毛，分歧。基生叶多数，为掌状三出复叶；叶片轮廓卵圆形至肾形；小叶扇状菱形或倒卵状菱形，三深裂，深裂片又有2~3个小裂片，两面均无毛；叶柄长3~12厘米，基部扩大呈鞘状。茎生叶与基生叶相似，唯较小。花小，直径4~6毫米；苞片小，倒披针形至倒卵圆形，不裂或三深裂；花梗纤细，被伸展的白色短柔毛；萼片白色，常带淡紫色，狭椭圆形，顶端急尖；花瓣匙形，顶端近截形，基部凸起呈囊状；雄蕊退化，线状披针形，白膜质，与花丝近等长；心皮无毛。蓇葖果卵状长椭圆形，表面具凸起的横向脉纹；种子卵状椭圆形，褐色至黑褐色，表面有许多小瘤状突起。花期3~4月，果期4~5月。

生长习性： 喜阴湿，忌积水。生长于海拔100~1050米的疏林下、路旁或山谷地的阴凉处。

分布区域： 分布于中国四川、贵州、湖北、湖南、广西北部、江西、福建、浙江、江苏、安徽、陕西南部等地区。在日本也有分布。

园林应用： 适合作地被类植物，可应用于花境。

白屈菜 *Chelidonium majus* L.　　　　罂粟科白屈菜属

别　　名：土黄连、水黄连、水黄草、断肠草、小人血七、小野人血草、雄黄草、见肿消等。

形态特征：多年生草本，高30～60厘米。主根粗壮，圆锥形，侧根多，暗褐色。茎聚伞状多分枝，分枝常被短柔毛，节上较密，后变无毛。基生叶少，早凋落，叶片倒卵状长圆形或宽倒卵形，长8～20厘米，羽状全裂，全裂片2～4对，倒卵状长圆形，具不规则的深裂或浅裂，裂片边缘圆齿状，表面绿色，无毛，背面具白粉，疏被短柔毛；叶柄长2～5厘米，被柔毛或无毛，基部扩大成鞘；茎生叶叶片长2～8厘米，宽1～5厘米；叶柄长0.5～1.5厘米，其他同基生叶。伞形花序多花，花梗纤细，幼时被长柔毛，后变无毛；苞片小，卵形。萼片卵圆形，舟状，无毛或疏生柔毛，早落；花瓣倒卵形，长约1厘米，全缘，黄色；雄蕊花丝丝状，黄色，花药长圆形；子房线形，绿色，无毛，柱头2裂。蒴果狭圆柱形。花果期4～9月。

生长习性：喜光，耐干旱，对土壤要求不严。

分布区域：中国大部分省区均有分布。

园林应用：可作园林地被植物使用，宜配置花坛、花境，也可作农药植物，减少病虫害。

秃疮花 *Dicranostigma leptopodum* (Maxim.) Fedde　　罂粟科秃疮花属

别　　名：秃子花、勒马回陕西、兔子花。

形态特征：多年生草本，高 25～80 厘米，全体含淡黄色液汁，被短柔毛，稀无毛。主根圆柱形。茎多，绿色，具粉，上部具多数等高的分枝。基生叶丛生，叶片狭倒披针形，长 10～15 厘米，宽 2～4 厘米，羽状深裂，裂片 4～6 对，再次羽状深裂或浅裂，小裂片先端渐尖，顶端小裂片 3 浅裂，表面绿色，背面灰绿色，疏被白色短柔毛；叶柄条形，长 2～5 厘米，疏被白色短柔毛，具数条纵纹；茎生叶少数，生于茎上部，长 1～7 厘米，羽状深裂、浅裂或二回羽状深裂，裂片具疏齿，先端三角状渐尖；无柄。花 1～5 朵于茎和分枝先端排列成聚伞花序。萼片卵形，先端渐尖成距，距末明显扩大成匙形，无毛或被短柔毛；花瓣倒卵形至回形，黄色；雄蕊多数，花丝丝状，花药长圆形，黄色；子房狭圆柱形，绿色，密被疣状短毛，花柱短，柱头 2 裂，直立。蒴果线形。种子卵珠形，红棕色，具网纹。花期 3～5 月，果期 6～7 月。

生长习性：生长于海拔 400～2900 米的草坡或路旁、田埂、墙头、屋顶等。

分布区域：产于中国云南、四川、西藏、青海、甘肃、陕西、山西、河北和河南部分地区。

园林应用：可用作地被类植物，也适宜作花境材料。

冰岛罂粟 *Papaver nudicaule* L.

形态特征： 野罂粟的园艺培育品种。多年生草本植物，高20～60厘米。主根圆柱形，延长，上部粗2～5毫米，向下渐狭，或为纺锤状；根茎短，增粗，通常不分枝，密盖麦秆色、覆瓦状排列的残枯叶鞘。茎极缩短。叶全部基生，叶片轮廓卵形至披针形，长3～8厘米，羽状浅裂、深裂或全裂，裂片2～4对，全缘或再次羽状浅裂或深裂，小裂片狭卵形、狭披针形或长圆形，先端急尖、钝或圆，两面稍具白粉，密被或疏被刚毛，极稀近无毛；叶柄长基部扩大成鞘，被斜展的刚毛。花葶1至数枚，圆柱形，直立，密被或疏被斜展的刚毛。花单生于花葶先端；花蕾宽卵形至近球形，密被褐色刚毛，通常下垂；萼片2，舟状椭圆形，早落；花瓣4，宽楔形或倒卵形，边缘具浅波状圆齿，基部具短爪，有淡黄色、黄色、橙黄色、红色等。雄蕊多数，花丝钻形，花药长圆形，黄白色、黄色或稀带红色；子房倒卵形至狭倒卵形，密被紧贴的刚毛，柱头4～8，辐射状。蒴果狭倒卵形、倒卵形或倒卵状长圆形，密被紧贴的刚毛，有4～8条淡色的宽肋；柱头盘平扁，具疏离、缺刻状的圆齿。种子多数，近肾形，小，褐色。花果期5～9月。

生长习性： 喜光，耐旱，耐寒，生长于海拔1000～2500米的林下、林缘、山坡草地。

分布区域： 分布于两半球的北极区及中亚和北美等地。中国河北、山西、内蒙古、黑龙江等地有栽培。

园林应用： 常用于花坛、花境材料，可植于草坪、林缘，宜可大片种植，形成绚丽景观。

野罂粟 *Papaver nudicaule* L.

别　　名：山大烟、山米壳、野大烟、岩罂粟、山罂粟、小罂粟、橘黄罂粟等。

形态特征：多年生草本，高 20～60 厘米。主根圆柱形，延长，上部粗 2～5 毫米，向下渐狭，或为纺锤状；根茎短，增粗，通常不分枝，密盖麦秆色、覆瓦状排列的残枯叶鞘；茎极缩短。叶全部基生，叶片轮廓卵形至披针形，长 3～8 厘米，羽状浅裂、深裂或全裂，裂片 2～4 对，全缘或再次羽状浅裂或深裂，小裂片狭卵形、狭披针形或长圆形，先端急尖、钝或圆，两面稍具白粉，密被或疏被刚毛，极稀近无毛；叶柄长 5～12 厘米，基部扩大成鞘，被斜展的刚毛。花葶 1 至数枚，圆柱形，直立，密被或疏被斜展的刚毛。花单生于花葶先端；花蕾宽卵形至近球形，长 1.5～2 厘米，密被褐色刚毛，通常下垂；萼片 2，舟状椭圆形，早落；花瓣 4，宽楔形或倒卵形，长 2～3 厘米，边缘具浅波状圆齿，基部具短爪，淡黄色、黄色或橙黄色，橘红色；雄蕊多数，花丝钻形，长 0.6～1 厘米，黄色或黄绿色，花药长圆形，长 1～2 毫米，黄白色、黄色或稀带红色；子房倒卵形至狭倒卵形，长 0.5～1 厘米，密被紧贴的刚毛，柱头 4～8，辐射状。蒴果狭倒卵形、倒卵形或倒卵状长圆形，长 1～1.7 厘米，密被紧贴的刚毛，具 4～8 条淡色的宽肋；柱头盘平扁，具疏离、缺刻状的圆齿。种子多数，近肾形，小，褐色，表面具条纹和蜂窝小孔穴。花果期 5～9 月。

生长习性：耐寒，怕暑热，喜阳光充足的环境，喜排水良好、肥沃的沙壤土。

分布区域：原产于欧洲东南部和亚洲西部。

园林应用：一年生植物。主要用于园林观赏。

269

虞美人 *Papaver rhoeas* L.

罂粟科罂粟属

别　　名：丽春花、赛牡丹、锦被花，百般娇、蝴蝶满园春、虞美人花。

形态特征：一年生草本，全体被伸展的刚毛，稀无毛。茎直立，高25～90厘米，具分枝，被淡黄色刚毛。叶互生，叶片轮廓披针形或狭卵形，长3～15厘米，宽1～6厘米，羽状分裂，下部全裂，全裂片披针形和二回羽状浅裂，上部深裂或浅裂、裂片披针形，最上部粗齿状羽状浅裂，顶生裂片通常较大，小裂片先端均渐尖，两面被淡黄色刚毛，叶脉在背面突起，在表面略凹；下部叶具柄，上部叶无柄。花单生于茎和分枝顶端；花梗长10～15厘米，被淡黄色平展的刚毛。花蕾长圆状倒卵形，下垂；萼片2，宽椭圆形，绿色，外面被刚毛；花瓣4，圆形、横向宽椭圆形或宽倒卵形，全缘，稀圆齿状或顶端缺刻状，紫红色，基部通常具深紫色斑点；雄蕊多数，花丝丝状，深紫红色，花药长圆形，黄色；子房倒卵形，柱头5～18，辐射状，连合成扁平、边缘圆齿状的盘状体。蒴果宽倒卵形，无毛，具不明显的肋。种子多数，肾状长圆形。花果期3～8月。

生长习性：耐寒，怕暑热，喜阳光充足的环境，喜排水良好、肥沃的沙壤土。

分布区域：原产于欧洲。中国各地常见栽培。

园林应用：为观赏植物。花朵艳丽，用于园林观赏。常大面积种植，用于花境、林缘植被。

欧洲山芥 *Barbarea vulgaris* R. Br.

十字花科山芥属

形态特征：二年生直立草本，高 20～70 厘米。植株光滑无毛或具疏毛，茎具纵棱，单一或分枝。基生叶和茎下部叶羽状分裂，顶裂片大，椭圆形、近圆形或近心形，边缘全缘或呈微波状，基部心形、圆形或宽楔形，侧裂片 2～4 对，长椭圆形至线形，基部耳状抱茎；茎上部叶宽披针形或长卵形，边缘齿裂或不规则深裂，无柄，基部耳状抱茎。总状花序顶生，在茎上部组成圆锥状；萼片宽椭圆形，边缘白色膜质，内轮 2 枚顶端常隆起成兜状；花瓣黄色，倒卵形或宽楔形，下部渐狭成爪。长角果圆柱状四棱形，长 2～3.5 厘米，中脉明显，幼时常弧曲，成熟后在果轴上斜上开展或直立着生。种子每室 1 行，椭圆形，无膜质边缘，暗褐色，具细网纹。花期 4～6 月，果期 7～8 月。

生长习性：喜光，耐旱，耐寒，生于海拔 680～2100 米的山谷水沟边、河滩、草地潮湿处。

分布区域：原产地中海地区，现产于中国新疆北部。欧洲、亚洲均有分布。

园林应用：植于林缘，或布置花境或盆栽。

香雪球 *Lobularia maritima* (L.) Desv.

十字花科香雪球属

别　　名：庭芥、小白花、玉蝶球。

形态特征：多年生草本，基部木质化，栽培种不木质化，高 10～40 厘米，全株被"丁"字毛，毛带银灰色。茎自基部向上分枝，常呈密丛。叶条形或披针形，长 1.5～5 厘米，两端渐窄，全缘。花序伞房状，果期极伸长，花梗丝状，长 2～6 毫米；萼片长约 1.5 毫米，外轮的宽于内轮的，外轮的长圆卵形，内轮的窄椭圆形或窄卵状长圆形；花瓣淡紫色或白色，长圆形，长约 3 毫米，顶端钝圆，基部突然变窄成爪。短角果椭圆形，果瓣扁压而稍膨胀，中脉清楚，果梗长 7～15 毫米，斜上升或近水平展开，末端上翘。种子每室 1 粒，悬垂于子房室顶，长圆形，淡红褐色，遇水有胶粘物质。花期温室栽培的 3～4 月，露地栽培的 6～7 月。

生长习性：喜冷凉，忌炎热，稍耐阴，较耐旱、瘠薄。

分布区域：产于地中海沿岸。中国河北、山西等地有栽培。

园林应用：株矮而多分枝，具清香，宜作覆盖地被植物，可布置岩石园、花坛、花境等，可盆栽观赏等。

桂竹香 *Cheiranthus cheiri* L. 十字花科桂竹香属

形态特征： 多年生草本，高20～60厘米；茎直立或上升，具棱角，下部木质化，具分枝，全体有贴生长柔毛。基生叶莲座状，倒披针形、披针形至线形，长1.5～7厘米，宽5～15毫米，顶端急尖，基部渐狭，全缘或稍具小齿；叶柄长7～10毫米；茎生叶较小，近无柄。总状花序果期伸长；花橘黄色或黄褐色，直径2～2.5厘米，芳香；花梗长4～7毫米；萼片长圆形，长6～11毫米；花瓣倒卵形，长约1.5厘米，有长爪；雄蕊6，近等长。柱头2裂；长角果线形，长4～7.5厘米，宽3～5毫米，具扁4棱，直立，劲直，果瓣有1显明中肋。花期4～5月，果期5～6月。

生长习性： 喜向阳、冷凉干燥的气候，在排水良好、疏松肥沃的土壤上生长良好。北方需温室或冷床越冬。

分布区域： 原产欧洲南部。中国各地栽培供观赏。

园林应用： 为春季常见的草本盆花，适合摆放花坛、花境和庭园景点，大花品种也可用于切花观赏。

形态特征：一年或二年生草本，高 10～50 厘米，无毛。茎单一，直立，基部或上部稍有分枝，浅绿色或带紫色。基生叶及下部茎生叶大头羽状全裂，顶裂片近圆形或短卵形，长 3～7 厘米，宽 2～3.5 厘米，顶端钝，基部心形，有钝齿，侧裂片 2～6 对，卵形或三角状卵形，长 3～10 毫米，越向下越小，偶在叶轴上杂有极小裂片，全缘或有牙齿，叶柄疏生细柔毛；上部叶长圆形或窄卵形，长 4～9 厘米，顶端急尖，基部耳状，抱茎，边缘有不整齐牙齿。花紫色、浅红色或褪成白色，直径 2～4 厘米；花萼筒状，紫色，萼片长约 3 毫米；花瓣宽倒卵形，密生细脉纹，爪长 3～6 毫米。长角果线形，长 7～10 厘米。具 4 棱，裂瓣有 1 凸出中脊，喙长 1.5～2.5 厘米。花期 4～5 月，果期 5～6 月。

生长习性：喜光，耐寒，萌发早，对土壤要求不严，酸性土和碱性土均可生长。

分布区域：产于中国辽宁、河北、山西、山东、河南、安徽、江苏等省区。内蒙古也有栽培。

园林应用：早春观花地被植物，可配置于树池、坡上、树荫下、篱边、路旁、草地、假山石周围、山谷中等。

醉蝶花 *Cleome spinosa* Jacq.

白花菜科白花菜属

形态特征： 一年生强壮草本，高1～1.5米。全株被黏质腺毛，有特殊臭味，有托叶刺，刺长达4毫米，尖利，外弯。叶为具5～7小叶的掌状复叶，小叶草质，椭圆状披针形或倒披针形，中央小叶盛大，最外侧的最小，基部楔形，狭延成小叶柄，与叶柄相联接处稍呈蹼状，顶端渐狭或急尖，有短尖头，两面被毛，背面中脉有时也在侧脉上常有刺，侧脉10～15对；叶柄常有淡黄色皮刺。总状花序长达40厘米，密被黏质腺毛；萼片4，长圆状椭圆形，顶端渐尖，外被腺毛；花瓣粉红色，少见白色，在芽中时覆瓦状排列，无毛，爪长5～12毫米，瓣片倒卵伏匙形，顶端圆形，基部渐狭；雄蕊6，花药线形；雌蕊柄长4厘米，果时略有增长。果圆柱形，两端梢钝，表面近平坦或微呈念珠状，有细而密且不甚清晰的脉纹。种子表面近平滑或有小疣状突起，不具假种皮。花期初夏，果期夏末秋初。
生长习性： 适应性强，性喜高温，较耐暑热，忌寒冷。
分布区域： 分布于全球热带、温带、热带美洲等地区。
园林应用： 可在夏秋季节布置花坛、花境，也可进行矮化栽培，将其作为盆栽观赏。在园林应用中，可根据其能耐半阴的特性，种在林下或建筑阴面观赏。

274

八宝景天 *Hylotelephium erythrostictum* (Miq.) H. Ohba　　景天科八宝属

别　　名：华丽景天、长药八宝、大叶景天、八宝、活血三七。
形态特征：多年生肉质草本植物，株高30～50厘米。地下茎肥厚，地上茎簇生，粗壮而直立，全株略被白粉，呈灰绿色。叶轮生或对生，倒卵形，肉质，具波状齿。伞房花序密集如平头状，花序径10～13厘米，花淡粉红色，常见栽培的尚有白色、紫红色、玫红色品种。花期7～10月。
生长习性：性喜强光和干燥、通风良好的环境，能耐零下20℃的低温。
分布区域：中国各地广为栽培。生于海拔450～1800米的山坡草地或沟边。
园林应用：常将它配合其他花卉布置花坛，花境或成片栽植做护坡地被植物，可以做圆圈、方块、云卷、弧形、扇面等造型，是布置花坛、花境和点缀草坪、岩石园的好材料。

费菜 *Sedum aizoon* L.

别　　名：土三七、四季还阳、景天三七、长生景天、乳毛土三七、多花景天三七、还阳草、金不换等。

形态特征：多年生草本。根状茎短，粗茎高20～50厘米，有1～3条茎，直立，无毛，不分枝。叶互生，狭披针形、椭圆状披针形至卵状倒披针形，长3.5～8厘米，宽1.2～2厘米，先端渐尖，基部楔形，边缘有不整齐的锯齿；叶坚实，近革质。聚伞花序有多花，水平分枝，平展，下托以苞叶。萼片5，线形，肉质，不等长，长3～5毫米，先端钝；花瓣5，黄色，长圆形至椭圆状披针形，长6～10毫米，有短尖；雄蕊10，较花瓣短；鳞片5，近正方形，长0.3毫米，心皮5，卵状长圆形，基部合生，腹面凸出，花柱长钻形。菁葖星芒状排列，长7毫米。花期6～7月，果期8～9月。

生长习性：喜阳植物，稍耐阴，耐寒，耐干旱瘠薄，在山坡岩石上和荒地上均能旺盛生长。

分布区域：产于中国四川、湖北、江西、安徽、浙江、青海、宁夏、甘肃、内蒙古、宁夏等地。

园林应用：株丛茂密，枝翠叶绿，花色金黄，适应性强，适宜用于立地条件较差的裸露地面作绿化覆盖。

矾根 *Heuchera micrantha*　　虎耳草科矾根属

别　　名：蝴蝶铃、肾形草。

形态特征：多年生耐寒草本花卉，浅根性。叶基生，阔心形，长2～6厘米。复总状花序，花小巧，钟状，花径0.6～1.2厘米，两侧对称，以红色和白色为主，在温暖地区常绿。花期4～10月。

生长习性：喜阳，耐阴，耐寒，在肥沃、排水良好，在富含腐殖质的土壤上生长良好。

分布区域：原产于美国。我国各地有引种。

园林应用：叶色艳丽，多用于林下花境、花坛、花带、地被、庭院绿化等。

委陵菜 *Potentilla chinensis* Ser.　　蔷薇科委陵菜属

别　　名：鹅绒委陵菜、莲花菜、蕨麻委陵菜等。

形态特征：多年生草本。根粗壮，圆柱形，稍木质化。基生叶为羽状复叶，有小叶5～15对，间隔0.5～0.8厘米，连叶柄长4～25厘米，叶柄被短柔毛及绢状长柔毛；小叶片对生或互生，上部小叶较长，向下逐渐减小，无柄，长圆形、倒卵形或长圆披针形，边缘羽状中裂，裂片三角卵形，三角状披针形或长圆披针形，顶端急尖或圆钝，边缘向下反卷，上面绿色，被短柔毛或脱落几无毛，中脉下陷，下面被白色绒毛，沿脉被白色绢状长柔毛，茎生叶与基生叶相似，唯叶片对数较少；基生叶托叶近膜质，褐色，外面被白色绢状长柔毛，茎生叶托叶草质，绿色，边缘锐裂。花茎直立或上升，高20～70厘米，被稀疏短柔毛及白色绢状长柔毛。伞房状聚伞花序，花瓣黄色，宽倒卵形，顶端微凹，比萼片稍长。瘦果卵球形，深褐色，有明显皱纹。花果期4～10月。

生长习性：生长的适宜温度是25℃，在15～30℃内可不断开花结果，连续结果时间长、坐果率高。

分布区域：生于海拔1700～4300米的草甸、河漫滩。

园林应用：可用作花境材料或水体边缘。

草木犀状黄耆 *Astragalus melilotoides* Pall. 豆科黄耆属

形态特征：多年生草本。主根粗壮。茎直立或斜生，高30～50厘米，多分枝，具条棱，被白色短柔毛或近无毛。羽状复叶。总状花序生多数花，稀疏；总花梗远较叶长。荚果宽倒卵状球形或椭圆形。花期7～8月，果期8～9月。

生长习性：从森林草原、典型草原带到荒漠草原带都有分布。

分布区域：产于中国长江以北各省区。生于向阳山坡、路旁草地或草甸草地。俄罗斯、蒙古也有分布。在中国内蒙古东部沙地、可混生在榆树、黄柳、冷蒿，或叉分蓼、黑沙蒿群落中，形成草原带的沙地草场。

园林应用：可用于花境或地被类植物，与其他植物配植使用。

达乌里黄耆 *Astragalus dahuricus* (Pall.) DC. 豆科黄耆属

形态特征： 一年生或二年生草本，被开展、白色柔毛。茎直立，高达80厘米，分枝，有细棱。羽状复叶有11～19（23）片小叶，长4～8厘米；叶柄长不及1厘米；托叶分离，狭披针形或钻形，长4～8毫米；小叶长圆形、倒卵状长圆形或长圆状椭圆形，先端圆或略尖，基部钝或近楔形，小叶柄长不及1毫米。总状花序较密，生10～20花；总花梗长2～5厘米，苞片线形或刚毛状。花萼斜钟状；花冠紫色，旗瓣近倒卵形，先端微缺，基部宽楔形，翼瓣瓣片弯长圆形，先端钝，基部耳向外伸，龙骨瓣长约13毫米，瓣片近倒卵形。荚果线形，先端凸尖喙状，直立，内弯，具横脉。种子淡褐色或褐色，肾形，有斑点，平滑。花期7～9月，果期8～10月。

生长习性： 生于海拔400～2500米的山坡和河滩草地。

分布区域： 产于中国东北、华北、西北及山东、河南、四川北部。俄罗斯、蒙古、朝鲜也有分布。

园林应用： 花形漂亮，有潜力的乡土植被，可用于花境或大面积片植。

大猪屎豆 *Crotalaria assamica* Benth.

形态特征： 直立高大草本，高达 1.5 米。茎枝粗壮，圆柱形，被锈色柔毛。托叶细小，线形，贴伏于叶柄两旁；单叶，叶片质薄，倒披针形或长椭圆形，先端钝圆，具细小短尖，基部楔形，长 5～15 厘米，宽 2～4 厘米，上面无毛，下面被锈色短柔毛；叶柄长 2～3 毫米，总状花序项生或腋生，有花 20～30 朵；苞片线形，长 2～3 毫米，小苞片与苞片的形状相似，通常稍短；花萼二唇形，长 10～15 毫米，萼齿披针状三角形，约与萼筒等长，被短柔毛；花冠黄色，旗瓣圆形或椭圆形，长 15～20 毫米，基部具胼胝体二枚，先端微凹或圆，翼瓣长圆形，长 15～18 毫米，龙骨瓣弯曲，几达 90 度，中部以上变狭形成长喙，伸出萼外；子房无毛。荚果长圆形，长 4～6 厘米，径约 1.5 厘米，果颈长约 5 毫米；种子20～30 颗。花果期 5～12 月。

生长习性： 生于海拔 50～3000 米的山坡路边及山谷草丛中。

分布区域： 产于中国台湾、广东、海南等地。中南半岛、南亚等地区也有分布。中国内蒙古也有栽培。

园林应用： 观花、观果的地被植物，可作花境材料，宜可片植于墙隅、绿篱前等地。

山野豌豆 *Vicia amoena* Fisch. ex DC. 豆科野豌豆属

别　　名：落豆秧、豆豌豌、山黑豆、透骨草。

形态特征：多年生草本，高 30～100 厘米。植株被疏柔毛，稀近无毛。主根粗壮，须根发达。茎具棱，多分枝，细软，斜升或攀缘。偶数羽状复叶，长 5～12 厘米，几无柄，顶端卷须有 2～3 分支；托叶半箭头形，长 0.8～2 厘米，边缘有 3～4 裂齿；小叶 4～7 对，互生或近对生，椭圆形至卵披针形，长 1.3～4 厘米，宽 0.5～1.8 厘米；先端圆，微凹，基部近圆形，上面被贴伏长柔毛，下面粉白色；沿中脉毛被较密，侧脉扇状展开直达叶缘。总状花序通常长于叶；花 10～20 密集着生于花序轴上部；花冠红紫色、蓝紫色或蓝色，花期颜色多变；花萼斜钟状，萼齿近三角形，上萼齿明显短于下萼齿；旗瓣倒卵圆形，先端微凹，瓣柄较宽，翼瓣与旗瓣近等长，瓣片斜倒卵形，龙骨瓣短于翼瓣；子房无毛。荚果长圆形。两端渐尖，无毛。种子 1～6，圆形，种皮革质，深褐色，具花斑，种脐内凹，黄褐色，长相当于种子周长的 1/3。花期 4～6 月，果期 7～10 月。

生长习性：生于海拔 80～7500 米的草甸、山坡、灌丛或杂木林中。

分布区域：产于中国东北、华北地区，以及陕西、甘肃、四川等地区。俄罗斯、朝鲜、日本、蒙古国亦有。

园林应用：可作绿篱、荒山、园林绿化，也可建立人工草场和作早春蜜源植物。

红车轴草 *Trifolium pratense* L.

豆科车轴草属

形态特征： 短期多年生草本，生长期2～5年。主根深入土层达1米。茎粗壮，具纵棱，直立或平卧上升，疏生柔毛或秃净。掌状三出复叶；托叶近卵形，膜质，每侧具脉纹8～9条，基部抱茎，先端离生部分渐尖，具锥刺状尖头；叶柄较长，茎上部的叶柄短，被伸展毛或秃净；小叶卵状椭圆形至倒卵形，长1.5～3.5厘米，宽1～2厘米，先端钝，有时微凹，基部阔楔形，两面疏生褐色长柔毛，叶面上常有V字形白斑，侧脉约15对，作20°角展开在叶边处分叉隆起，伸出形成不明显的钝齿；小叶柄短，长约1.5毫米。花序球状或卵状，顶生；无总花梗或具甚短总花梗，包于顶生叶的托叶内，托叶扩展成焰苞状，具花30～70朵，密集；花几无花梗；萼钟形，被长柔毛，具脉纹10条，萼齿丝状，锥尖，比萼筒长，最下方1齿比其余萼齿长1倍，萼喉开张，具一多毛的加厚环；花冠紫红色至淡红色，旗瓣匙形，先端圆形，微凹缺，基部狭楔形，明显比翼瓣和龙骨瓣长，龙骨瓣稍比翼瓣短；子房椭圆形，花柱丝状细长。荚果卵形。花果期5～9月。

生长习性： 耐湿，不耐旱，在排水良好、土质肥沃的黏壤土中生长最佳。

分布区域： 原产于欧洲中部，引种到世界各国。中国南北各省区均有种植。

园林应用： 具有入侵性。常用于花坛镶边或布置花境、缀花草坪、机场、高速公路、庭园绿化及江堤湖岸等固土护坡绿化中。

酢浆草 *Oxalis corniculata* L.

别　　名：酸浆草、酸酸草、斑鸠酸、三叶酸、酸咪咪、钩钩草。

形态特征：草本，高 10 ～ 35 厘米。全株被柔毛。根茎稍肥厚。茎细弱，多分枝，直立或匍匐，匍匐茎节上生根。叶基生或茎上互生；托叶小，长圆形或卵形，边缘被密长柔毛，基部与叶柄合生，或同一植株下部托叶明显而上部托叶不明显；叶柄基部具关节；小叶 3，无柄，倒心形，先端凹入，基部宽楔形，两面被柔毛或表面无毛，沿脉被毛较密，边缘具贴伏缘毛。花单生或数朵集为伞形花序状，腋生，总花梗淡红色，与叶近等长；花梗果后延伸；小苞片 2，披针形，膜质；萼片 5，披针形或长圆状披针形，面和边缘被柔毛，宿存；花瓣 5，黄色，长圆状倒卵形；雄蕊 10，基部合生，长、短互间；花柱 5，柱头头状。蒴果长圆柱形，5 棱。种子长卵形，褐色或红棕色，具横向肋状网纹。花果期 2 ～ 9 月。

生长习性：喜向阳、温暖、湿润的环境，夏季炎热地区宜遮半阴，抗旱能力较强，不耐寒。生于山坡草池、河谷沿岸、路边、田边、荒地或林下阴湿处等。

分布区域：中国广泛分布。亚洲温带和亚热带、欧洲、地中海和北美皆有分布。

园林应用：用作园林地被类植物，和其他植物配植使用。

大戟 *Euphorbia pekinensis* Rupr.

大戟科大戟属

别　　名：牛奶浆草、山猫儿眼草、千层塔、下马、龙虎草等。

形态特征：多年生草本。根圆柱状，长20～30厘米。直径6～14毫米，分枝或不分枝。茎单生或自基部多分枝，每个分枝上部又4～5分枝，高40～80厘米，直径3～6厘米，被柔毛或被少许柔毛或无毛。叶互生，常为椭圆形，少为披针形或披针状椭圆形，变异较大，先端尖或渐尖，基部渐狭或呈楔形或近圆形或近平截，边缘全缘；主脉明显，侧脉羽状，不明显，叶两面无毛或有时叶背具少许柔毛或被较密的柔毛，变化较大且不稳定；总苞叶4～7枚，长椭圆形，先端尖，基部近平截；伞幅4～7，长2～5厘米；苞叶2枚，近圆形，先端具短尖头，基部平截或近平截。花序单生于二歧分枝顶端，无柄；总苞杯状，边缘4裂，裂片半圆形，边缘具不明显的缘毛；半圆形或肾状圆形，淡褐色。雄花多数，伸出总苞之外；雌花1枚，具较长的子房柄；子房幼时被较密的瘤状突起；花柱3，分离；柱头2裂。蒴果球状，被稀疏的瘤状突起。种子长球状，暗褐色或微光亮，腹面具浅色条纹；种阜近盾状，无柄。花期5～8月，果期6～9月。

生长习性：喜温暖、湿润气候，耐旱，耐寒，喜潮湿。

分布区域：广泛分布于全国（除中国台湾、云南、西藏和新疆外），在北方地区尤为普遍。

园林应用：可用于地被类植物，宜作花境材料，也可植于林缘。

千金子 *Leptochloa chinensis* (L.) Nees 　　　　　　大戟科大戟属

别　　名：千两金、菩萨豆、续随子、联步、滩板救等。

形态特征：一年生草本。秆直立，基部膝曲或倾斜，高30～90厘米，平滑无毛。叶鞘无毛，大多短于节间；叶舌膜质，长1～2毫米，常撕裂具小纤毛；叶片扁平或多少卷折，先端渐尖，两面微粗糙或下面平滑，长5～25厘米，宽2～6毫米。圆锥花序长10～30厘米，分枝及主轴均微粗糙；小穗多带紫色，含3～7小花；颖具1脉，脊上粗糙，第一颖较短而狭窄，第二颖长1.2～1.8毫米；外稃顶端钝，无毛或下部被微毛，第一外稃长约1.5毫米。颖果长圆球形，长约1毫米。花果期8～11月。

生在习性：耐贫瘠、干旱，喜光照，水土保持植物。生于水田、低湿旱田及地边。

分布区域：多分布于中国华东、华中、华南、西南及陕西等地。

园林应用：可用于花境材料，也可作为草坪。

葡萄 *Vitis vinifera* L.

葡萄科葡萄属

别　　名： 蒲陶、草龙珠、赐紫樱桃、菩提子、山葫芦。

形态特征： 木质藤本。小枝圆柱形，有纵棱纹，无毛或被稀疏柔毛。卷须2叉分枝，每隔2节间断与叶对生。叶卵圆形，显著3～5浅裂或中裂，长7～18厘米，宽6～16厘米，中裂片顶端急尖，裂片常靠合，基部常缢缩，裂缺狭窄，间或宽阔，基部深心形，基缺凹成圆形，两侧常靠合，边缘有22～27个锯齿，齿深而粗大，不整齐，齿端急尖，上面绿色，下面浅绿色，无毛或被疏柔毛；基生脉5出，中脉有侧脉4～5对，网脉不明显突出；叶柄长4～9厘米，几无毛；托叶早落。圆锥花序密集或疏散，多花，与叶对生，基部分枝发达，长10～20厘米，花序梗长2～4厘米，几无毛或疏生蛛丝状绒毛；花梗无毛；花瓣5，呈帽状粘合脱落；雄蕊5，花丝丝状，在雌花内显著短而败育或完全退化；花盘发达，在雄花中完全退化，子房卵圆形，花柱短，柱头扩大。果实球形或椭圆形；种子倒卵椭圆形，顶短近圆形，基部有短喙，种脐在种子背面中部呈椭圆形，种脊微突出，腹面中棱脊突起，两侧洼穴宽沟状，向上达种子1/4处。花期4～5月，果期8～9月。

生长习性： 需要充足的水分、阳光、适宜的温度等。

分布区域： 原产亚洲西部。现世界各地均有栽培。

园林应用： 可作为藤蔓类植物进行造景，观果植物。

别　　名： 草葡萄、草白蔹。

形态特征： 木质藤本。小枝圆柱形，有纵棱纹，被疏柔毛。卷须2～3叉分枝，相隔2节间断与叶对生。叶为掌状5小叶，小叶3～5羽裂，披针形或菱状披针形，长4～9厘米，宽1.5～6厘米，顶端渐尖，基部楔形，中央小叶深裂，或有时外侧小叶浅裂或不裂，上面绿色无毛或疏生短柔毛，下面浅绿色，无毛或脉上被疏柔毛；小叶有侧脉3～6对，网脉不明显；叶柄无毛或被疏柔毛，小叶几无柄；托叶膜质，褐色，卵披针形，顶端钝，无毛或被疏柔毛。花序为疏散的伞房状复二歧聚伞花序，通常与叶对生或假顶生；萼碟形，波状浅裂或几全缘，无毛；花瓣5，卵圆形，无毛；雄蕊5，花药卵圆形，长宽近相等；花盘发达，边缘呈波状；子房下部与花盘合生，花柱钻形，柱头扩大不明显。果实近球形；种子倒卵圆形。花期5～6月，果期8～9月。

生长习性： 喜肥沃而疏松的土壤，性较抗寒，耐阴，冬季不需埋土。多生于海拔350～2300米的路边、沟边、山坡林下灌丛中、山坡石砾地及砂质地。

分布区域： 分布于中国吉林、辽宁、内蒙古、北京、江西、河南、湖北、广东等省市地区。

园林应用： 多用于篱垣、林缘地带，还可以作棚架绿化。

五叶地锦 *Parthenocissus quinquefolia* (L.) Planch. 葡萄科地锦属

别　　名：五叶地锦。

形态特征：木质藤本。小枝圆柱形，无毛。卷须总状 5～9 分枝，相隔 2 节间断与叶对生，卷须顶端嫩时尖细卷曲，后遇附着物扩大成吸盘。叶为掌状 5 小叶，小叶倒卵圆形、倒卵椭圆形或外侧小叶椭圆形，长 5.5～15 厘米，宽 3～9 厘米，叶最宽处在上部或外侧，小叶最宽处在近中部，顶端短尾尖，基部楔形或阔楔形，边缘有粗锯齿，上面绿色，下面浅绿色，两面均无毛或下面脉上微被疏柔毛；侧脉 5～7 对；叶柄长 5～14.5 厘米，无毛，小叶有短柄或几无柄。花序假顶生形成主轴明显的圆锥状多歧聚伞花序；萼碟形，边缘全缘，无毛；花瓣 5，长椭圆形，雄蕊 5；子房卵锥形，渐狭至花柱，或后期花柱基部略微缩小，柱头不扩大。果实球形；种子倒卵形。花期 6～7 月，果期 8～10 月。

生长习性：喜温暖气候，耐寒，耐阴，耐贫瘠，对土壤与气候适应性较强。

分布区域：原产于北美。中国东北、华北各地栽培。

园林应用：抗氯气强，随着季相变化而变色，是绿化、美化、彩化、净化的垂直绿化好材料。

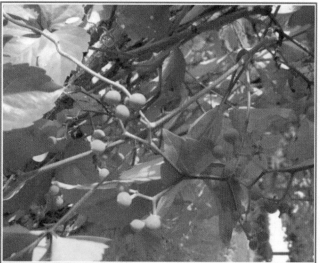

蜀葵 *Althaea rosea* (Linn.) Cavan.

锦葵科蜀葵属

别　　名：一丈红、大蜀季、戎葵、吴葵、卫足葵、胡葵、斗篷花。

形态特征：二年生直立草本，高达2米，茎枝密被刺毛。叶近圆心形，直径6～16厘米，掌状5～7浅裂或波状棱角，裂片三角形或圆形，中裂片长约3厘米，宽4～6厘米，上面疏被星状柔毛，粗糙，下面被星状长硬毛或绒毛；叶柄被星状长硬毛；托叶卵形，先端具3尖。花腋生，单生或近簇生，排列成总状花序式，具叶状苞片，花梗被星状长硬毛；小苞片杯状，密被星状粗硬毛，基部合生；萼钟状，裂片卵状三角形，密被星状粗硬毛；花大，有红、紫、白、粉红、黄和黑紫等色，单瓣或重瓣，花瓣倒卵状三角形，先端凹缺，基部狭，爪被长髯毛；雄蕊柱无毛，花丝纤细，花药黄色；花柱分枝多数，微被细毛。果盘状，直分果爿近圆形，多数，背部厚达1毫米，具纵槽。花期2～8月。

生长习性：喜光，耐半阴，耐盐碱，耐寒冷。

分布区域：原产于中国西南地区，在中国分布很广，华东、华中、华北、华南地区均有分布。

园林应用：宜种植在建筑物旁、假山旁或点缀花坛、草坪，成列或成丛种植。矮生品种可作盆花栽培，陈列于门前，不宜久置室内。也可剪取作切花，供瓶插或作花篮、花束等用。

老鹳草 *Geranium wilfordii* Maxim.

牻牛儿苗科老鹳草属

别　　名：五叶草、五齿耙、破铜钱。

形态特征：多年生草本，高30～50厘米。根茎直生，粗壮，具簇生纤维状细长须根，上部围以残存基生托叶。茎直立，单生，具棱槽，假二叉状分枝，被倒向短柔毛，有时上部混生开展腺毛。叶基生和茎生叶对生；托叶卵状三角形或上部为狭披针形，基生叶和茎下部叶具长柄，被倒向短柔毛，茎上部叶柄渐短或近无柄；基生叶片圆肾形，5深裂达2/3处，裂片倒卵状楔形，下部全缘，上部不规则状齿裂，茎生叶3裂至3/5处，裂片长卵形或宽楔形，上部齿状浅裂，先端长渐尖，表面被短伏毛，背面沿脉被短糙毛。花序腋生和顶生，稍长于叶，总花梗被倒向短柔毛，有时混生腺毛，每梗具2花；苞片钻形；萼片长卵形或卵状椭圆形，先端具细尖头，背面沿脉和边缘被短柔毛，有时混生开展的腺毛；花瓣白色或淡红色，倒卵形，与萼片近等长，内面基部被疏柔毛；雄蕊稍短于萼片，花丝淡棕色；雌蕊被短糙状毛，花柱分枝紫红色。蒴果，被短柔毛和长糙毛。花期6～8月，果期8～9月。

生长习性：生于草坡或沟边，喜光，耐干旱与贫瘠，抗风沙。

分布区域：分布于中国东北、华北、华东、华中、陕西、甘肃和四川。俄罗斯远东、朝鲜和日本有分布。

园林用途：地被类植物，可用于花境或植于林缘、林内。

三色堇 *Viola tricolor* L.

董菜科董菜属

别　　名：三色堇菜、猫儿脸、蝴蝶花、人面花、猫脸花、阳蝶花。

形态特征：一、二年生或多年生草本，高 10～40 厘米。地上茎较粗，直立或稍倾斜，有棱，单一或多分枝。基生叶叶片长卵形或披针形，具长柄；茎生叶叶片卵形、长圆状圆形或长圆状披针形，先端圆或钝，基部圆，边缘具稀疏的圆齿或钝锯齿，上部叶叶柄较长，下部者较短；托叶大型，叶状，羽状深裂。花大，每个茎上有 3～10 朵，通常每花有紫、白、黄三色；花梗稍粗，单生叶腋，上部具 2 枚对生的小苞片；小苞片极小，卵状三角形；萼片绿色，长圆状披针形，先端尖，边缘狭膜质，基部附属物发达，长 3～6 毫米，边缘不整齐；上方花瓣深紫堇色，侧方及下方花瓣均为三色，有紫色条纹，侧方花瓣里面基部密被须毛，下方花瓣距较大；子房无毛，花柱短，基部明显膝曲，柱头膨大，呈球状，前方具较大的柱头孔。蒴果椭圆形。花期 4～7 月，果期 5～8 月。

生长习性：较耐寒，喜凉爽，喜阳光。

分布区域：中国各地公园栽培供观赏。原于产欧洲北部，中国南北方栽培普遍。

园林应用：常栽于花坛上，可作毛毡花坛、花丛花坛，成片、成线、成圆镶边栽植都很相宜。适宜布置花境、草坪边缘。不同的品种与其他花卉配合栽种能形成独特的早春景观。另外，也可盆栽或布置阳台、窗台、台阶或点缀居室、书房、客堂等。

细距堇菜 *Viola tenuicornis*

董菜科董菜属

别　　名：弱距堇菜。

形态特征：多年生细弱草本，无地上茎，高2～13厘米。根状茎短，细或稍粗，节间缩短，节密生，长2～10毫米，通常垂直，有数条淡黄色细根。叶2至多数，均基生；叶片卵形或宽卵形，长1～3厘米，宽1～2厘米，果期增大，长可达6厘米，宽约达4.5厘米，先端钝，基部微心形或近圆形，边缘具浅圆齿，两面皆为绿色，无毛或沿叶脉及叶缘有微柔毛；叶柄细弱，通常有细短毛或近无毛；托叶外侧者近膜质，内侧者淡绿色，2/3与叶柄合生，离生部分线状披针形或披针形，边缘疏生流苏状短齿。花紫堇色；花梗细弱，稍超出或不超出于叶，被细毛或近无毛，在中部或中部稍下处有2枚线形小苞片；萼片通常绿色或带紫红色，披针形、卵状披针形，长5～8毫米，无毛，先端尖，边缘狭膜质，具3脉，基部附属物短；花瓣倒卵形，上方花瓣长1～1.2厘米，宽约6毫米，侧方花瓣长8～10毫米，宽3～4.5毫米，里面基部稍有须毛或无毛，下方花瓣连距长15～17毫米；距圆筒状，较细或稍粗，末端圆而向上弯；下方2枚雄蕊背部之距长而细，末端圆而稍弯曲；子房无毛，花柱棍棒状，基部向前方膝曲，上部明显增粗，柱头两侧及后方增厚成直伸的缘边，中央部分微隆起，前方具稍粗的短喙，喙端具向上开口的柱头孔。蒴果椭圆形，长4～6毫米，无毛。花果期4月中旬～9月。

生长习性：生于山坡草地较湿润处、灌木林中、林下或林缘。

分布区域：产于中国黑龙江、吉林、辽宁等地。

园林应用：可与草坪搭配种植，富于野趣，也可作为花境材料。

紫花地丁 Viola philippica

董菜科董菜属

别　　名：野董菜、光瓣董菜、光萼董菜等。

形态特征：多年生草本，无地上茎，高4～14厘米，果期高可达20余厘米。根状茎短，垂直，淡褐色，节密生，有数条淡褐色或近白色的细根。叶多数，基生，莲座状；叶片下部者通常较小，呈三角状卵形或狭卵形，上部者较长，呈长圆形、狭卵状披针形或长圆状卵形，先端圆钝，基部截形或楔形，稀微心形，边缘具较平的圆齿，两面无毛或被细短毛，有时仅下面沿叶脉被短毛，果期叶片增大；叶柄在花期通常长于叶片1～2倍，上部具极狭的翅，果期长可达10余厘米，上部具较宽之翅，无毛或被细短毛；托叶膜质，苍白色或淡绿色，2/3～4/5与叶柄合生，离生部分线状披针形，边缘疏生具腺体的流苏状细齿或近全缘。花中等大，紫董色或淡紫色，稀呈白色，喉部色较淡并带有紫色条纹；花梗通常多数细弱，与叶片等长或高出于叶片，无毛或有短毛，中部附近有2枚线形小苞片；萼片卵状披针形或披针形，先端渐尖，基部附属物短，边缘具膜质白边，无毛或有短毛；花瓣倒卵形或长圆状倒卵形，侧方花瓣长；距细管状。蒴果长圆形，无毛；种子卵球形，淡黄色。花果期4月中下旬～9月。

生长习性：喜光，耐阴，耐寒，不择土壤，适应性极强。生于田间、荒地、山坡草丛、林缘或灌丛中。

分布区域：产于中国台湾、黑龙江、吉林、辽宁、内蒙古等地区。朝鲜、日本、俄罗斯远东地区亦有。

园林应用：适合作为花境或与其他早春花卉构成花丛，也可制作成盆景。

千屈菜 *Lythrum salicaria* L.

千屈菜科千屈菜属

别　　名：水枝柳、水柳、对叶莲。

形态特征：多年生草本。根茎横卧于地下，粗壮；茎直立，多分枝，高30～100厘米，全株青绿色，略被粗毛或密被绒毛，枝通常具4棱。叶对生或三叶轮生，披针形或阔披针形，顶端钝形或短尖，基部圆形或心形，有时略抱茎，全缘，无柄。花组成小聚伞花序，簇生，因花梗及总梗极短，因此花枝全形似一大型穗状花序；苞片阔披针形至三角状卵形，有纵棱12条，稍被粗毛，裂片6，三角形；附属体针状，直立；花瓣6，红紫色或淡紫色，倒披针状长椭圆形，基部楔形，着生于萼筒上部，有短爪，稍皱缩；雄蕊12，6长6短，伸出萼筒之外；子房2室，花柱长短不一。蒴果扁圆形。

生长习性：喜强光，喜水湿，耐寒，对土壤要求不严，在深厚、富含腐殖质的土壤上生长更好。

分布区域：分布于亚洲、欧洲、非洲和澳大利亚等地区。

园林应用：中国华北、华东常栽培于水边或作盆栽，供观赏，也可作花境材料及切花盆栽或沼泽园用。

山桃草 *Gaura lindheimeri* Engelm. et Gray 　　柳叶菜科山桃草属

别　　名：白桃花、白蝶花。

形态特征：多年生粗壮草本，常丛生。茎直立，高60～100厘米。常多分枝，入秋变红色，被长柔毛与曲柔毛。叶无柄，椭圆状披针形或倒披针形，长3～9厘米，宽5～11毫米，向上渐变小，先端锐尖，基部楔形，边缘具远离的齿突或波状齿，两面被近贴生的长柔毛。花序长穗状，生茎枝顶部，不分枝或有少数分枝，直立，长20～50厘米；苞片狭椭圆形、披针形或线形。花近拂晓开放；花管长4～9毫米，内面上半部有毛；萼片长10～15毫米，宽1～2毫米，被伸展的长柔毛，花开放时反折；花瓣白色，后变粉红，排向一侧，倒卵形或椭圆形，长12～15毫米，宽5～8毫米；花丝长8～12毫米；花药带红色；花柱长20～23毫米，柱头深4裂，伸出花药之上。蒴果坚果状，狭纺锤形，熟时褐色，具明显的棱。花期5～8月，果期8～9月。

生长习性：喜光，半耐阴，耐寒，耐干旱，要求肥沃、疏松及排水良好的沙质土壤。

分布区域：原产于北美。中国北京、山东、南京、浙江、江西、香港等地有引种，并逸为野生。

园林应用：适合群栽，供花坛、花境、地被、盆栽、草坪点缀，适用于园林绿地，多成片群植，也可用作庭院绿化和插花。

月见草 *Oenothera biennis* L.

柳叶菜科月见草属

别　　名： 待霄草、山芝麻、野芝麻等。

形态特征： 直立二年生粗状草本，基生莲座叶丛紧贴地面；茎高50～200厘米，不分枝或分枝，被曲柔毛与伸展长毛（毛的基部疱状），在茎枝上端常混生有腺毛。基生叶倒披针形，长10～25厘米，宽2～4.5厘米。先端锐尖，基部楔形，边缘疏生不整齐的浅钝齿，侧脉每侧12～15条，两面被曲柔毛与长毛。茎生叶椭圆形至倒披针形，先端锐尖至短渐尖，基部楔形，边缘每边有5～19枚稀疏钝齿，侧脉每侧6～12条，每边两面被曲柔毛与长毛，尤茎上部的叶下面与叶缘常混生有腺毛。花序穗状，不分枝，或在主序下面具次级侧生花序；萼片绿色，有时带红色，长圆状披针形，先端骤缩成尾状，在芽时直立，彼此靠合，开放时自基部反折，但又在中部上翻，毛被同花管；花瓣黄色，稀淡黄色，宽倒卵形，先端微凹缺；花丝近等长；子房绿色，圆柱状，具4棱，密被伸展长毛与短腺毛，有时混生曲柔毛。蒴果锥状圆柱形，具明显的棱。种子，暗褐色，菱形。

生长习性： 耐旱，耐贫瘠。黑土、沙土、黄土、幼林地、轻盐碱地、荒地、河滩地、山坡地均适合种植。

分布区域： 原产于北美。中国东北、华北、华东、西南地区有栽培，并早已沦为逸生。

园林应用： 可以盆栽在家中观赏，也可以大面积种植在公园、景点、道路两旁，起到绿化的作用。

北柴胡 *Bupleurum chinense* DC.

形态特征： 多年生草本，高50～85厘米。主根较粗大，棕褐色，质坚硬。茎单一或数茎，表面有细纵槽纹，实心，上部多回分枝，微作之字形曲折。基生叶倒披针形或狭椭圆形，长4～7厘米，宽6～8毫米，顶端渐尖，基部收缩成柄，早枯落；茎中部叶倒披针形或广线状披针形，长4～12厘米，宽6～18毫米，有时达3厘米，顶端渐尖或急尖，有短芒尖头，基部收缩成叶鞘抱茎，脉7～9，叶表面鲜绿色，背面淡绿色，常有白霜；茎顶部叶同形，但更小。复伞形花序，花序梗细，常水平伸出，形成疏松的圆锥状；小伞有花5～10；花瓣鲜黄色，上部向内折，中肋隆起，小舌片矩圆形，顶端2浅裂。果广椭圆形，棕色，两侧略扁。花期9月，果期10月。

生长习性： 喜温暖、湿润气候，耐寒，耐旱怕涝，适宜土层深厚、肥沃的沙质壤土中种植。生长于向阳山坡路边、岸旁或草丛中。常野生于较干燥的山坡、林缘、林中隙地、草丛及路旁。

分布区域： 分布于中国东北、华北、西北、华东和华中各地。

园林应用： 可作为地被类植物应用于林下、林缘，也可配置花境。

扁叶刺芹 *Eryngium planum* L.

伞形科刺芹属

形态特征：多年生直立草本，高约75厘米。根粗厚，圆柱形，通常不分枝，表皮棕褐色。茎灰白色、淡紫灰色至深紫色，单生，坚硬，光滑，上部3歧式1～4回叉状分枝，基部常残留枯死的叶或成纤维状。基生叶长椭圆状卵形，长5～8.5厘米，边缘有粗锯齿，齿端刺尖，基部心形至深心形，表面绿色，背面淡绿色，无毛，叶脉7～9条，掌状，两面隆起；茎下部叶有短柄，与基生叶同形或有分裂，茎上部叶无柄，浅裂至3～5深裂，裂片披针形，边缘疏生1～4刺状齿，表面及边缘略带浅蓝色。头状花序着生于每1分枝的顶端，圆卵形、阔卵形或半球形；总苞片5～6，线形或披针形，中间有1条明显的脉，边缘疏生1～2刺毛，顶端尖锐；小总苞片线形或钻形；花浅蓝色；萼齿卵形，花瓣与萼片互生，膜质透明，向内弯曲，在弯曲处两侧呈耳形并有不明显的睫毛；雄蕊长约1毫米，花丝上部近1/3处扭曲。果实长椭圆形，卵形或近圆形。花果期7～8月。

生长习性：生长在杂草地带。

分布区域：产于中国新疆。内蒙古也有栽培。

园林应用：宿根花卉，作花境植物，也可盆栽或用作切花。

矮桃 *Lysimachia clethroides* Duby

报春花科珍珠菜属

别　　名：珍珠草、调经草、尾脊草、铡鸡尾、劳伤药、伸筋散、九节莲。

形态特征：多年生草本，全株多少被黄褐色卷曲柔毛。根茎横走，淡红色。茎直立，高40～100厘米，圆柱形，基部带红色，不分枝。叶互生，长椭圆形或阔披针形，长6～16厘米，宽2～5厘米，先端渐尖，基部渐狭，两面散生黑色粒状腺点，近于无柄或具长2～10毫米的柄。总状花序顶生，盛花期长约6厘米，花密集，常转向一侧，后渐伸长，果时伸长；苞片线状钻形，比花梗稍长；花萼长2.5～3毫米，分裂近达基部，裂片卵状椭圆形，先端圆钝，周边膜质，有腺状缘毛；花冠白色，长5～6毫米，基部合生部分长约1.5毫米，裂片狭长圆形，先端圆钝；雄蕊内藏，花丝基部约1毫米连合并贴生于花冠基部，分离部分长约2毫米，被腺毛；花药长圆形；子房卵珠形，花柱稍粗。蒴果近球形，直径2.5～3毫米。花期5～7月，果期7～10月。

生长习性：喜光，耐寒，耐干旱，生于山坡林缘和草丛中。

分布区域：产于中国东北、华中、西南、华南、华东各地区，以及河北、陕西等省。

园林应用：可作为花境、花坛材料，也可配置于草坪或疏林、草地。

柳叶水甘草 *Amsonia tabernaemontana* Walt.　　　夹竹桃科水甘草属

形态特征：多年生直立草本，株高约 60～90 厘米，通常分枝成灌丛状。茎浅绿色，圆柱形，光滑无毛，表面可有白霜。叶长圆形至披针形，全缘，上面亮绿色；下面淡绿，偶被毛。圆锥花序生于枝顶；花萼短，萼片 5，三角形；小花直径 1.5～2.0 厘米，花冠管圆筒状，花冠裂片 5，喉部被毛；花色淡蓝或淡黄。花期 5 月。

生长习性：喜光，较耐寒，稍耐旱，宜肥沃、疏松的土壤。

分布区域：原产美国中部。

园林应用：可布置花坛、花境或盆栽。

达乌里秦艽 *Gentiana dahurica* Fisch.

别　　名：达乌里龙胆、小叶秦艽等。

形态特征：多年生草本植物，高 10 ～ 25 厘米。全株光滑无毛，基部被枯存的纤维状叶鞘包裹。须根多条，向左扭结成一个圆锥形的根。枝多数丛生，斜升，黄绿色或紫红色，近圆形，光滑。莲座丛叶披针形或线状椭圆形。叶柄宽，扁平，膜质，包被于枯存的纤维状叶鞘中；茎生叶少数，线伏披针形至线形，聚伞花序顶生及腋生，排列成疏松的花序；花梗斜伸，黄绿色或紫红色，极不等长；花萼筒膜质，黄绿色或带紫红色，筒形，蒴果内藏，无柄，狭椭圆形；种子淡褐色，有光泽，矩圆形，表面有细网纹。花果期 7 ～ 9 月。

生长习性：典型的高山植物，喜冷凉气候，有较强的耐寒性。生于海拔 870 ～ 4500 米的田边、路旁、河滩、湖边沙地、水沟边、向阳山坡及干草原等地。

分布区域：产于中国四川北部及西北部、西北、华北、东北等地区。俄罗斯、蒙古也有分布。

园林应用：花色艳丽，色彩丰富，有紫、白、蓝、黄白等多种颜色，适宜应用于花坛、花境或盆花。

鹅绒藤 *Cynanchum chinense*

萝摩科鹅绒藤属

形态特征： 缠绕草本；主根圆柱状，长约20厘米，直径约5毫米，干后灰黄色；全株被短柔毛。叶对生，薄纸质，宽三角状心形，顶端锐尖，基部心形，叶面深绿色，叶背苍白色，两面均被短柔毛，脉上较密；侧脉约10对，在叶背略为隆起。伞形聚伞花序腋生，两歧，着花约20朵；花萼外面被柔毛；花冠白色，裂片长圆状披针形；副花冠二形，杯状，上端裂成10个丝状体，分为两轮，外轮约与花冠裂片等长，内轮略短。蓇葖双生或仅有1个发育，细圆柱状，向端部渐尖；种子长圆形；种毛白色绢质。花期6～8月，果期8～10月。

生长习性： 生于沙地、河滩地、田埂、沟渠。

分布区域： 产于中国内蒙古科尔沁、鄂尔多斯、阴南丘陵、东阿拉善等地区。中国辽宁、华北、西北、华东也有分布。

园林应用： 可作为立体绿化材料，绿化美化环境。

萝藦 *Metaplexis japonica* (Thunb.) Makino

萝藦科萝藦属

别　　名：芄兰、斫合子、白环藤、羊婆奶、婆婆针落线包、羊角、天浆壳、蔓藤草等。

形态特征：多年生草质藤本，长达8米，具乳汁；茎圆柱状，下部木质化，上部较柔韧，表面淡绿色，有纵条纹，幼时密被短柔毛，老时被毛渐脱落。叶膜质，卵状心形，顶端短渐尖，基部心形，叶耳圆，两叶耳展开或紧接，叶面绿色，叶背粉绿色，两面无毛，或幼时被微毛，老时被毛脱落；侧脉每边10～12条，在叶背略明显；叶柄长，顶端具丛生腺体。总状式聚伞花序腋生或腋外生，具长总花梗，被短柔毛；花梗被短柔毛，着花通常13～15朵；花冠白色，有淡紫红色斑纹，近辐状，花冠筒短，花冠裂片披针形，张开，顶端反折，基部向左覆盖，内面被柔毛；副花冠环状，着生于合蕊冠上，短5裂，裂片兜状；雄蕊连生成圆锥状，并包围雌蕊在其中，花药顶端具白色膜片；子房无毛，柱头延伸成1长喙，顶端2裂。蓇葖果叉生，纺锤形，端急尖，基部膨大；种子扁平，卵圆形，有膜质边缘，褐色，顶端具白色绢质种毛。花期7～8月，果期9～12月。

生长习性：生长于林边荒地、山脚、河边、路旁灌木丛中。

分布区域：分布于中国东北、华北、华东地区。在日本、朝鲜和俄罗斯也有分布。

园林应用：攀缘类植物，可用于立体绿化。

田旋花 *Convolvulus arvensis* L.

旋花科旋花属

别　　名： 小旋花、中国旋花、箭叶旋花、野牵牛、拉拉菀。

形态特征： 多年生草本，根状茎横走，茎平卧或缠绕，有条纹及棱角，无毛或上部被疏柔毛。叶卵状长圆形至披针形，先端钝或具小短尖头，基部大多戟形，或箭形及心形，全缘或3裂，侧裂片展开，微尖，中裂片卵状椭圆形，狭三角形或披针状长圆形，微尖或近圆；叶柄较叶片短，长1～2厘米；叶脉羽状，基部掌状。花序腋生，总梗长3～8厘米，1或有时2～3至多花，花柄比花萼长得多；苞片2，线形；花冠宽漏斗形，长15～26毫米，白色或粉红色，或白色具粉红或红色的瓣中带，或粉红色具红色或白色的瓣中带，5浅裂；雄蕊5；子房有毛，2室，每室2胚珠，柱头2，线形。蒴果卵状球形，或圆锥形，无毛。种子4，卵圆形，无毛，暗褐色或黑色。花期5～8月，果期7～9月。

生长习性： 喜潮湿、肥沃的黑色土壤，常生长于农田内外、荒地、草地、路旁沟边，

分布区域： 产于中国吉林、黑龙江、辽宁、河北、河南、新疆、内蒙古、江苏等省区。

园林应用： 可作为地被类植物植于草坪中，富有野趣，也可作为花境材料与其他植物进行配置。

牵牛 *Pharbitis nil* (L.) Choisy

旋花科牵牛属

形态特征：一年生缠绕草本，茎上被倒向的短柔毛及杂有倒向或开展的长硬毛。叶宽卵形或近圆形，深或浅的3裂，偶5裂，基部圆，心形，中裂片长圆形或卵圆形，渐尖或骤尖，侧裂片较短，三角形，裂口锐或圆，叶面或疏或密被微硬的柔毛。花腋生，单一或通常2朵着生于花序梗顶，花序梗长短不一，通常短于叶柄，有时较长，毛被同茎；苞片线形或叶状，被开展的微硬毛；花梗长2～7毫米；小苞片线形；萼片近等长，披针状线形，内面2片稍狭，外面被开展的刚毛，基部更密，有时也杂有短柔毛；花冠漏斗状，蓝紫色或紫红色，花冠管色淡；雄蕊及花柱内藏；雄蕊不等长；花丝基部被柔毛；子房无毛，柱头头状。蒴果近球形，3瓣裂。种子卵状三棱形，黑褐色或米黄色，被褐色短绒毛。

生长习性：生于海拔100～200（1600）米的山坡灌丛、干燥河谷路边、园边宅旁、山地路边，或为栽培。

分布区域：在中国除西北和东北的一些省外，大部分地区都有分布。

园林应用：适用于花坛布置、花槽配置、景点摆放。盆栽用于窗台点缀，重瓣用于切花观赏。

形态特征：一年生草本，高 15～40 厘米。茎数条丛生，直立或平卧，被开展的硬毛及短伏毛，由下部多分枝。基生叶莲座状，倒披针形或匙形，长 4～7 厘米，宽 0.5～1 厘米，先端钝，基部渐狭成柄，边缘有波状小齿，两面疏生硬毛及伏毛，茎生叶无柄，长圆形或线状倒披针形，长 2～5 厘米，宽 0.5～1 厘米，花序长 5～20 厘米，具苞片；苞片线形或线状披针形，长 1.5～3 厘米，宽 2～5 毫米，密生硬毛及伏毛；花梗长 1～2.5 毫米，果期增长；花萼长 2～3 毫米，果期增大，约 5 毫米，外面密生开展的硬毛及短硬毛，内面中部以上被向上的伏毛，裂片线状披针形或卵状披针形，先端尖，裂至近基部；花冠淡蓝色、蓝色或紫色，钟状，长 3.5～4 毫米，檐部直径约 5 毫米，裂片圆形，有明显的网脉，喉部有 5 个梯形附属物，附属物高约 0.7 毫米，先端浅 2 裂；花药椭圆形或卵圆形，花丝极短，着生花筒基部以上 1 毫米处；花柱短，长约为花萼 1/2，柱头头状。小坚果椭圆形，密生疣状突起，腹面的环状凹陷圆形，增厚的边缘全缘。花果期 5～7 月。

生长习性：生于海拔 830～2500 米的山坡道旁、干旱农田及山谷林缘。

分布区域：产于中国河北、山西、内蒙古、宁夏、甘肃、陕西、青海、吉林、黑龙江地区。

园林应用：地被类植物，可应用于花坛、花境，也可植于林缘、草坪。

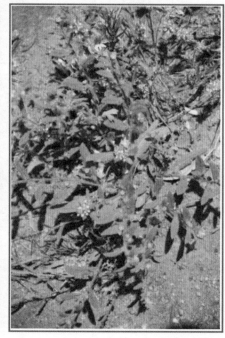

附地菜 *Trigonotis peduncularis* (Trev.) Benth. ex Baker et Moore　　紫草科附地菜属

形态特征: 一年生或二年生草本。茎通常多条丛生,稀单一,密集,铺散,高5～30厘米,基部多分枝,被短糙伏毛。基生叶呈莲座状,有叶柄,叶片匙形,长2～5厘米,先端圆钝,基部楔形或渐狭,两面被糙伏毛,茎上部叶长圆形或椭圆形,无叶柄或具短柄。花序生茎顶,幼时卷曲,后渐次伸长,长5～20厘米,通常占全茎的1/2～4/5,只在基部具2～3个叶状苞片,其余部分无苞片;花梗短,花后伸长;花萼裂片卵形,先端急尖;花冠淡蓝色或粉色,白色或带黄色,先端具短尖。小坚果4,斜三棱锥状四面体形,有短毛或平滑无毛,背面三角状卵形,具3锐棱。早春开花,花期甚长。

生长习性: 生于田野、路旁、荒草地或丘陵林缘、灌木林间。

分布区域: 产于中国西藏、云南、内蒙古、东北等省区。欧洲东部、亚洲温带地区也有分布。

园林应用: 花小巧可爱,富有野趣,可作为地被类植物进行配置。

莸 *Caryopteris nepetaefolia* (Benth.) Maxim.　　　马鞭草科莸属

别　名：边兰、方梗金钱草、野苋草、半枝莲、倒挂金钟。
形态特征：多年生草本，高约80厘米。茎方形，疏被柔毛或无毛。叶片膜质，卵圆形，卵状披针形至长圆形，顶端渐尖至尾尖，基部近圆形或楔形，下延成翼，边缘具粗齿，两面疏生柔毛或背面的毛较密，侧脉3～5对。二歧聚伞花序腋生，花序梗疏被柔毛，苞片披针形至线形；花萼杯状，外面被柔毛，结果时增大近一倍，顶端5浅裂，裂齿三角形；花冠紫色或红色，外面被疏毛，喉部疏生柔毛，顶端5裂，裂片全缘，下唇中裂片较大，花冠管长约1～1.5厘米；雄蕊4枚，与花柱均伸出花冠管外；子房无毛，有或无腺点。蒴果黑棕色，4瓣裂，无毛，无翅，有网纹。花期7～8月，果期8～9月。
生长习性：喜光，耐寒，耐旱，抗风沙。生于海拔660～2900米的山坡草地或疏林。
分布区域：产于中国山西、河南、湖北、江西、陕西、甘肃、四川、云南中北部。日本、朝鲜也有分布。
园林用途：可配置花境、花坛，适宜植于草坪，营造自然式地被。

马鞭草 *Verbena officinalis* L.　　　马鞭草科马鞭草属

别　名：紫顶龙芽草、野荆芥、龙芽草、凤颈草等。
形态特征：多年生草本，高30～120厘米。茎四方形，近基部可为圆形，节和棱上有硬毛。叶片卵圆形至倒卵形或长圆状披针形，长2～8厘米，宽1～5厘米，基生叶的边缘通常有粗锯齿和缺刻，茎生叶多数3深裂，裂片边缘有不整齐锯齿，两面均有硬毛，背面脉上尤多。穗状花序顶生和腋生，细弱，花小，无柄，最初密集，结果时疏离；苞片稍短于花萼，具硬毛；花萼有硬毛，有5脉，脉间凹穴处质薄而色淡；花冠淡紫至蓝色，外面有微毛，裂片5；雄蕊4，着生于花冠管的中部，花丝短；子房无毛。果长圆形，外果皮薄，成熟时4瓣裂。花期6～8月，果期7～10月。
生长习性：喜干燥，喜光，喜肥，喜湿润，怕涝，不耐干旱，对土壤要求不严。
分布区域：产于中国山西、陕西、甘肃、江苏、安徽、浙江等地区。全世界的温带至热带地区均有分布。
园林应用：常被用来装饰祭坛，也可用于花坛、花境。

藿香 *Agastache rugosa* (Fisch. et Mey.) O. Ktze. 唇形科藿香属

别　　名：合香、苍告、山茴香、山灰香、红花小茴香、家茴香、香薷、薄荷、土藿香等。

形态特征：多年生草本。茎直立，高0.5～1.5米，四棱形，上部被极短的细毛，下部无毛，在上部具能育的分枝。叶心状卵形至长圆状披针形，向上渐小，先端尾状长渐尖，基部心形，稀截形，边缘具粗齿，纸质，上面橄榄绿色，近无毛，下面略淡，被微柔毛及点状腺体。轮伞花序多花，在主茎或侧枝上组成顶生密集的圆筒形穗状花序；花序基部的苞叶长披针状线形，苞片形状与之相似，较小；轮伞花序具短梗，被腺微柔毛。花萼管状倒圆锥形，被腺微柔毛及黄色小腺体，多少染成浅紫色或紫红色，喉部微斜，萼齿三角状披针形。花冠淡紫蓝色，外被微柔毛，冠檐二唇形，上唇直伸，先端微缺，下唇3裂，中裂片较宽大，平展，边缘波状，基部宽，侧裂片半圆形。雄蕊伸出花冠，花丝细，扁平，无毛。花柱与雄蕊近等长，丝状，先端相等2裂。小坚果卵状长圆形，腹面具棱，先端具短硬毛，褐色。花期6～9月，果期9～11月。

生长习性：喜高温、阳光充足的环境，不耐干旱，不耐阴，幼苗期喜湿，苗期喜阴，在北方可自然越冬。

分布区域：全国各地广泛分布，常见栽培，供药用。

园林应用：芳香植物，全株具香味，多用于花境、池畔和庭院成片栽植。

茴香味藿香

活血丹 *Glechoma longituba* (Nakai) Kupr 唇形科活血丹属

别　　名： 钹儿草、佛耳草、连钱草、大叶金钱、金钱薄荷、金钱菊、金钱艾、破金钱、破铜钱等。

形态特征： 多年生草本，具匍匐茎，上升，逐节生根。茎高 10 ～ 20（30）厘米，四棱形，基部通常呈淡紫红色，几无毛，幼嫩部分被疏长柔毛。叶草质，下部者较小，叶片心形或近肾形，叶柄长为叶片的 1 ～ 2 倍；上部者较大，先端急尖或钝三角形，基部心形，边缘具圆齿或粗锯齿状圆齿，上面被疏粗伏毛或微柔毛，叶脉不明显，下面常带紫色，被疏柔毛或长硬毛，常仅限于脉上。轮伞花序通常 2 花，稀具 4 ～ 6 花；苞片及小苞片线形，被缘毛。花萼管状，外面被长柔毛，齿 5，上唇 3 齿，较长，下唇 2 齿，略短，长为萼长 1/2，先端芒状，边缘具缘毛。花冠淡蓝、蓝至紫色，下唇具深色斑点，冠筒直立，上部渐膨大成钟形，有长筒与短筒两型。冠檐二唇形。雄蕊 4，内藏，无毛；花药 2 室，略叉开。子房 4 裂，无毛。花盘杯状，花柱细长，略伸出，先端近相等 2 裂。成熟小坚果深褐色，长圆状卵形。花期 4 ～ 5 月，果期 5 ～ 6 月。

生长习性： 喜光，耐阴，不耐干旱，生于海拔 50 ～ 2000 米的林缘、疏林下、草地中、溪边等阴湿处。

分布区域： 除中国青海、甘肃、新疆及西藏外，全国各地均产。

园林应用： 良好的地被类植物，可作为花境、花坛材料，宜应用于各种园林绿地。

别　　名：益母蒿、益母艾、红花艾、坤草、野天麻、玉米草、灯等。

形态特征：一年生或二年生草本，有于其上密生须根的主根。茎直立，通常高30～120厘米，钝四棱形，微具槽，有倒向糙伏毛，在节及棱上尤为密集，在基部有时近于无毛，多分枝，或仅于茎中部以上有能育的小枝条。叶轮廓变化很大，茎下部叶轮廓为卵形，基部宽楔形，掌状3裂，裂片呈长圆状菱形至卵圆形，裂片上再分裂，上面绿色，有糙伏毛，叶脉稍下陷，下面淡绿色，被疏柔毛及腺点，叶脉突出，叶柄纤细，被糙伏毛；茎中部叶轮廓为菱形，较小，通常分裂成3个或偶有多个长圆状线形的裂片，基部狭楔形。轮伞花序腋生，具8～15花，多数远离而组成长穗状花序。花萼管状钟形，外面有贴生微柔毛，内面于离基部1/3以上被微柔毛，5脉，显著。花冠粉红至淡紫红色，外面于伸出萼筒部分被柔毛，冠筒长约6毫米，等大，内面在离基部1/3处有近水平向的不明显鳞毛毛环，毛环在背面间断，其上部多少有鳞状毛，冠檐二唇形，上唇直伸，内凹，长圆形，全缘，内面无毛，边缘具纤毛，下唇略短于上唇，内面在基部疏被鳞状毛，3裂，中裂片倒心形，先端微缺，边缘薄膜质，基部收缩，侧裂片卵圆形，细小。小坚果长圆状三棱形，淡褐色，光滑。花期6～9月，果期9～10月。

生长习性：喜温暖、湿润气候，喜阳光，怕涝，对土壤要求不严。生长于多种环境，海拔可高达3400米。多见于野荒地、路旁、田埂、山坡草地、河边。

分布区域：产于中国各地。俄罗斯、朝鲜、日本、热带亚洲、非洲以及美洲各地有分布。

园林用途：可用于地被类植物，适宜作自然式花境。

斑叶香妃草 *Plectranthus coleoides*　　唇形科香茶菜属

别　　名：黄金球、金槌花。

形态特征：多年生草本，枝条拱形下垂，丛生性，茎秆四棱形。叶对生，偶有轮生和互生，无叶柄，宽三角状卵形，叶缘具粗锯齿，叶面绿色，边缘银白色。

生长习性：喜阳光，适宜温暖、凉爽环境和富含腐殖质土壤。

分布区域：原产地中海沿岸，亚洲的西南部。中国南北方均有栽培。

园林应用：可布置花坛、花境或盆栽，宜与其他草类配置，植于林缘、草地等。

香茶菜 *Rabdosia amethystoides* (Benth.) Hara　　唇形科香茶菜属

别　　名：铁稜角、四稜角、铁角稜、铁龙角、铁钉头、铁生姜、蛇总管、山薄荷、痱子草等。

形态特征：多年生、直立草本；根茎肥大，疙瘩状，木质，向下密生纤维状须根。茎高0.3～1.5米，四棱形，具槽，密被向下贴生疏柔毛或短柔毛，草质，在叶腋内常有不育的短枝，其上具较小型的叶。叶卵状圆形，卵形至披针形，大小不一，生于主茎中、下部的较大，生于侧枝及主茎上部的较小，先端渐尖、急尖或钝，基部骤然收缩后长渐狭或阔楔状渐狭而成具狭翅的柄，边缘除基部全缘外具圆齿，上面榄绿色，被疏或密的短刚毛，有些近无毛，下面较淡，被疏柔毛至短绒毛，有时近无毛，但均密被白色或黄色小腺点。聚伞花序组成顶生圆锥花序，疏散；苞叶与茎叶同型，通常卵形，较小，近无柄，向上变苞片状，苞片卵形或针状，小，但较显著。花萼钟形，萼齿5，近相等，三角状，约为萼长之1/3。雄蕊及花柱与花冠等长，均内藏。成熟小坚果卵形，黄栗色，被黄色及白色腺点。花期6～10月，果期9～11月。

生长习性：喜光，耐旱，生于海拔200～920米的林下或草丛中的湿润处。

分布区域：产于中国广东、广西、贵州、福建、台湾、江西、浙江、江苏、安徽及湖北。内蒙古也有栽培。

园林应用：常作为地被植物，应用于各种园林绿地，宜作花坛、花境。

蓝花鼠尾草 *Salvia farinacea* Benth.

别　　名：粉萼鼠尾草、一串蓝、蓝丝线。

形态特征：多年生草本，高度30～60厘米。植株呈丛生状，植株被柔毛。茎为四角柱状，且有毛，下部略木质化，呈亚低木状。叶对生长椭圆形，长3～5厘米，灰绿色，叶表有凹凸状织纹，且有折皱，灰白色，香味刺鼻浓郁。轮伞花序2～6朵，组成顶生假总状或圆锥花序，长约20～35厘米。花期夏季。

生长习性：喜温暖、湿润和阳光充足环境，耐寒性强，怕炎热、干燥。蓝花鼠尾草宜在疏松、肥沃且排水良好的沙壤土中生长。

分布区域：原产于北美南部地区。

园林应用：盆栽适用于花坛、花境和园林景点的布置，可点缀岩石旁、林缘空隙地，显得幽静，也可摆放在建筑物前和小庭院，典雅清幽。

林荫鼠尾草 *Salvia nemorosa* L.

唇形科鼠尾草属

别　　名：森林鼠尾草。

形态特征：多年生草本，高度50～75厘米，冠幅45～60厘米。直立型，多分枝，木质化，簇状。叶带香味，绿或灰绿色；花色蓝色或紫色。花期6～9月。

生长习性：喜温暖、湿润和阳光充足环境，耐寒性强，怕炎热、干燥。

分布区域：产于欧洲中部及西部。

园林应用：可作盆栽、切花等，也适用于作花境、乡村花园、蝴蝶花园、野趣花园、沿道路配植等植株。

南欧丹参 *Salvia sclarea* L.

唇形科鼠尾草属

别　　名：香紫苏。

形态特征：一年生草本，株高1.5～2米，茎四棱形，直立，被细毛或绿紫色，多分枝。叶对生，有长柄，叶片椭圆形或长椭圆形，先端突尖或渐尖，边缘有锯齿，两面紫色，被柔毛。轮伞花序，每轮5～6朵小花，花两性，苞片宽卵形，紫红色或粉红色，花冠呈青色，花冠筒内前方有一毛状环，雄蕊4，子房4裂，柱头2浅裂，小坚果卵圆形，非褐色，光滑。花期7～9月，种子成熟期8～10月。

生长习性：喜光，耐寒，耐旱，耐瘠薄，无论沙土、壤土、黏土、山地均可生长。

分布区域：产于欧洲南部和中东。中国江苏、安徽、江西、湖北、广东、四川、云南等地均有栽培。

园林应用：香花植物，可作花境、花坛，宜可种植于庭院、墙隅、绿篱前。

雪山鼠尾草 *Salvia evansiana* Hand.-Mazz.

唇形科鼠尾草属

别　　名：埃望鼠尾、紫花丹参。

形态特征：多年生草本。根茎粗大，单一或分枝，其上密生鳞片，鳞片呈卵圆状三角形或披针形，根茎下方有斜升扭曲状的条状根。茎直立，高13～45厘米，具条纹，密被棕色长柔毛或变无毛。叶有根出叶和茎生叶，均为卵圆形或三角状卵圆形，边缘有不整齐的小圆齿，草质，干时略具皱，上面密被平伏长柔毛，下面沿脉网上被平展褐色长柔毛，全面散布深褐色腺点。轮伞花序6花，上部者密集，下部者稍疏离，组成长10～20厘米的总状花序或总状圆锥花序。花冠蓝紫色或紫色，基部为黄色，直伸，外被疏柔毛，冠檐二唇形，上唇直伸，半圆形，顶端微凹，下唇3裂，中裂片最大。能育雄蕊伸在上唇下，花丝扁平，药隔短，弯成弧形；退化雄蕊短小。花柱内藏，先端不相等2浅裂，后裂片短。花期7～10月。

生长习性：喜光，抗旱，生于海拔3400～4200米的高山草地、山坡或林下。

分布区域：产于中国云南西北部、四川西南部。

园林应用：岩石园、花境前景植物或作地被。

一串红 *Salvia splendens* Ker-Gawler

唇形科鼠尾草属

别　　名： 爆竹红、象牙红、西洋红、墙下红、象牙海棠、炮仔花。

形态特征： 亚灌木状草本，高可达 90 厘米。茎钝四棱形，具浅槽，无毛。叶卵圆形或三角状卵圆形，长 2.5～7 厘米，宽 2～4.5 厘米，先端渐尖，基部截形或圆形，稀钝，边缘具锯齿，上面绿色，下面较淡，两面无毛，下面具腺点。轮伞花序 2～6 花，组成顶生总状花序，花序长达 20 厘米或以上；苞片卵圆形，红色，大，在花开前包裹着花蕾，先端尾状渐尖；花梗密被染红的具腺柔毛，花序轴被微柔毛。花萼钟形，红色，花后增大，外面沿脉上被染红的具腺柔毛，内面在上半部被微硬伏毛，二唇形，唇裂达花萼长 1/3，上唇三角状卵圆形，先端具小尖头，下唇比上唇略长，深 2 裂，裂片三角形，先端渐尖。花冠红色，外被微柔毛，内面无毛，冠筒筒状，直伸，在喉部略增大，冠檐二唇形，上唇直伸，略内弯，长圆形，先端微缺，下唇比上唇短，3 裂，中裂片半圆形，侧裂片长卵圆形，比中裂片长。小坚果椭圆形，暗褐色，顶端具不规则极少数的皱褶突起，边缘或棱具狭翅，光滑。花期 3～10 月。

生长习性： 喜阳，也耐半阴，一串红要求疏松、肥沃和排水良好的砂质壤土。

分布区域： 原产于巴西，后在中国各地广泛栽培。

园林应用： 一串红盆栽适合布置大型花坛、花境，景观效果特别好。矮生品种盆栽，用于窗台、阳台美化和屋旁、阶前点缀，色彩娇艳，气氛热烈。

一串黄 *Salvia glutinosa*

一串紫 *Salvia splendens* var.atropurpura

唇形科鼠尾草属

形态特征：直立一年生草本，全株具长软毛，株高30～50厘米。具长穗状花序，花小，长约12厘米，紫、堇、雪青等色。有多数变种，花色美丽。
生长习性：喜光性花卉，栽培场所必须阳光充足，对一串紫的生长发育十分有利。
分布区域：原产于南欧。中国各地均有栽培。
园林应用：常用作花丛、花坛的主体材料，可植于带状花坛或自然式纯植于林缘。

别　　名：小红花。

形态特征：一年生或多年生草本，根纤维状，密集。茎直立，高达 70 厘米。四棱形，具浅槽，被开展的长硬毛及向下弯的灰白色疏柔毛，单一或多分枝，分枝细弱，伸长。叶片卵圆形或三角状卵圆形，先端锐尖，基部心形或近截形，边缘具锯齿或钝锯齿，草质，上面绿色，被短柔毛，下面灰绿色，被灰色的短绒毛。轮伞花序 4 至多花，疏离，组成顶生总状花序；苞片卵圆形，比花梗长，先端尾状渐尖，基部圆形，上面无毛，下面被疏柔毛，边缘具长缘毛。花萼筒状钟形，外被短疏柔毛及微柔毛，其间混生浅黄色腺点，内面在中部及以上被微硬伏毛，二唇形，上唇卵圆形，全缘，先端具小尖头，边缘被小缘毛，下唇与上唇近等长，深裂成 2 齿，齿卵状三角形，先端锐尖。花冠深红或绯红色，斜向上升，向上渐宽，冠檐二唇形，上唇比下唇短，伸直，长圆形，下唇较上唇稍长，中裂片最大，倒心形，先端微缺，边缘波状，侧裂片卵圆形，短。小坚果倒卵圆形，黄褐色，具棕色斑纹。花期 4～7 月。

生长习性：性喜温暖向阳环境，生于海拔 1250～1500 米的路边阳处或湖边疏林潮湿处。

分布区域：原产于北美。在中国陕西、上海、浙江、等地有栽培，云南在蒙自和腾冲可以见到逸生状态。

园林应用：可用于布置花坛或花境，亦可丛植于草坪。

黄芩 *Scutellaria baicalensis* Georgi

唇形科黄芩属

形态特征： 多年生草本，根茎肥厚，肉质，径达2厘米，伸长而分枝。茎基部伏地，上升，高30～120厘米，钝四棱形，具细条纹，近无毛或被上曲至开展的微柔毛，绿色或带紫色，自基部多分枝。叶坚纸质，披针形至线状披针形，顶端钝，基部圆形，全缘，上面暗绿色，无毛或疏被贴生至开展的微柔毛，下面色较淡，无毛或沿中脉疏被微柔毛，密被下陷的腺点，侧脉4对，与中脉上面下陷下面凸出；叶柄腹凹背凸，被微柔毛。花序在茎及枝上顶生，总状，常再于茎顶聚成圆锥花序。花萼外面密被微柔毛，萼缘被疏柔毛，内面无毛。花冠紫、紫红至蓝色，外面密被具腺短柔毛，内面在囊状膨大处被短柔毛；冠筒近基部明显膝曲；冠檐2唇形，上唇盔状，先端微缺，下唇中裂片三角状卵圆形，两侧裂片向上唇靠合。雄蕊4，稍露出。花柱细长，先端锐尖；子房褐色，无毛。小坚果卵球形，黑褐色，具瘤。花期7～8月，果期8～9月。

生长习性： 生于海拔60～1300（1700～2000）米的向阳草坡地、休荒地上。

分布区域： 产于中国黑龙江、辽宁、内蒙古、河北、河南、甘肃、陕西、山西、山东、四川等地，江苏有栽培。

园林应用： 可用于花境、林下或林缘植被。

形态特征： 是辣椒的变种，茄科辣椒属多年生草本植物，但常作一年生栽培。株高 30～60 厘米，茎直立，常呈半木质化，分枝多，单叶互生。花单生叶腋或簇生枝梢顶端，花多色，形小不显眼。果实簇生于枝端，同株果实有绿、黄、白、紫、红五色。花期 5～6 月，果期 6～9 月。

生长习性： 喜光，喜温热，不耐寒，最适生长温度苗期为 20℃，开花期 15～20℃，果实成熟期 25℃以上，在潮湿、肥沃的土壤上生长良好。

分布区域： 中国各地均有栽培。

园林应用： 可作花境材料使用，是优良的盆栽观果花卉，同株果实有绿、黄、白、紫、红五色，鲜艳夺目，具有光泽，点缀于绿叶之中，玲珑可爱。

别　名：曼荼罗、满达、曼扎、曼达、醉心花、狗核桃、洋金花、枫茄花、万桃花、闹羊花、大喇叭花、山茄子。

形态特征：草本或半灌木状，高0.5～1.5米。全体近于平滑或在幼嫩部分被短柔毛。茎粗壮，圆柱状，淡绿色或带紫色，下部木质化。叶广卵形，顶端渐尖，基部不对称楔形，边缘有不规则波状浅裂，裂片顶端急尖，有时亦有波状牙齿，侧脉每边3～5条，直达裂片顶端，长8～17厘米，宽4～12厘米；叶柄长3～5厘米。花单生于枝杈间或叶腋，直立，有短梗；花萼筒状，长4～5厘米，筒部有5棱角，两棱间稍向内陷，基部稍膨大，顶端紧围花冠筒，5浅裂，裂片三角形，花后自近基部断裂，宿存部分随果实而增大并向外反折；花冠漏斗状，下半部带绿色，上部白色或淡紫色，檐部5浅裂，裂片有短尖头；雄蕊不伸出花冠；子房密生柔针毛。蒴果直立生，卵状，成熟后淡黄色，规则4瓣裂。种子卵圆形，稍扁，黑色。花期6～10月，果期7～11月。

生长习性：多野生在田间、沟旁、道边、河岸、山坡等地带。喜温暖、向阳及排水良好的砂质壤土。

分布区域：原产于墨西哥。广泛分布于世界温带至热带地区。中国各地均有分布。

园林应用：可用于观赏，置于庭院、温室等。

番茄 *Lycopersicon esculentum* Mill.

别　　名：番柿,六月柿,西红柿,洋柿子,毛秀才。

形态特征：一年生或多年生草本植物,高0.6～2米。全体生黏质腺毛,有强烈气味。茎易倒伏。叶羽状复叶或羽状深裂,长10～40厘米,小叶极不规则,大小不等,常5～9枚,卵形或矩圆形,长5～7厘米,边缘有不规则锯齿或裂片。花序常3～7朵花;花萼辐状,裂片披针形,果时宿存;花冠辐状,黄色。浆果扁球状或近球状,肉质而多汁液,橘黄色或鲜红色,光滑;种子黄色。花果期夏秋季。

生长习性：喜温性、喜光作物,既需要较多的水分,又不必经常大量地灌溉,番茄对土壤条件要求不太严格。

分布区域：原产于南美洲。中国南北方广泛栽培。

园林应用：观果蔬菜,可应用于农业园。

花烟草 *Nicotiana alata* Link et Otto

茄科烟草属

形态特征：多年生草本，高0.6～1.5米，全体被黏毛。叶在茎下部铲形或矩圆形，基部稍抱茎或具翅状柄，向上成卵形或卵状矩圆形，近无柄或基部具耳，接近花序即成披针形。花序为假总状式，疏散生几朵花；花梗长5～20毫米。花萼杯状或钟状，长15～25毫米，裂片钻状针形，不等长；花冠淡绿色，筒长5～10厘米，筒部直径约3～4毫米，喉部直径约6～8毫米，檐部宽15～25毫米，裂片卵形，短尖，2枚较其余3枚为长；雄蕊不等长，其中1枚较短。蒴果卵球状，长12～17毫米。种子长约0.7毫米，灰褐色。

生长习性：喜温暖、向阳环境，不耐寒，较耐热，耐旱，喜肥沃、疏松的土壤。

分布区域：原产于阿根廷和巴西。中国哈尔滨、北京、南京、呼和浩特等地有引种栽培。

园林应用：可净化空气，可作花境、花坛等，或置于室内盆栽养殖，作装饰品。

青杞 *Solanum septemlobum* Bunge

茄科茄属

别　　名：野枸杞、野茄子、枸杞子。

形态特征：直立草本或灌木状，茎具棱角，被白色具节弯卷的短柔毛至近于无毛。叶互生，卵形，长3～7厘米，宽2～5厘米，先端钝，基部楔形，通常7裂，有时5～6裂或上部的近全缘，裂片卵状长圆形至披针形，全缘或具尖齿，两面均疏被短柔毛，在中脉、侧脉及边缘上较密；叶柄被毛。二歧聚伞花序，顶生或腋外生；萼小，杯状，5裂；花冠青紫色，直径约1厘米，花冠筒隐于萼内，先端深5裂，裂片长圆形，开放时常向外反折。浆果近球状，熟时红色；种子扁圆形。花期夏秋间，果熟期秋末冬初。

生长习性：喜生长于山坡向阳处，多分布于海拔900～1600米，也有分布在300～2500米的。

分布区域：产于中国黑龙江、吉林、新疆、甘肃、内蒙古、河北、山西、四川等省区。

园林应用：可置于房前墙下，点缀于花境，妙趣横生。

325

茄 *Solanum melongena* L.

形态特征： 直立分枝草本至亚灌木，高可达1米，小枝，叶柄及花梗均被6～8（10）分枝，平贴或具短柄的星状绒毛，小枝多为紫色（野生的往往有皮刺），渐老则毛被逐渐脱落。叶大，卵形至长圆状卵形，长8～18厘米或更长，宽5～11厘米或更宽，先端钝，基部不相等，边缘浅波状或深波状圆裂，上面和下面均被星状绒毛，下面则较密。能孕花单生，不孕花蝎尾状与能孕花并出；萼近钟形，外面密被与花梗相似的星状绒毛及小皮刺，萼裂片披针形，先端锐尖，内面疏被星状绒毛，花冠辐状，外面星状毛被较密，内面仅裂片先端疏被星状绒毛，花冠筒裂片三角形。果的形状大小变异极大。

生长习性： 喜高温，喜水又怕水，土壤潮湿通气不良时，易引起沤根。

分布区域： 原产于亚洲热带，在全世界都有分布，以亚洲栽培最多。

园林应用： 可作为观赏作物应用于植物园、花卉园等。

形态特征： 多年生草本，株高30～100厘米，全株具毛，茎直立稍分枝。下部叶椭圆形或长椭圆状形，有波状齿缘或状中裂，上部叶近全缘。花冠斜漏斗形，花有白、黄、红褐、红、绯红、洋红、紫等色，上有蓝、黄、褐、红等色线条，具天鹅绒般光泽，花期4～5月。

生长习性： 喜日照充足、凉爽湿润的环境，宜富含腐殖质的肥沃土壤。

分布区域： 原产于智利和秘鲁。在中国分布于青海东部、甘肃、宁夏、陕西、山西、山东、河北、内蒙古、辽宁、吉林、黑龙江等省区。在俄罗斯远东地区也有分布。

园林应用： 用作花坛、花境、盆栽、切花。

小天蓝绣球 *Phlox drummondii* Hook.

花葱科天蓝绣球属

别　　名：雁来红、金山海棠、福禄考。

形态特征：多年生草本，茎直立，高15～45厘米，单一或分枝，被腺毛。下部叶对生，上部叶互生，宽卵形、长圆形和披针形，长2～7.5厘米，顶端锐尖，基部渐狭或半抱茎，全缘，叶面有柔毛；无叶柄。圆锥状聚伞花序顶生，有短柔毛，花梗很短；花萼筒状，萼裂片披针状钻形，长2～3毫米，外面有柔毛，结果时开展或外弯；花冠高脚碟状，直径1～2厘米，淡红、深红、紫、白、淡黄等色，裂片圆形，比花冠管稍短；雄蕊和花柱比花冠短很多。蒴果椭圆形，长约5毫米，下有宿存花萼。种子长圆形，褐色。花期5～7月。

生长习性：喜温暖，稍耐寒，忌酷暑，不耐旱，忌湿涝，喜疏松、排水良好的沙壤土。

分布区域：原产于墨西哥。中国各地庭园有栽培。

园林应用：色彩艳丽，花朵茂密，株姿雅致，地栽盆植，观赏价值高。

毛地黄 *Digitalis purpurea* L.

别　　名：洋地黄。

形态特征：一年生或多年生草本，除花冠外，全体被灰白色短柔毛和腺毛，有时茎上几无毛，高60～120厘米。茎单生或数条成丛。基生叶多数成莲座状，叶柄具狭翅，长可达15厘米；叶片卵形或长椭圆形，长5～15厘米，先端尖或钝，基部渐狭，边缘具带短尖的圆齿，少有锯齿；茎生叶下部的与基生叶同形，向上渐小，叶柄短直至无柄而成为苞片。萼钟状，长约1厘米，果期略增大，5裂几达基部；裂片矩圆状卵形，先端钝至急尖；花冠紫红色，内面具斑点，长3～4.5厘米，裂片很短，先端被白色柔毛。蒴果卵形，种子短棒状，除被蜂窝状网纹外，尚有极细的柔毛。花期5～6月。

生长习性：喜阳、耐阴，较耐寒和干旱，忌炎热，耐瘠薄土壤。

分布区域：原产于欧洲。中国有栽培。

园林应用：可用于花境、花坛、岩石园中，适于盆栽。若在温室中促成栽培，可在早春开花。

猴面花 *Mimulus hybridus* Wettst.

玄参科沟酸浆属

形态特征：多年生草本植物，高30～40厘米。茎粗壮，中空，伏地处节上生根。叶交互对生，卵圆形，长宽近相等，上部略狭。稀疏总状花序，花对生在叶腋内，漏斗状，黄色，花两唇，上两下三裂，花期5～10月通常有紫红色斑块或斑点。种子细小。栽培变种的花冠底色为不同深浅的黄色，上具各种大小不同形状的红、紫、褐斑点。

生长习性：喜潮湿，喜光，耐寒，耐半阴，怕高温，忌积水，喜沃疏松、排水良好的沙壤土。

分布区域：原产于南美洲的智利，现主要分布在欧洲和南极洲以外的大陆。

园林应用：适于花坛、花境栽种或用盆花作景观布置，观赏效果好。

形态特征：多年生草本，茎上部有时分枝，高30～100厘米，上部具腺毛，下部具较硬的毛。叶几乎全部基生，叶片卵形至矩圆形，基部近圆形至宽楔形，长4～10厘米，边具粗圆齿至浅波状，无毛或有微毛，叶柄长达3厘米，茎生叶不存在或很小而无柄。花序总状，花单生，主轴、苞片、花梗、花萼都有腺毛，花梗长达1.5厘米；花萼长4～6毫米，裂片椭圆形；花冠紫色，直径约2.5厘米；雄蕊5，花丝有紫色绵毛，花药均为肾形。蒴果卵球形，长约6毫米，长于宿存的花萼，上部疏生腺毛，表面有隆起的网纹。花期5～6月，果期6～8月。

生长习性：生于海拔1600～1800米的山坡草地或荒地。

分布区域：产于中国新疆北部，全国各地偶有栽培。欧洲至俄罗斯中亚和西部西伯利亚地区也有分布。

园林应用：可布置花坛、花境或盆栽。

阿拉伯婆婆纳 *Veronica persica* Pair

玄参科婆婆纳属

形态特征：铺散多分枝草本，高10～50厘米。茎密生两列多细胞柔毛。叶2～4对，具短柄，卵形或圆形，长6～20毫米，宽5～18毫米，基部浅心形，平截或浑圆，边缘具钝齿，两面疏生柔毛。总状花序很长；花冠蓝色、紫色或蓝紫色，裂片卵形至圆形，喉部疏被毛；雄蕊短于花冠。蒴果肾形，被腺毛，成熟后几乎无毛，网脉明显，凹口角度超过90°，裂片钝，花柱宿存，超出凹口。花期3～5月。
生长习性：可生长于土质疏松坡地，在干燥与阴湿的环境条件下亦发育良好，其对环境要求不高。
分布区域：原产于亚洲西部及欧洲。现分布于中国华东、华中及贵州、云南、西藏东部及新疆等省区。
园林应用：可用于配置花坛、花境及林缘植被。

兔儿尾苗 *Veronica longifolia* L.

别　　名：长尾婆婆纳。

形态特征：茎单生或数支丛生，近于直立，不分枝或上部分枝，高40厘米至1米余，无毛或上部有极疏的白色柔毛。叶对生，偶3～4枚轮生，节上有一个环连接叶柄基部，叶腋有不发育的分枝，叶柄长2～4毫米，偶达1厘米，叶片披针形，渐尖，基部圆钝至宽楔形，有时浅心形，长4～15厘米，宽1～3厘米，边缘为深刻的尖锯齿，常夹有重锯齿，两面无毛或有短曲毛。总状花序常单生，少复出，长穗状，各部分被白色短曲毛；花梗直，长约2毫米；花冠紫色或蓝色，长5～6毫米，筒部长占2/5～1/2，裂片开展，后方一枚卵形，其余长卵形；雄蕊伸出。蒴果长约3毫米，无毛，花柱长7毫米。花期6～8月。

生长习性：喜光，耐寒冷，亦耐热，耐干旱瘠薄，生长势强，抗性强，病虫害少。

分布区域：分布于中国内蒙古、新疆和黑龙江、吉林。欧洲至俄罗斯远东地区及朝鲜北部也有栽植。

园林应用：可作为地被类植物使用。

金鱼草 *Antirrhinum majus* L.

玄参科金鱼草属

别　　名：龙头花、狮子花、龙口花、洋彩雀。

形态特征：多年生直立草本，茎基部有时木质化，高可达80厘米。茎基部无毛，中上部被腺毛，基部有时分枝。叶下部的对生，上部的常互生，具短柄；叶片无毛，披针形至矩圆状披针形，长2～6厘米，全缘。总状花序顶生，密被腺毛；花梗长5～7毫米；花萼与花梗近等长，5深裂，裂片卵形，钝或急尖；花冠颜色多种，从红色、紫色至白色，基部在前面下延成兜状，上唇直立，宽大，2半裂，下唇3浅裂，在中部向上唇隆起，封闭喉部，使花冠呈假面状；蒴果卵形，基部强烈向前延伸，被腺毛，顶端孔裂。

生长习性：喜阳光，也能耐半阴。性较耐寒，不耐酷暑。

分布区域：原产于地中海沿岸地区，北至摩洛哥和葡萄牙，南至法国，东至土耳其和叙利亚。中国广泛栽培。

园林应用：在中国园林广为栽种，适合群植于花坛、花境。高性品种可用作背景种植，矮性品种宜植于岩石、窗台花池或花境边缘。也可作切花之用。

形态特征：多年生草本，高30～70厘米。全体被腺毛。茎直立，圆柱形。叶对生；叶片条状披针形，先端渐尖基部渐狭，边缘有稀疏的尖锐小齿，上面中脉下陷；近无柄，叶脉明显。花单生于茎上部叶腋，形似总状花序：花梗细长，花萼长2～4毫米，深裂至基部，裂片呈披针形，渐尖；花冠蓝紫色，花冠筒短，喉部有1对囊，檐部辐状，上唇宽大，2深裂，下唇3裂；雄蕊4枚，花丝短；花冠合生，上部5裂，有红紫、粉、白色及双色等花色，下方裂片基部常有一白斑。花期6～9月。

生长习性：喜高温和湿润环境，喜强光，耐热，适应性强。

分布区域：原产于墨西哥和西印度群岛。世界各地广泛栽培。

园林应用：花量大，观赏期长，优良的夏季草花品种之一，可地栽、盆栽或湿地种植。

凌霄 *Campsis grandiflora* (Thunb.) Schum.

别　　名：紫葳、堕胎花、白狗肠、搜骨风、过路蜈蚣、接骨丹、九龙下海、五爪龙、上树龙等。

形态特征：攀缘藤本。茎木质，表皮脱落，枯褐色，以气生根攀附于它物之上。叶对生，为奇数羽状复叶；小叶7～9枚，卵形至卵状披针形，顶端尾状渐尖，基部阔楔形，两面无毛，边缘有粗锯齿。顶生疏散的短圆锥花序，花序轴长15～20厘米。花萼钟状，长3厘米，分裂至中部，裂片披针形。花冠内面鲜红色，外面橙黄色，裂片半圆形。雄蕊着生于花冠筒近基部，花丝线形，细长，花药黄色，个字形着生。花柱线形，长于雄蕊，柱头扁平，2裂。蒴果顶端钝。花期5～8月。

生长习性：喜光，耐半阴，耐寒，耐旱，耐瘠薄，耐盐碱，较耐水湿，忌酸性土。

分布区域：产于中国长江流域各地，以及河北、山东、河南、福建、广东、陕西等省。内蒙古也有栽培。

园林应用：花大色艳，花期甚长，可作为庭园中棚架、花门的绿化材料，宜用于攀缘墙垣、石壁等，经修剪、整枝后，可成灌木状栽培观赏。

北车前 *Plantago media* L.

别　　名：中车前（内蒙古）。

形态特征：多年生草本。直根较粗，圆柱状。根茎粗短，具叶柄残基，有时分枝。叶基生呈莲座状，平卧至直立，幼叶灰白色；叶片纸质或厚纸质，椭圆形、长椭圆形、卵形或倒卵形，长4.5～13厘米，宽1.5～5厘米，先端急尖，边缘全缘或疏生浅波状小齿，基部楔状渐狭，两面散生白色柔毛，脉7～9条；叶柄长0.5～8厘米，具翅，密被倒向白色柔毛。花序通常2～3个；花序梗直立或弓曲上升，长15～40厘米，具纵条纹，被向上的白色短柔毛；穗状花序密集，穗轴、苞片基部及内侧疏生白色柔毛。萼片与苞片约等长，无毛，龙骨突不达顶端，前对萼片卵状椭圆形或宽椭圆形，后对萼片宽卵状圆形。花冠银白色，无毛，冠筒约与萼片等长，裂片卵状椭圆形、卵形或披针状卵形，长1.7～2.3毫米，脉不明显，半透明，有光泽，于花后反折。雄蕊着生于冠筒内面近基部，花丝淡紫色，干后变黑色，与花柱明显外伸，花药长椭圆形，先端具三角形突起，通常淡紫色，稀白色。胚珠4。蒴果卵状椭圆形。花期6～8月，果期7～9月。

生长习性：喜光，耐旱，耐寒，生于海拔1360～2000米的草甸、河滩、沟谷、山坡台地。

分布区域：产于中国内蒙古、新疆地区。

园林应用：可用于点缀花草地。

蓬子菜 *Galium verum* Linn.

形态特征：多年生近直立草本，基部稍木质，高25～45厘米。茎有4角棱，被短柔毛或秕糠状毛。叶纸质，6～10片轮生，线形，通常长1.5～3厘米，宽1～1.5毫米，顶端短尖，边缘极反卷，常卷成管状，上面无毛，稍有光泽，下面有短柔毛，稍苍白，干时常变黑色，1脉，无柄。聚伞花序顶生和腋生，较大，多花，通常在枝顶结成圆锥花序状；萼管无毛；花冠黄色，辐状，无毛，花冠裂片卵形或长圆形，顶端稍钝。果小，果爿双生，近球状，无毛。花期4～8月，果期5～10月。

生长习性：生于长海拔40～4000米的山地、河滩、旷野、沟边、草地、灌丛或林下。

分布区域：产于中国黑龙江、吉林、辽宁、内蒙古等省区。日本、朝鲜、印度、巴基斯坦、亚洲西部、欧洲、美洲北部也有分布。

园林应用：花型小巧可爱，可与其他植物一起配置花境。

阿尔泰蓝盆花 *Scabiosa austro-altaica* Bobr 　　　　川续断科蓝盆花属

别　　名：轮锋菊、松虫草。

形态特征：多年生草本，高30～50厘米。基生叶叶柄较叶片为短，叶片羽状深裂，裂片披针形或线形，具缺刻，长5～20毫米，宽2～3毫米；通常不具茎生叶；花序头状，花冠蓝紫色。花期6～7月。

生长习性：蓝盆花喜光线良好、通风的环境。要求土壤疏松、肥沃、排水良好，以沙壤土为好。

分布区域：产于中国台湾、东北、华北及西北等地区。

园林应用：盆栽观赏，园林绿化，布置花坛、花境，也可作切花。

别　　名：胡瓜、青瓜。

形态特征：一年生蔓生或攀缘草本。茎、枝伸长，有棱沟，被白色的糙硬毛。卷须细，不分歧，具白色柔毛。叶柄稍粗糙，有糙硬毛，长 10 ～ 16（20）厘米；叶片宽卵状心形，膜质，长、宽均 7 ～ 20 厘米，两面甚粗糙，被糙硬毛，3 ～ 5 个角或浅裂，裂片三角形，有齿，有时边缘有缘毛，先端急尖或渐尖，基部弯缺半圆形，有时基部向后靠合。雌雄同株。雄花：常数朵在叶腋簇生；花梗纤细，被微柔毛；花冠黄白色，花冠裂片长圆状披针形，急尖；雄蕊 3，花丝近无；雌花：单生或稀簇生花梗粗壮，被柔毛；子房纺锤形，粗糙，有小刺状突起。果实长圆形或圆柱形，熟时黄绿色，表面粗糙，有具刺尖的瘤状突起，极稀近于平滑。种子小，狭卵形，白色，无边缘，两端近急尖。花果期夏季。

生长习性：喜温暖，不耐寒冷。黄瓜喜湿而不耐涝，喜肥而不耐肥，宜选择富含有机质的肥沃土壤。

分布区域：中国各地普遍栽培，且许多地区均有温室或塑料大棚栽培。现广泛种植于温带和热带地区。

园林应用：可作为观光蔬菜进行种植。

葫芦 *Lagenaria siceraria* (Molina) Standl   葫芦科葫芦属

形态特征： 一年生攀缘草本。茎、枝具沟纹，被黏质长柔毛，老后渐脱落，变近无毛。叶柄纤细，长 16～20 厘米，有和茎枝一样的毛被；叶片卵状心形或肾状卵形，长、宽均 10～35 厘米，不分裂或 3～5 裂，具 5～7 掌状脉，先端锐尖，边缘有不规则的齿，基部心形，弯缺开张，半圆形或近圆形，两面均被微柔毛，叶背及脉上较密。卷须纤细，初时有微柔毛，后渐脱落，变光滑无毛，上部分 2 歧。雌雄同株，雌、雄花均单生。雄花：花梗细，比叶柄稍长，花梗、花萼、花冠均被微柔毛；花萼筒漏斗状，裂片披针形；花冠黄色，裂片皱波状，先端微缺而顶端有小尖头，5 脉。雌花花梗比叶柄稍短或近等长；花萼和花冠似雄花。果实初为绿色，后变白色至带黄色，由于长期栽培，果形变异很大，因不同品种或变种而异，有的呈哑铃状，中间缢细，下部和上部膨大，上部大于下部，长数十厘米，有的仅长 10 厘米，有的呈扁球形、棒状或构状，成熟后果皮变木质。种子白色，倒卵形或三角形。花期夏季，果期秋季。

生长习性： 排水良好、土质肥沃的平川及低洼地和有灌溉条件的岗地。

分布区域： 中国各地均有栽培。

园林应用： 可作为观赏蔬菜进行种植。

缬草 *Valeriana officinalis* L.

别　　名：欧缬草、拔地麻、媳妇菜、香草、珍珠香、满山香、满坡香、五里香、大救驾、小救驾。

形态特征：多年生高大草本，高可达 100～150 厘米；根状茎粗短呈头状，须根簇生；茎中空，有纵棱，被粗毛，尤以节部为多，老时毛少。匍枝叶、基出叶和基部叶在花期常凋萎。茎生叶卵形至宽卵形，羽状深裂，裂片 7～11；中央裂片与两侧裂片近同形同大小，但有时与第 1 对侧裂片合生成 3 裂状，裂片披针形或条形，顶端渐窄，基部下延，全缘或有疏锯齿，两面及柄轴多少被毛。花序顶生，成伞房状三出聚伞圆锥花序；小苞片中央纸质，两侧膜质，长椭圆状长圆形、倒披针形或线状披针形，先端芒状突尖，边缘多少有粗缘毛。花冠淡紫红色或白色，长 4～5 毫米，花冠裂片椭圆形，雌雄蕊约与花冠等长。瘦果长卵形，长约 4～5 毫米，基部近平截，光秃或两面被毛。花期 5～7 月，果期 6～10 月。

生长习性：耐涝，较耐旱，土壤以中性或弱碱性砂质壤土为好。生于海拔 2500～4000 米地带。

分布区域：产于中国东北至西南的广大地区。内蒙古有栽培。

园林应用：观赏地被类植物，可用于花境、花坛，宜配置于草坪、林缘、墙隅。

石沙参 *Adenophora polyantha* Nakai

形态特征：多年生草本。茎 1 至数支发自一条茎基上，常不分枝，高 20 ～ 100 厘米，无毛或有各种疏密程度的短毛。基生叶叶片心状肾形，边缘具不规则粗锯齿，基部沿叶柄下延；茎生叶完全无柄，卵形至披针形，极少为披针状条形，边缘具疏离而三角形的尖锯齿或几乎为刺状的齿，无毛或疏生短毛。花序常不分枝而成假总状花序，或有短的分枝而组成狭圆锥花序。花梗短，长一般不超过 1 厘米；花萼通常各式被毛，裂片狭三角状披针形；花冠紫色或深蓝色，钟状，喉部常稍稍收缩，裂片短，不超过全长 1/4，常先直而后反折；花盘筒状，常疏被细柔毛；花柱常稍稍伸出花冠，有时在花大时与花冠近等长。蒴果卵状椭圆形。种子黄棕色，卵状椭圆形，稍扁，有一条带翅的棱。花期 8 ～ 10 月。

生长习性：生于海拔 2000 米以下的阳坡开旷草坡或灌丛边。喜温暖或凉爽气候，耐寒，虽耐干旱，以土层深厚肥沃、富含腐殖质、排水良好的砂质壤土栽培为宜。

分布区域：产于中国辽宁、河北、山东、江苏、安徽、河南、山西、内蒙古等省区。

园林应用：花形灵动，是有潜力的乡土地被植物，可作为花境材料推广。

杏叶沙参 *Adenophora hunanensis* Nannf. 桔梗科沙参属

别　　名：宽裂沙参。

形态特征：多年生草本，茎高60～120厘米，不分枝，无毛或稍有白色短硬毛。茎生叶至少下部的具柄，很少近无柄，叶片卵圆形，卵形至卵状披针形，基部常楔状渐尖，或近于平截形而突然变窄，沿叶柄下延，顶端急尖至渐尖，边缘具疏齿，两面或疏或密地被短硬毛，较少被柔毛，也有全无毛的，长3～10厘米，宽2～4厘米。花序分枝长，几乎平展或弓曲向上，常组成大而疏散的圆锥花序。花梗极短而粗壮，花序轴和花梗有短毛或近无毛；花萼常有或疏或密的白色短毛，有的无毛，筒部倒圆锥状，裂片卵形至长卵形，基部通常彼此重叠；花冠钟状，蓝色、紫色或蓝紫色，长1.5～2厘米，裂片三角状卵形，为花冠长的1/3；花盘短筒状，顶端被毛或无毛；花柱与花冠近等长。蒴果球状椭圆形，或近于卵状。花期7～9月。

生长习性：喜光，耐寒，耐干旱，对土壤要求不严。生于海拔2000米以下的山坡草地和林缘草地。

分布区域：产于中国贵州、广西等地。内蒙古也有栽培。

园林应用：可应用于花境、花坛，或片植于草坪、林缘下。

紫斑风铃草 *Campanula puncatata* Lam.　　桔梗科风铃草属

别　　名：灯笼花、吊钟花。

形态特征：多年生草本，全体被刚毛，具细长而横走的根状茎。茎直立，粗壮，高 20 ～ 100 厘米，通常在上部分枝。基生叶具长柄，叶片心状卵形；茎生叶下部的有带翅的长柄，上部的无柄，三角状卵形至披针形，边缘具不整齐钝齿。花顶生于主茎及分枝顶端，下垂；花萼裂片长三角形，裂片间有一个卵形至卵状披针形而反折的附属物，它的边缘有芒状长刺毛；花冠白色，带紫斑，筒状钟形，长 3 ～ 6.5 厘米，裂片有睫毛。蒴果半球状倒锥形，脉很明显。种子灰褐色，矩圆状，稍扁，长约 1 毫米。花期 6 ～ 9 月，果期 9 ～ 10 月。

生长习性：喜光，耐半阴，耐旱，忌水湿，对土壤要求不严，以含丰富腐殖质、疏松透气的沙质土壤为好。

分布区域：产于中国黑龙江、辽宁、吉林、内蒙古、河北、山西、河南、陕西、甘肃、四川、湖北等省区。

园林应用：观赏花卉，可应用于花境、花坛，可片植于草坪、林缘等。

六倍利 *Lobelia erinus* Thunb   桔梗科半边莲属

别　　名： 翠蝶花、山梗菜、花半边莲、南非半边莲。

形态特征： 多年生草本植物，常作一年生栽培，半蔓性，株高约12～20厘米，茎枝细密。常铺散于地面上，光滑或下部微被毛，分枝纤细。叶对生，多叶，下部叶匙形，具圆齿，先端钝，上部叶倒披针形，近顶部叶宽线形而尖。总状花序顶生，小花有长柄。花冠先端五裂，下3裂片较大，形似蝴蝶展翅，花色有红、桃红、紫、紫蓝、白等色。花期5～6月。

生长习性： 需要在长日照、低温环境下才会开花，耐寒力不强，忌酷热，喜富含腐殖质疏松的壤土。

分布区域： 原产于南非洲。中国江苏、安徽、浙江、江西、福建等地广泛分布。

园林应用： 特有的蓝色花品种，适合花境、花坛、盆栽、吊盆及庭园造景。

桔梗 *Platycodon grandiflorus* (Jacq.) A. DC.

桔梗科桔梗属

别　　名：包袱花、铃铛花、僧帽花。

形态特征：多年生草本植物。茎高20～120厘米，通常无毛，偶密被短毛，不分枝，极少上部分枝。叶全部轮生，部分轮生至全部互生，无柄或有极短的柄，叶片卵形，卵状椭圆形至披针形，基部宽楔形至圆钝，顶端急尖，上面无毛而绿色，下面常无毛而有白粉，有时脉上有短毛或瘤突状毛，边缘具细锯齿。花单朵顶生，或数朵集成假总状花序，或有花序分枝而集成圆锥花序；花萼筒部半圆球状或圆球状倒锥形，被白粉，裂片三角形，或狭三角形，有时齿状；花冠大，蓝色或紫色。蒴果球状，或球状倒圆锥形，或倒卵状。花期7～9月。

生长习性：喜凉爽气候、喜阳光、耐寒。宜栽培在海拔1100米以下的丘陵地带，半腐半阳的砂质壤土中，以富含磷钾肥的中性夹沙土生长较好。

分布区域：产于中国东北、华北、华东、华中各省。朝鲜、日本、俄罗斯和东西伯利亚地区的南部也有。

园林应用：可用于切花，也可植于建筑物周边、公园等，宜作花境、林缘植物。

蓍 *Achillea millefolium* L.

菊科蓍属

别　　名：千叶蓍、欧蓍、锯草、西洋蓍草。

形态特征：多年生草本，具细的匍匐根茎。茎直立，高 40 ～ 100 厘米，有细条纹，通常被白色长柔毛，上部分枝或不分枝，中部以上叶腋常有缩短的不育枝。叶无柄，披针形、矩圆状披针形或近条形，二至三回羽状全裂，一回裂片多数，有时基部裂片之间的上部有 1 中间齿，末回裂片披针形至条形，顶端具软骨质短尖，上面密生凹入的腺体，下面被较密的贴伏的长柔毛。头状花序多数，密集成复伞房状；总苞矩圆形或近卵形，总苞片 3 层，覆瓦状排列，椭圆形至矩圆形，背中间绿色，中脉凸起，边缘膜质，棕色或淡黄色；托片矩圆状椭圆形，膜质，背面散生黄色闪亮的腺点，上部被短柔毛。边花 5 朵；舌片近圆形，白色、粉红色或淡紫红色；盘花两性，管状，黄色，外面具腺点。瘦果矩圆形，淡绿色，有狭的淡白色边肋，无冠状冠毛。花果期 7 ～ 9 月。

生长习性：耐寒，喜光，喜弱碱性、肥沃、排水良好的土壤及日照充足的环境。

分布区域：中国各地庭园常有栽培。新疆、内蒙古及东北少见野生。

园林应用：可作花坛、盆植、切花、干花。

珠蓍

牛蒡 *Arctium lappa* L.

菊科牛蒡属

别　　名：恶实、大力子、东洋牛鞭菜等。

形态特征：二年生草本，具粗大的肉质直根，有分枝支根。茎直立，高达2米，粗壮。基生叶宽卵形，长达30厘米，宽达21厘米。边缘稀疏的浅波状凹齿或齿尖，基部心形，两面异色，上面绿色，下面灰白色或淡绿色。头状花序多数或少数在茎枝顶端排成疏松的伞房花序或圆锥状伞房花序，花序梗粗壮，小花紫红色。瘦果倒长卵形或偏斜倒长卵形，两侧压扁，浅褐色。花果期6～9月。

生长习性：喜温暖气候条件，既耐热又较耐寒。为长日照植物，要求有较强的光照条件。需水较多。

分布区域：主要分布于中国、西欧、克什米尔等地区。

园林应用：地被类植物，用于花境配置。

紫菀草 *Aster tataricus* L.f.

菊科紫菀属

别　　名：青菀、紫倩、小辫、返魂草等。

形态特征：多年生草本。茎直立，高40～50厘米，粗壮，有棱及沟，被疏粗毛，有疏生的叶。基部叶在花期枯落，长圆状或椭圆状匙形，下半部渐狭成长柄，顶端尖或渐尖，边缘有具小尖头的圆齿或浅齿。下部叶匙状长圆形，常较小，下部渐狭或急狭成具宽翅的柄，渐尖，边缘除顶部外有密锯齿；中部叶长圆形或长圆披针形，无柄，全缘或有浅齿，上部叶狭小；全部叶厚纸质，上面被短糙毛，下面被稍疏的但沿脉被较密的短粗毛。头状花序多数，径2.5～4.5厘米，在茎和枝端排列成复伞房状；舌状花约20余个；管部长3毫米，舌片蓝紫色；管状花长且稍有毛。瘦果倒卵状长圆形，紫褐色。花期7～9月，果期8～10月。

生长习性：生于海拔400～2000米的低山阴坡湿地、山顶和低山草地及沼泽地，耐涝，怕干旱，耐寒性较强。

分布区域：产于中国黑龙江、吉林、辽宁、内蒙古、山西、河北、河南、陕西及甘肃等地区。

园林应用：用于花境、林下、林缘、建筑物周围等。

翠菊 *Callistephus chinensis* (L.) Nees　　　　　菊科翠菊属

别　　名：江西腊、七月菊、格桑花。

形态特征：一年生或二年生草本，高 30～100 厘米。茎直立，单生，有纵棱，被白色糙毛，分枝斜生或不分枝。头状花序单生于茎枝顶端，有长花序梗。总苞半球形，总苞片3层，近等长，外层长椭圆状披针形或匙形，叶质，顶端钝，边缘有白色长睫毛，中层匙形，较短，质地较薄，染紫色，内层苞片长椭圆形，膜质，半透明，顶端钝。雌花1层，在园艺栽培中可为多层，红色、淡红色、蓝色、黄色或淡蓝紫色；两性花花冠黄色。瘦果长椭圆状倒披针形，稍扁中部以上被柔毛。外层冠毛宿存，内层冠毛雪白色，不等长，顶端渐尖，易脱落。花果期5～10月。

生长习性：浅根性植物，喜肥，喜阳光，喜湿润，不耐涝，耐热力，耐寒，耐高温高湿，易受病虫危害。

分布区域：产于中国吉林、辽宁、河北、山西、山东、云南以及四川省等，分布于海拔30～2700米地带。

园林应用：具有花色丰富、花期长、观赏效果良好等特点，可作为阳台、屋顶花园等微型空间绿化的优质植物。翠菊在与其他景观植物搭配造景时，常应用作前景观花卉，其后以高大花卉或花灌木作背景，营造出丰富的景观层次美和不同色彩的组合美。

白晶菊 *Chrysanthemum paludosum*

菊科茼蒿属

别　　名：小白菊、晶晶菊。

形态特征：二年生草本花卉，株高15～25厘米。叶互生，一至两回羽状深裂。头状花序顶生，盘状，边缘舌状花银白色，中央筒状花金黄色，色彩鲜艳，花径3～4厘米。瘦果。花期3～5月，果期6～9月。

生长习性：较耐寒，不耐高温，耐半阴，适宜生长在疏松肥沃排水性好的壤土中。

分布区域：原产于欧洲。中国各地有栽培。

园林应用：适合盆栽或早春花坛美化，夏天宜片植，作为地被花卉栽种。

魁蓟 *Cirsium leo* Nakai et Kitag.

菊科蓟属

形态特征： 多年生草本，高40～100厘米。根直伸，粗壮，直径可达1.5厘米。茎直立，单生或少数茎成簇生，上部伞房状分枝，少有不分枝的，全部茎枝有条棱，被多细胞长节毛，上部及接头状花序下部的毛较稠密。基部和下部茎叶全形长椭圆形或倒披针状长椭圆形，羽状深裂；侧裂片8～12对，半圆形、半椭圆形、长椭圆形或斜三角形，中部侧裂片较大，全部侧裂片边缘三角形刺齿不等大，齿顶长针刺，齿缘短针刺。向上的叶渐小，与基部和下部茎叶同形或长披针形并等样分裂，无柄或基部扩大半抱茎。全部叶两面同色，绿色，被多细胞长节毛，下面沿脉的毛稍稠密。头状花序在茎枝顶端排成伞房花序，极少单生茎顶而植株仅有1个头状花序的。总苞钟状，总苞片8层，镊合状排列，至少不呈明显的覆瓦状排列，外层与中层钻状长三角形或钻状披针形，边缘或上部边缘有平展或向下反折的针刺，背面有稀疏蛛丝毛，内层硬膜质，披针形至线形，顶端长渐尖。头状花序，小花紫色或红色。瘦果灰黑色，压扁。冠毛污白色，多层，基部连合成环，整体脱落；冠毛刚毛长羽毛状，向顶端渐细。花果期5～9月。

生长习性： 生于山谷、山坡草地、林缘、河滩及石滩地，或岩石隙缝中或溪旁、河旁或路边潮湿地及田间。

分布区域： 分布于中国宁夏、山西、河北、河南、陕西、甘肃及四川西北部等地区。

园林用途： 乡土植物，可作地被类植物与草坪搭配使用。

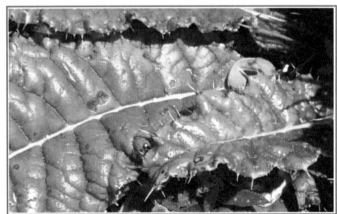

蓟 *Cirsium japonicum* Fisch. ex DC.

菊科蓟属

形态特征： 多年生草本，块根纺锤状或萝卜状，直径达7毫米。茎直立，全部茎枝有条棱，被稠密或稀疏的多细胞长节毛，接头状花序下部灰白色，被稠密绒毛及多细胞节毛。基生叶较大，全形卵形、长倒卵形、椭圆形或长椭圆形，长8～20厘米，宽2.5～8厘米，羽状深裂或几全裂，基部渐狭成短或长翼柄，柄翼边缘有针刺及刺齿；侧裂片6～12对，中部侧裂片较大，向下及向下的侧裂片渐小，全部侧裂片排列稀疏或紧密，边缘有稀疏大小不等小锯齿，或锯齿较大而使整个叶片呈现较为明显的二回状分裂状态，齿顶针刺长，齿缘针刺小而密或几无针刺；顶裂片披针形或长三角形。自基部向上的叶渐小，与基生叶同形并等样分裂，但无柄，基部扩大半抱茎。全部茎叶两面同色，绿色，两面沿脉有稀疏的多细胞长或短节毛或几无毛。头状花序直立，少有下垂的，少数生茎端而花序极短，不呈明显的花序式排列，少有头状花序单生茎端的；小花红色或紫色。总苞钟状，全部苞片外面有微糙毛并沿中肋有粘腺。瘦果压扁。冠毛浅褐色，多层，整体脱落。花果期4～11月。

生长习性： 生于海拔400～2100米的山坡林、林缘、灌丛、草地、荒地、田间、路旁或溪旁。

分布区域： 广布于中国台湾、河北、山西、内蒙古、山东、陕西等省区。日本、朝鲜也有分布。

园林应用： 乡土地被类植物，可作为花境、草坪材料。

大花金鸡菊 *Coreopsis grandiflora* Hogg.

菊科金鸡菊属

形态特征：多年生草本，高20～100厘米。茎直立，下部常有稀疏的糙毛，上部有分枝。叶对生；基部叶有长柄、披针形或匙形；下部叶羽状全裂，裂片长圆形；中部及上部叶3～5深裂，裂片线形或披针形，中裂片较大，两面及边缘有细毛。头状花序单生于枝端，径4～5厘米，具长花序梗。总苞片外层较短，披针形，顶端尖，有缘毛；内层卵形或卵状披针形；托片线状钻形。舌状花6～10个，舌片宽大，黄色，长1.5～2.5厘米；管状花长5毫米，两性。瘦果广椭圆形或近圆形，边缘具膜质宽翅，顶端具2短鳞片。花期5～9月。

生长习性：耐旱，耐寒，耐热，喜肥沃、湿润排水良好的砂质壤土。

分布区域：原产于美洲的观赏植物。在中国各地常栽培，有时归化逸为野生。

园林应用：常用于花境、坡地、庭院、街心花园的地被类植物，也可用作切花。

金鸡菊 *Coreopsis drummondii* Torr. et Gray

菊科金鸡菊属

别　　名：小波斯菊、金钱菊、孔雀菊。

形态特征：一年生或二年生草本，高30～60厘米，疏生柔毛，多分枝。叶具柄，叶片羽状分裂，裂片圆卵形至长圆形，或在上部有时线性。头状花序单生枝端，或少数成伞房状，直径2.5～5厘米，具长梗；外层总苞片与内层近等长，舌状花8，黄色，基部紫褐色，先端具齿或裂片；管状黑紫色。瘦果倒卵形，内弯，具1条骨质边缘。花期7～9月。

生长习性：喜光，耐半阴，耐干旱瘠薄，抗二氧化硫，对土壤要求不严，在排水良好的沙质壤土中生长较好。

分布区域：原产于北美洲。中国各地公园、庭院常见栽培。

园林应用：观花观叶植物，可用作疏林地被、花境材料，或用于制作花篮或插花。

波斯菊 *Cosmos bipinnata* Cav. 菊科秋英属

别　　名：大波斯菊、格桑花、波斯菊。

形态特征：一年生或多年生草本，高1～2米。根纺锤状，多须根，或近茎基部有不定根。茎无毛或稍被柔毛。叶二次羽状深裂，裂片线形或丝状线形。头状花序单生，径3～6厘米。总苞片外层披针形或线状披针形，近革质，淡绿色，具深紫色条纹。舌状花紫红色，粉红色或白色；舌片椭圆状倒卵形，有3～5钝齿；管状花黄色，管部短，上部圆柱形，有披针状裂片。瘦果黑紫色，无毛，上端具长喙，有2～3尖刺。花期6～8月，果期9～10月。

生长习性：喜光，耐贫瘠土壤，忌肥，土壤过分肥沃，忌炎热，忌积水，不耐寒。

分布区域：原产于美洲墨西哥。中国栽培甚广。

园林应用：波斯菊株形高大，叶形雅致，花色丰富，有粉、白、深红等色，适于布置花境，在草地边缘，树丛周围及路旁成片栽植美化绿化，颇有野趣。重瓣品种可作切花材料。适合作花境背景材料，也可植于篱边、山石、崖坡、树坛或宅院。

硫华菊 *Cosmos sulphureus* Cav.　　　　　　　　　菊科秋英属

别　　名：黄秋英、黄花波斯菊、硫黄菊、硫磺菊、黄芙蓉。

形态特征：一年生草本植物。株形不很整齐，多分枝。叶为对生的二回羽状复叶，深裂，裂片呈披针形，有短尖，叶缘粗糙，与大波斯菊相比叶片更宽。舌状花橙黄色。春播花期6～8月，夏播花期9～10月。

生长习性：性强健，易栽培。喜光，不耐寒。在海拔1600米以下地区自然生长。

园林应用：可丛植、片植，用于花坛、花境及林缘配植或作切花之用。

大丽花 *Dahlia pinnata* Cav.

菊科大丽花属

别　　名：大理花、天竺牡丹、东洋菊、大丽菊、地瓜花。

形态特征：多年生草本，有巨大棒状块根。茎直立，多分枝，高1.5～2米，粗壮。叶1～3回羽状全裂，上部叶有时不分裂，裂片卵形或长圆状卵形，下面灰绿色，两面无毛。头状花序大，有长花序梗，常下垂。总苞片外层约5个，卵状椭圆形，叶质，内层膜质，椭圆状披针形。舌状花1层，白色，红色，或紫色，常卵形，顶端有不明显的3齿，或全缘；管状花黄色，有时在栽培种全部为舌状花。瘦果长圆形，黑色，扁平。花期6～12月，果期9～10月。

生长习性：喜半阴、凉爽的气候，9月下旬开花最大、最艳、最盛，但不耐霜，不耐干旱，不耐涝，一般盆栽见土干则浇透水，做到见湿见干。

分布区域：原产于墨西哥，后全世界广泛栽培。

园林应用：被称为世界名花之一。适宜花坛、花径或庭前丛植，矮生品种可作盆栽。

甘野菊 *Dendranthema lavandulifolium* (Fisch. ex Trautv.) Ling et Shih var. seticuspe (Maxim.) Shih 菊科菊属

形态特征： 多年生草本，高 35～100 厘米。根粗壮，具多数须根和匍枝。茎直立，粗壮，稍有条棱，下部光滑无毛，上部密被灰白色短柔毛，中部以上多分枝，分枝斜上；茎下部叶花期枯萎；茎中部叶柄密被白色绒毛。叶片质较薄，羽状深裂，基部微心形或偏楔形，无羽轴，侧裂片2对，近等大，长圆形，先端钝，边缘具粗大牙齿，表面疏被伏毛，背面密被叉状毛，沿脉尤多；茎上部叶向上渐小。头状花序半球形，多数，于枝端密集成复伞房花序，花序梗被短柔毛；总苞片3层，膜质，覆瓦状排列，外层较短，卵状长圆形，内层长圆形；边花雌性，舌状，黄色，先端不明显3裂；中央花两性，花冠管状钟形，先端5齿裂。瘦果倒卵形或长圆状倒卵形，无冠毛。花期8～9月，果期10月。

生长习性： 生于山坡、林缘及路旁。

分布区域： 分布于中国北方。朝鲜、日本也有分布。

园林应用： 盆栽或者大面积种植。

菊花 *Dendranthema morifolium* (Ramat.) Tzvel.   菊科菊属

形态特征： 多年生草本，高 60～150 厘米。茎直立，分枝或不分枝，被柔毛。叶互生，有短柄，叶片卵形至披针形，长 5～15 厘米，羽状浅裂或半裂，基部楔形，下面被白色短柔毛，边缘有粗大锯齿或深裂，基部楔形，有柄。菊花的花（头状花序），生于枝顶，径约 2～30 厘米，花序外由绿色范片构成花苞。花期 9～11 月。雄蕊、雌蕊和果实多不发育。

生长习性： 喜阳光，忌阴蔽，较耐旱，怕涝，喜温暖、湿润气候，但也能耐寒，严冬季节根茎能在地下越冬。

分布区域： 遍布于中国各城镇与农村。

园林应用： 生长旺盛，萌发力强便于制作各种造型，组成菊塔、菊桥、菊篱、菊亭、菊门、菊球等形式精美的造型。又可培植成大立菊、悬崖菊、十样锦、盆景等，形式多变，蔚为奇观。

别　　名：非洲万寿菊、非洲雏菊、大花蓝目菊。

形态特征：多年生草本植物，常作一年生栽培。株高一般在 60 厘米以下。基生叶丛生，茎生叶互生，长圆形至倒卵形，通常羽裂，全缘或少量锯齿，叶面幼嫩时有白色绒毛。头状花序，舌状花白色，先端尖，背面淡紫色，管状花蓝紫色，有单瓣、重瓣品种。花期夏秋季。

生长习性：阳性植物，喜光，不耐寒，忌炎热，适宜温度 18℃～26℃，宜生长于排水良好的土壤中。

分布区域：原产于南非。中国均有栽培。

园林应用：地被类植物，可用作花境材料或与草坪配置。

小丽花 *Dahlia pinnate* cv.   菊科菊属

别　　名：矮型多头大丽花、花坛大丽花、小轮大丽花、小丽菊。

形态特征：多年生宿根草本植物，常作一二年生栽培。植株较为矮小，高度仅为20～60厘米，多分枝，头状花序，一个总花梗上可着生数朵花，花茎5～7厘米，花色有深红、紫红、粉红、黄、白等多种颜色，花形富于变化，并有单瓣与重瓣之分，在适宜的环境中一年四季都可开花。植株低矮。花期5～10月。

生长习性：性喜阳光，既怕炎热，又不耐寒，既不耐干旱，更怕水涝，忌重黏土。

分布区域：原产于南美、墨西哥和美洲。

园林应用：可以作优良的地被植物，也可以布置花坛和花境。

小山菊 *Dendranthema oreastrum* (Hance) Ling   菊科菊属

别　　名：毛山菊

形态特征：多年生草本，高3～45厘米。有地下匍匐根状茎。茎直立，单生，不分枝，极少有1～2个短分枝的，被稠密的长或短柔毛，但下部毛变稀疏至无毛。基生及中部茎叶菱形、扇形或近肾形，二回掌状或掌式羽状分裂，一二回全部全裂。上部叶与茎中部叶同形，但较小，最上部及接花序下部的叶羽裂或3裂。末回裂片线形或宽线形。全部叶有柄。叶下面被稠密或较多的蓬松的长柔毛至稀毛而几无毛。头状花序单生茎顶，极少茎生2～3个头状花序的。总苞浅碟状，总苞片4层。外层线形、长椭圆形或卵形，中内层长卵形、倒披针形，中外层外面被稀疏的长柔毛。全部苞片边缘棕褐色或黑褐色宽膜质。舌状花白色、粉红色。舌片顶端3齿或微凹。瘦果。花果期6～8月。

生长习性：常生长于800米的草甸，已由人工引种栽培。

分布区域：间断分布。产于中国河北、山西和吉林。俄罗斯东部也有分布。

园林应用：可作为地被类植物使用，点缀于草坪，形成野趣之美。

蓝刺头 *Echinops sphaerocephalus* L. 菊科蓝刺头属

别　　名：禹州漏芦、蓝星球。

形态特征：多年生草本，高50～150厘米。茎单生，上部分枝长或短，粗壮，全部茎枝被稠密的多细胞长节毛和稀疏的蛛丝状薄毛。基部和下部茎叶全形宽披针形，羽状半裂，侧裂片3～5对，三角形或披针形，边缘刺齿，顶端针刺状渐尖，向上叶渐小，与基生叶及下部茎叶同形并等样分裂。全部叶质地薄，纸质，两面异色，上面绿色，被稠密短糙毛，下面灰白色，被薄蛛丝状绵毛。复头状花序单生茎枝顶端。基毛长1厘米，为总苞长度之半，白色，扁毛状，不等长。外层苞片稍长于基毛，长倒披针形，上部椭圆形扩大，褐色，外面被稍稠密的短糙毛及腺点，边缘有稍长的缘毛，顶端针芒状长渐尖，爪部下部有长缘毛；中层苞片倒披针形或长椭圆形，边缘有长缘毛，外面有稠密的短糙毛；内层披针形，外面被稠密的短糙毛，顶端芒齿裂或芒片裂，中间芒裂较长。全部苞片14～18个。小花淡蓝色或白色，花冠5深裂，裂片线形，花冠管无腺点或有稀疏腺点。瘦果倒圆锥状。冠毛量杯状，冠毛膜片线形，边缘糙毛状，大部结合。花果期8～9月。

生长习性：蓝刺头适应力强，耐干旱，耐瘠薄，耐寒，喜凉爽气候和排水良好的沙质土，忌炎热、湿涝。

分布区域：分布于中国东北、内蒙古、甘肃、宁夏、河北等地区。俄罗斯、欧洲中部及南部也广泛分布。

园林应用：是高海拔草原和山地特有的野生花卉，可作切花，适宜作花境、林下、林缘地被。

天人菊 *Gaillardia pulchella* Foug.　　　　菊科天人菊属

别　　名：虎皮菊、老虎皮菊。
形态特征：一年生草本，高20～60厘米。茎中部以上多分枝，分枝斜生，被短柔毛或锈色毛。下部叶匙形或倒披针形，边缘波状钝齿、浅裂至琴状分裂，先端急尖，近无柄，上部叶长椭圆形，倒披针形或匙形，叶两面被伏毛。头状花序，总苞片披针形，边缘有长缘毛，背面有腺点。舌状花黄色，基部带紫色，舌片宽楔形，顶端2～3裂；管状花裂片三角形，被节毛。瘦果长2毫米，基部被长柔毛。花期6～8月。
生长习性：天人菊比较耐干旱，并且耐炎热，喜高温，不耐寒。喜光照，也可以耐半阴。选择沙质土壤即可，要求排水性良好。在养殖的时候需要及时施肥。
分布区域：原产于美洲热带地区。中国各地广泛栽培。
园林应用：天人菊花姿娇娆，色彩艳丽，花期长，栽培管理简单，可作花坛、花丛的材料。

牛膝菊 *Galinsoga parviflora* Cav.

菊科牛膝菊属

形态特征: 一年生草本,高 10 ～ 80 厘米。茎纤细,基部径不足 1 毫米,或粗壮,基部径约 4 毫米,不分枝或自基部分枝,分枝斜生,全部茎枝被疏散或上部稠密的贴伏短柔毛和少量腺毛,茎基部和中部花期脱毛或稀毛。叶对生,卵形或长椭圆状卵形,长 2.5 ～ 5.5 厘米,宽 1.2 ～ 3.5 厘米,基部圆形、宽或狭楔形,顶端渐尖或钝,基出三脉或不明显五出脉,在叶下面稍突起,在上面平,有叶柄,柄长 1 ～ 2 厘米;向上及花序下部的叶渐小,通常披针形;全部茎叶两面粗涩,被白色稀疏贴伏的短柔毛,沿脉和叶柄上的毛较密,边缘浅或钝锯齿或波状浅锯齿,在花序下部的叶有时全缘或近全缘。头状花序半球形,有长花梗,多数在茎枝顶端排成疏松的伞房花序,花序径约 3 厘米。总苞半球形或宽钟状,总苞片 1 ～ 2 层,约 5 个,外层短,内层卵形或卵圆形。舌状花 4 ～ 5 个,舌片白色,顶端 3 齿裂,筒部细管状,外面被稠密白色短柔毛;管状花花冠长约 1 毫米,黄色,下部被稠密的白色短柔毛。托片倒披针形或长倒披针形,纸质,顶端 3 裂或不裂或侧裂。瘦果,黑色或黑褐色,常压扁,被白色微毛。花果期 7 ～ 10 月。

生长习性: 喜光,耐阴,抗干旱,抗风,对土壤要求不严。

分布区域: 原产于南美洲,在我国归化。中国内蒙古常见于林下、草坪。

园林应用: 常作为林下地被类植物使用,亦可用于花境。

菊芋 *Helianthus tuberosus* L.

别　　名： 洋姜、鬼子姜、菊薯、五星草等。

形态特征： 多年生草本，高1～3米。有块状的地下茎及纤维状根。茎直立，有分枝，被白色短糙毛或刚毛。叶通常对生，有叶柄，但上部叶互生；下部叶卵圆形或卵状椭圆形，有长柄，基部宽楔形或圆形，有时微心形，顶端渐细尖，边缘有粗锯齿，有离基三出脉，上面被白色短粗毛、下面被柔毛，叶脉上有短硬毛，上部叶长椭圆形至阔披针形，基部渐狭，下延成短翅状，顶端渐尖，短尾状。头状花序较大，少数或多数，单生于枝端，有1～2个线状披针形的苞叶，直立；总苞片多层，披针形，顶端长渐尖，背面被短伏毛，边缘被开展的缘毛。舌状花通常12～20个，舌片黄色，开展，长椭圆形；管状花花冠黄色。瘦果小，楔形，上端有2～4个有毛的锥状扁芒。花期8～9月。

生长习性： 耐寒，耐旱，耐低温，喜光。酸性土壤和沼泽、盐碱地都不宜种植。

分布区域： 原产于北美洲，经欧洲传入中国。现中国大部分地区有栽培。

园林用途： 可与其他菊科类植物搭配创造季相景观。

向日葵 *Helianthus annuus* L.

别　　名：朝阳花、转日莲、向阳花、望日莲、太阳。

形态特征：一年生高大草本。茎直立，高1～3米，粗壮，被白色粗硬毛，不分枝或有时上部分枝。叶互生，心状卵圆形或卵圆形，顶端急尖或渐尖，有三基出脉，边缘有粗锯齿，两面被短糙毛，有长柄。头状花序极大，单生于茎端或枝端，常下倾。总苞片多层，叶质，覆瓦状排列，卵形至卵状披针形，顶端尾状渐尖，被长硬毛或纤毛。花托平或稍凸、有半膜质托片。舌状花多数，黄色、舌片开展，长圆状卵形或长圆形，不结实。管状花极多数，棕色或紫色，有披针形裂片，结果实。瘦果倒卵形或卵状长圆形，稍扁压，有细肋，常被白色短柔毛。花期7～9月，果期8～9月。

生长习性：短日照植物，喜光照，喜温，耐寒，耐瘠薄。

分布区域：原产于北美。世界各国均有栽培。

园林应用：可作观赏用，宜大面积种植形成壮丽景观。

泥胡菜 *Hemistepta lyrata* (Bunge) Bunge 菊科泥胡菜属

别　　名：猪兜菜、艾草、剪刀草、石灰菜、绒球、花苦荬菜等。

形态特征：一年生草本，30～100 厘米。茎单生，很少簇生，通常纤细，被稀疏蛛丝毛，上部常分枝，少有不分枝的。基生叶长椭圆形或倒披针形，花期通常枯萎；头状花序在茎枝顶端排成疏松伞房花序，少有植株仅含一个头状花序而单生茎顶的。小花紫色或红色，檐部深 5 裂，花冠裂片线形，细管部为细丝状。瘦果小，楔状或偏斜楔形，深褐色，压扁，有膜质果缘。花果期 3～8 月。

生长习性：喜湿，耐微碱的抗逆性，早春快速生长。生于海拔 50～3280 米的山坡、山谷、平原、丘陵、林缘、林下、草地、荒地、田间、河边、路旁等处。

分布区域：除中国新疆、西藏外，遍布全国。

园林应用：可作为地被类植物使用。

旋覆花 *Inula japonica* Thunb.

菊科旋覆花属

别　　名：金佛花、金佛草、六月菊。

形态特征：多年生草本。根状茎短，横走或斜升，有多少粗壮的须根。茎单生，有时2～3个簇生，直立，高30～70厘米。有时基部具不定根，有细沟，被长伏毛，或下部有时脱毛，上部有上升或开展的分枝，全部有叶。基部叶常较小，在花期枯萎；中部叶长圆形，长圆状披针形或披针形，基部多少狭窄，常有圆形半抱茎的小耳，无柄，顶端稍尖或渐尖，边缘有小尖头状疏齿或全缘，上面有疏毛或近无毛，下面有疏伏毛和腺点；中脉和侧脉有较密的长毛；上部叶渐狭小，线状披针形。头状花序，多数或少数排列成疏散的伞房花序；花序细长。总苞半球形；总苞片约6层，线状披针形，近等长，但最外层常叶质而较长；外层基部革质，上部叶质，背面有伏毛或近无毛，有缘毛；内层除绿色中脉外干膜质，渐尖，有腺点和缘毛。舌状花黄色，舌片线形；管状花花冠有三角披针形裂片；冠毛1层，白色有20余个微糙毛，与管状花近等长。瘦果，圆柱形，有10条沟，顶端截形，被疏短毛。花期6～10月，果期9～11月。

生长习性：性喜阳光，根系发达，抗病虫，耐寒，耐干旱，耐土壤贫瘠，生于海拔150～2400米地带。

分布区域：原产于中国北部、东北部、中部、东部各省。蒙古、朝鲜、俄罗斯西伯利亚、日本也有分布。

园林应用：旋覆花是黄花，黄蕊，非常好看，常用来作盆栽。也常应用于花坛、花境、丛植。

抱茎苦荬菜 *Ixeridium sonchifolium* (Maxim.) Shih　　菊科小苦荬菜属

别　　名：苦碟子、黄瓜菜、苦荬菜。

形态特征：多年生草本，具白色乳汁，光滑。根细圆锥状，长约10厘米，淡黄色。茎高30～60厘米，上部多分枝。基部叶具短柄，倒长圆形，先端钝圆或急尖，基部楔形下延，边缘锯齿或不整齐羽状深裂，叶脉羽状；中部叶无柄，中下部叶线状披针形，上部叶卵状长圆形，先端渐狭成长尾尖，基部变宽成耳形抱茎，全缘，具齿或羽状深裂。头状花序组成伞房状圆锥花序；总花序梗纤细；总苞圆筒形，外层总苞片5，内层8，披针形，先端钝。舌状花多数，黄色；雄蕊5，花药黄色；柱头裂瓣细长，卷曲。果实黑色，具细纵棱，两侧纵棱上部具刺状小突起，喙细；冠毛白色，1层，刚毛状。花期4～5月，果期5～6月。

生长习性：中生性阔叶杂类草，适应性较强，为广布性植物，一般出现于荒野、路边、田间地头。

分布区域：中国各地普遍分布，主要分布于中国东北、华北，华东和华南等地区。朝鲜、俄罗斯也有分布。

园林应用：在园林中自然生长，可与草坪搭配使用。

马兰 *Kalimeris indica* (Linn.) Sch.　　菊科马兰属

别　　名：路边菊、田边菊、泥鳅菜、泥鳅串等。

形态特征：根状茎有匍枝，有时具直根。茎直立，高30～70厘米，上部有短毛，上部或从下部起有分枝。基部叶在花期枯萎；茎部叶倒披针形或倒卵状矩圆形，顶端钝或尖，基部渐狭成具翅的长柄，边缘从中部以上具有小尖头的钝或尖齿或有羽状裂片，上部叶小，全缘，基部急狭无柄，全部叶稍薄质，两面或上面有疏微毛或近无毛，边缘及下面沿脉有短粗毛，中脉在下面凸起。头状花序单生于枝端并排列成疏伞房状。总苞半球形，总苞片2～3层，覆瓦状排列。花托圆锥形。舌状花1层，15～20个，舌片浅紫色；管状花被短密毛。瘦果倒卵状矩圆形，极扁，褐色，上部被腺及短柔毛。冠毛弱而易脱落，不等长。花期5～9月，果期8～10月。

生长习性：喜肥沃，耐旱，耐涝，生于菜园、农田、路旁。

分布区域：广泛分布于我国的东部、中部、西部、南部地区。

园林应用：可作为地被类植物使用，适宜街边、墙边等建筑物周围。

火绒草 *Leontopodium leontopodioides* (Willd.) Beauv.　菊科火绒草属

别　　名：雪绒花。

形态特征：多年生草本。地下茎粗壮，分枝短，为枯萎的短叶鞘所包裹，有多数簇生的花茎和根出条，无莲座状叶丛。花茎直立，高5～45厘米，较细，挺直或有时稍弯曲，被灰白色长柔毛或白色近绢状毛，不分枝或有时上部有伞房状或近总状花序枝，下部有较密、上部有较疏的叶。下部叶在花期枯萎宿存。叶直立，在花后有时开展，线形或线状披针形，顶端尖或稍尖，有长尖头，基部稍宽，无鞘，无柄，边缘平或有时反卷或波状，上面灰绿色，被柔毛，下面被白色或灰白色密棉毛或有时被绢毛。苞叶少数，较上部叶稍短，常较宽，长圆形或线形，顶端稍尖，基部渐狭两面或下面被白色或灰白色厚茸毛。头状花序大，在雌株3～7个密集，稀1个或较多，在雌株常有较长的花序梗而排列成伞房状。总苞半球形，被白色棉毛；总苞片约4层，无色或褐色，常狭尖，稍露出毛茸之上。雄花花冠狭漏斗状，有小裂片；雌花花冠丝状，花后生长。冠毛白色；雄花冠毛不或稀稍粗厚，有锯齿或毛状齿；雌花冠毛细丝状，有微齿。瘦果有乳头状突起或密粗毛。花果期7～10月。

生长习性：生长于沟边、沟边草丛、林中、路边、山顶草丛、山坡、山坡草丛中、山坡灌丛中。

分布区域：广泛分布于中国新疆、青海、陕西、内蒙古等地。蒙古、朝鲜、日本和俄罗斯等国家也有分布。

园林应用：可与草坪混播或作为花境材料。

滨菊 *Leucanthemum vulgare* Lam.

菊科滨菊属

形态特征： 多年生草本，高15～80厘米。茎直立，通常不分枝，被绒毛或卷毛至无毛。基生叶花期生存，长椭圆形、倒披针形、倒卵形或卵形，长3～8厘米，宽1.5～2.5厘米，基部楔形，渐狭成长柄，柄长于叶片自身，边缘圆或钝锯齿。中下部茎叶长椭圆形或线状长椭圆形，向基部收窄，耳状或近耳状扩大半抱茎，中部以下或近基部有时羽状浅裂。上部叶渐小，有时羽状全裂。全部叶两面无毛，腺点不明显。头状花序单生茎顶，有长花梗，或茎生2～5个头状花序，排成疏松伞房状。全部苞片无毛，边缘白色或褐色膜质。舌片长10～25毫米。瘦果长2～3毫米。花果期5～10月。

生长习性： 喜光，耐旱，生于山坡草地或河边。

分布区域： 中国河南、江西、甘肃等地有野生。欧洲、俄罗斯、北美、日本也有野生和栽培品种。

园林应用： 可用于公园栽培观赏，布置花坛、花境或盆栽，也可作为切花。

金光菊 *Rudbeckia laciniata* L.

菊科金光菊属

别　　名： 黑眼菊。

形态特征： 多年生草本，高50～200厘米。茎上部有分枝，无毛或稍有短糙毛。叶互生，无毛或被疏短毛。头状花序单生于枝端，具长花序梗，径7～12厘米。总苞半球形，总苞片2层，长圆形，上端尖，稍弯曲，被短毛。花托球形，托片顶端截形，被毛，与瘦果等长。舌状花金黄色；舌片倒披针形，长约为总苞片的2倍，顶端具2短齿；管状花黄色或黄绿色。瘦果无毛，压扁，稍有4棱，长约5～6毫米，顶端有具4齿的小冠。花期7～10月。

生长习性： 可抗病虫害，喜光，耐寒耐旱，忌水湿，在排水良好、疏松的沙质壤土中生长良。

分布区域： 原产于北美。中国各地庭园常见栽培。

园林应用： 适合草坪边缘、公园、庭院等场所布置，也可作为花坛、花境或切花材料。

黑心金光菊 *Rudbeckia hirta* L.　　　　　　　　菊科金光菊属

黑心金光菊 *Rudbeckia hirta* L.

别　　名：黑心菊、黑眼菊。

形态特征：一年或二年生草本，高30～100厘米。茎不分枝或上部分枝，全株被粗刺毛。下部叶长卵圆形、长圆形或匙形，顶端尖或渐尖，基部楔状下延，有三出脉，边缘有细锯齿，有具翅的柄；上部叶长圆披针形，顶端渐尖，边缘有细至粗疏锯齿或全缘，无柄或具短柄，两面被白色密刺毛。头状花序有长花序梗。总苞片外层长圆形，披针状线形，顶端钝，全部被白色刺毛。舌状花鲜黄色；舌片长圆形，顶端有2～3个不整齐短齿。管状花暗褐色或暗紫色。瘦果四棱形，黑褐色，无冠毛。花期6～9月。

生长习性：露地适应性很强，不耐寒，耐旱，不择土壤，极易栽培，应选择排水良好的沙壤土及向阳处栽植，喜向阳通风的环境。

分布区域：原产于美国东部地区。我国各地庭院常见栽培。

园林应用：花朵繁盛，适合庭院布置、花境材料或布置草地边缘成自然式栽植。

风毛菊 *Saussurea japonica* (Thunb.) DC.　　　菊科风毛菊属

别　　名：八棱麻、八楞麻、三棱草

形态特征：二年生草本，高50～150（200）厘米。茎直立，被稀疏的短柔毛及金黄色的小腺点。基生叶与下部茎叶有叶柄，有狭翼，叶片全形椭圆形、长椭圆形或披针形，羽状深裂，侧裂片7～8对，中部的侧裂片较大，向两端的侧裂片较小，全部侧裂片顶端钝或圆形，边缘全缘或极少边缘有少数大锯齿，顶裂片披针形或线状披针形，较长，极少基生叶不分裂，披针形或线状披针形，全缘全缘或有大锯齿；中部茎叶与基生叶及下部茎叶同形并等样分裂，但渐小，有短柄；上部茎叶与花序分枝上的叶更小，羽状浅裂或不裂，无柄；全部两面同色，绿色，下面色淡，两面有稠密的凹陷性的淡黄色小腺点。头状花序多数，在茎枝顶端排成伞房状或伞房圆锥花序。总苞圆柱状，被白色稀疏的蛛丝状毛；总苞片6层。小花紫色。瘦果深褐色，圆柱形，冠毛白色，2层，外层短，糙毛状，内层长，羽毛状，长8毫米。花果期6～11月。

生长习性：生于草原带干河床、高山、沟边草甸、沟边路旁、灌丛中、河谷草甸等地。

分布区域：国内分布于中国北京、内蒙古等地区。朝鲜、日本也有分布。

园林应用：可作为插花，也可作为地被类植物使用。

银叶菊 *Jacobaea maritima* (L.) Pelser & Meijden 　　　菊科千里光属

别　　名：雪叶菊。
形态特征：银叶菊成叶匙形或羽状裂叶，正反面均被银白色柔毛，叶片质较薄，叶片缺裂，如雪花图案，具较长的白色绒毛。花小、黄色，种子7月开始陆续成熟，花期6～9月。
生长习性：不耐酷暑，生长最适宜温度为20℃～25℃，在25℃时，萌枝力最强。
分布区域：原产于南欧。在中国长江流域能露地越冬。
园林应用：花坛花卉、草坪及地被观叶类，其银白色的叶片远看像一片白云，与其他色彩的纯色花卉配置栽植，效果极佳，是重要的花坛观叶植物。

长裂苦苣菜 *Sonchus brachyotus* DC. 　　　菊科苦苣菜属

形态特征：一年生草本，高50～100厘米。根垂直直伸，生多数须根。茎直立，有纵条纹，全部茎枝光滑无毛。基生叶与下部茎叶全形卵形、长椭圆形或倒披针形，羽状深裂、半裂或浅裂，极少不裂，向下渐狭，基部圆耳状扩大，半抱茎，侧裂片3～5对或奇数，对生或部分互生或偏斜互生，全部裂片边缘全缘，有缘毛或无缘毛或缘毛状微齿，顶端急尖或钝或圆形；全部叶两面光滑无毛。头状花序少数在茎枝顶端排成伞房状花序。总苞钟状，总苞片4～5层。舌状小花多数，黄色。瘦果长椭圆状，褐色，稍压扁。冠毛白色，纤细，柔软。花果期6～9月。
分布区域：分布于中国黑龙江、吉林、内蒙古、陕西、山东、安徽等省区。
园林应用：可与草坪混合使用。

374

万寿菊 *Tagetes erecta* L.

菊科万寿菊属

别　　名：臭芙蓉、万寿灯、蜂窝菊等。

形态特征：一年生草本，高50～150厘米。茎直立，粗壮，具纵细条棱，分枝向上平展。叶羽状分裂，长5～10厘米，宽4～8厘米，裂片长椭圆形或披针形，边缘具锐锯齿，上部叶裂片的齿端有长细芒；沿叶缘有少数腺体。头状花序单生，花序梗顶端棍棒状膨大；总苞杯状，顶端具齿尖；舌状花黄色或暗橙色，舌片倒卵形，基部收缩成长爪，顶端微弯曲；管状花花冠黄色。瘦果线形，基部缩小，黑色或褐色，被短微毛。花期7～9月。

生长习性：喜光，对土壤要求不严，以肥沃、排水良好的沙质壤土为好。

分布区域：原产于墨西哥及中美洲。中国各地均有栽培。

园林应用：常见的园林绿化花卉，其花大、花期长，常用来点缀花坛、广场、布置花丛、花境和培植花篱。中、矮生品种适宜作花坛、花径、花丛材料，也可作盆栽。

孔雀草 *Tagetes patula* L.　　　　菊科万寿菊属

别　　名：小万寿菊、红黄草、西番菊、臭菊花。

形态特征：一年生草本，高30～100厘米。茎直立，通常近基部分枝，分枝斜开展。叶羽状分裂，长2～9厘米，宽1.5～3厘米，裂片线状披针形，边缘有锯齿，齿端常有长细芒，齿的基部通常有1个腺体。头状花序单生，顶端稍增粗；总苞长椭圆形，上端具锐齿，有腺点；舌状花金黄色或橙色，带有红色斑；舌片近圆形，顶端微凹；管状花花冠黄色，与冠毛等长，具5齿裂。瘦果线形，基部缩小，黑色，被短柔毛，冠毛鳞片状。花期7～9月。

生长习性：喜阳光，但在半阴处栽植也能开花。它对土壤要求不严。既耐移栽，又生长迅速。

分布区域：原产于墨西哥。在中国云南中部及西北部、四川中部和西南部及贵州西部均已归化。

园林应用：中国各地庭园常有栽培。

蒲公英 *Taraxacum mongolicum* Hand.-Mazz.　　　　菊科蒲公英属

别　　名：蒲公草、食用蒲公英、尿床草等。

形态特征：多年生草本。根圆锥状，黑褐色，粗壮。叶倒卵状披针形、倒披针形或长圆状披针形，先端钝或急尖，边缘有时具波状齿或羽状深裂，有时倒向羽状深裂或大头羽状深裂，顶端裂片较大，三角形或三角状戟形，全缘或具齿，每侧裂片3～5片，裂片三角形或三角状披针形，通常具齿，平展或倒向，裂片间常夹生小齿，基部渐狭成叶柄，叶柄及主脉常带红紫色，疏被蛛丝状白色柔毛或几无毛。花葶1至数个，与叶等长或稍长，上部紫红色，密被蛛丝状白色长柔毛；头状花序，舌状花黄色，边缘花舌片背面具紫红色条纹，花药和柱头暗绿色。瘦果倒卵状披针形，暗褐色；冠毛白色。花期4～9月，果期5～10月。

生长习性：广泛生于中、低海拔地区的山坡草地、路边、田野、河滩。

分布区域：分布于中国江苏、湖北、内蒙古等省区。

园林应用：可配置花境、草坪。

百日菊 *Zinnia elegans* Jacq.　　　　　菊科百日菊属

形态特征：一年生草本。茎直立，高 30～100 厘米，被糙毛或长硬毛。叶宽卵圆形或长圆状椭圆形，长 5～10 厘米，基部稍心形抱茎，两面粗糙，下面被密的短糙毛，基出三脉。头状花序单生枝端，无中空肥厚的花序梗。总苞宽钟状；总苞片多层，宽卵形或卵状椭圆形。托片上端有延伸的附片；附片紫红色，流苏状三角形。舌状花深红色、玫瑰色、紫堇色或白色，舌片倒卵圆形，先端 2～3 齿裂或全缘，上面被短毛，下面被长柔毛。管状花黄色或橙色，先端裂片卵状披针形，上面被黄褐色密茸毛。瘦果。花期 6～9 月，果期 7～10 月。

生长习性：喜温暖，不耐寒，喜阳光，怕酷暑，性强健，耐干旱，耐瘠薄，忌连作。

分布区域：原产于墨西哥。中国各地有栽培。

园林应用：花色种类丰富，是优良的景观观赏花卉，广泛应用于各类景观观赏中。花期长，株型美观，可按高矮分别用于花坛、花境、花带。也常用于盆栽。百日草与其他景观植物搭配时常作前景观赏花卉。

金槌花 Craspedia globosa

菊科金杖球属

别　　名：黄金球、金槌花。

形态特征：多年生草本，高50～90厘米。叶窄披针形，有蜡质，被灰白色柔毛，叶色灰绿、莲座化基生，植株丛生；花茎直立少分枝，顶生亮黄色的球形花，由多数管状花组成团伞花序，鼓槌状或金球状。花期5～6月。

生长习性：喜阳光，适宜温暖、凉爽环境和富含腐殖质土壤。

分布区域：原产于澳大利亚。世界各地广泛栽培。

园林应用：可作一二年生花卉或宿根花卉使用，可植于花坛、花带、花境或园路两侧，亦作切花和天然干燥花等。

松果菊 *Echinacea purpurea* (Linn.) Moench 　　　　菊科松果菊属

别　　名：紫锥花、紫锥菊、紫松果菊。

形态特征：多年生草本植物。高50～150厘米，全株有粗毛，茎直立；茎叶密生硬毛，叶卵状披针形至阔卵形，互生，叶缘具锯齿。基生叶卵形或三角形，茎生叶卵状披针形，叶柄基部略抱茎。头状花序，单生或多数聚生于枝顶，花大，直径可达10厘米；花的中心部位凸起，呈球形，球上为管状花，橙黄色，外围为舌状花，紫红色、红色、粉红色等；种子浅褐色，外皮硬。花期6～9月。

生长习性：喜光，耐寒，耐干旱，对土壤的要求不严，喜在深厚、肥沃、富含腐殖质的土壤中生长。

分布区域：原野生于加拿大、美国中南部。中国内蒙古有栽培。

园林应用：观花植物，可作为花境、花坛、坡地的材料。常见盆栽置于庭院、公园和街道绿化等处。

勋章菊 *Gazania rigens* Moench   菊科勋章菊属

形态特征： 多年生草本植物，株型高矮不一，有丛生和蔓生两种，具根茎。叶由根际丛生，叶片披针形或倒卵状披针形，全缘或有浅羽裂，叶背密被白毛，叶形丰富。头状花序单生，具长总梗，花径 7～12 厘米，内含舌状花和管状花两种，舌状花单轮或 1～3 轮，花色丰富多彩，有白、黄、橙红等色，花瓣有光泽，部分具有条纹，花心处多有黑色、褐色或白色的眼斑。花期 5～10 月。

生长习性： 耐旱，耐贫瘠土壤，半耐寒，适宜肥沃、疏松和排水良好的沙质壤土。

分布区域： 原产于南非。中国各地均有分布。

园林应用： 舌状花瓣纹新奇，花朵迎着太阳开放，日落后闭合。可盆栽摆放花坛或草坪边缘，或点缀小庭园或窗台，也可用作插花材料。

虾膜花 *Acanthus mollis*　　　　　爵床科老鼠簕属

别　　名：鸭嘴花、莨力花、毛老鼠筋、膜叶蛤蟆花、蛤蟆花。

形态特征：多年生草本。株高30～80厘米，包括花序最高可达180厘米。基部叶深裂，深绿，柔软，宽25～40厘米，叶柄长。穗状花序30～40厘米，生花多达120；筒状花两性，白色或淡紫色；小花长5厘米，环绕着三个绿色至淡紫色的苞片，中央大苞片具刺；花萼二唇形；上层紫色较长，成头盔状；花冠上唇退化，下唇白色，3裂，具有紫色斑纹，雄蕊4。蒴果椭圆形。花期5～8月，果期10～11月。

生长习性：抗旱，耐阴，对土壤要求不严。

分布区域：产于地中海沿岸国家。中国各地有引种栽培。

园林应用：可植于荒地、山坡，或布置岩生园等。

芦莉草 *Ruellia tuberosa* L.　　　　　爵床科芦莉草属

别　　名：蓝花莉。

形态特征：多年生草本植物，具有块茎根。株高15～30厘米，节间距短小，分芽能力强，可自然分成成丛。叶对生，披针形，叶色浓绿，狭长型；短叶柄，在基部突然变窄，具有波状边缘，长达12厘米。花密集，花色有粉红、紫、白三种，花径3～5厘米，花冠漏斗状，5瓣。英果，内含7～8粒种子。花期3～11月，盛花期4～10月。

生长习性：抗逆性强，耐旱，耐湿，喜高温，耐酷暑，不择土壤，耐贫力强，耐轻度盐碱。

分布区域：原产于墨西哥。

园林应用：适合带植、片植，可用于色块镶边、花坛、自然花境、湿地水边等。

水烛 *Typha angustifolia*

香蒲科香蒲属

别　　名：水蜡烛、水烛、香蒲。

形态特征：多年生、水生或沼生草本。根状茎乳黄色、灰黄色，先端白色。地上茎直立，粗壮，高约1.5～2.5 米。叶片长54～120厘米，宽0.4～0.9厘米，上部扁平，中部以下腹面微凹，背面向下逐渐隆起呈凸形，下部横切面呈半圆形，细胞间隙大，呈海绵状；叶鞘抱茎。雄花序轴具褐色扁柔毛，单出，或分叉；叶状苞片1～3枚，花后脱落；雌花序基部具1枚叶状苞片，通常比叶片宽，花后脱落；雄花由3枚雄蕊合生；雌花具小苞片；孕性雌花柱头窄条形或披针形，子房纺锤形，具褐色斑点；不孕雌花子房倒圆锥形，具褐色斑点，先端黄褐色，不育柱头短尖。小坚果长椭圆形，具褐色斑点，纵裂。种子深褐色。花果期6～9月。

生长习性：生于湖泊、河流、池塘浅水处，水深达1米或更深，沼泽、沟渠亦常见。当水体干枯时可生于湿地及地表龟裂环境中。

分布区域：分布较广，产于中国台湾、黑龙江、吉林、辽宁、内蒙古、河北、山东、河南、陕西、甘肃、新疆、江苏、湖北、云南等省区。尼泊尔、印度、巴基斯坦、俄罗斯、欧洲、美洲及大洋洲等也有分布。

园林应用：挺水植物，可用于水体造景。

香蒲 *Typha orientalis*

香蒲科香蒲属

别　　名：东方香蒲。

形态特征：多年生水生或沼生草本。根状茎乳白色。地上茎粗壮，向上渐细，高1.3～2米。叶片条形，长40～70厘米，宽0.4～0.9厘米，光滑无毛，上部扁平，下部腹面微凹，背面逐渐隆起呈凸形，横切面呈半圆形，细胞间隙大，海绵状；叶鞘抱茎。雌雄花序紧密连接；雄花序长2.7～9.2厘米，花序轴具白色弯曲柔毛；雌花序长4.5～15.2厘米。小坚果椭圆形至长椭圆形，果皮具长形褐色斑点。种子褐色，微弯。花果期5～8月。

生长习性：喜高温多湿气候，生长适温为15℃～30℃，耐水湿。对土壤要求不严，在黏土和砂壤土上均能生长，但以有机质达2%以上、淤泥层深厚肥沃的壤土为宜。

分布区域：产于中国台湾、黑龙江、吉林、辽宁、内蒙古、河北、山西、河南、陕西、安徽、江苏、浙江、江西、广东、云南等省区。菲律宾、日本、俄罗斯以及大洋洲等地均有分布。

园林应用：可配置与园林水池、湖畔构筑水景，宜作花境、水景背景材料，也可盆栽布置庭院。

小香蒲 *Typha minima*

形态特征： 多年生沼生或水生草本。根状茎姜黄色或黄褐色，先端乳白色。地上茎直立，细弱，矮小，高16～65厘米。叶通常基生，鞘状，无叶片，如叶片存在，长15～40厘米，宽约1～2毫米，短于花葶，叶鞘边缘膜质，叶耳向上伸展，长0.5～1厘米。雌雄花序远离，雄花序长3～8厘米；雌花序长1.6～4.5厘米。小坚果椭圆形，纵裂，果皮膜质。种子黄褐色，椭圆形。花果期5～8月。

生长习性： 沼生植物，稍抗盐碱，抗旱能力差，在较干燥的土壤上一般没有生长。

分布区域： 产于中国黑龙江、吉林、内蒙古等省区。巴基斯坦、俄罗斯、亚洲和欧洲均有分布。

园林应用： 常用于配置园林水池、湖畔，构筑水景。宜作花境、水景背景材料。

芨芨草 *Achnatherum splendens* (Trin.)Nevski　　　　禾本科芨芨草属

别　　名：积机草、席萁草等。

形态特征：多年生草本植物。植株具粗而坚韧外被砂套的须根。秆直立，坚硬，内具白色的髓，形成大的密丛，高50～250厘米，径3～5毫米，节多聚于基部，平滑无毛，基部宿存枯萎的黄褐色叶鞘。叶鞘无毛，具膜质边缘；叶舌三角形或尖披针形；叶片纵卷，质坚韧，上面脉纹凸起，微粗糙，下面光滑无毛。圆锥花序，开花时呈金字塔形开展，主轴平滑，或具角棱而微粗糙，分枝细弱，2～6枚簇生，平展或斜向上升，基部裸露；小穗灰绿色，基部带紫褐色，成熟后常变草黄色；颖膜质，披针形，顶端尖或锐尖，第一颖长具1脉，第二颖具3脉；外稃厚纸质，顶端具2微齿，背部密生柔毛，具5脉，基盘钝圆，具柔毛，芒自外稃齿间伸出，直立或微弯，粗糙，不扭转，易断落；内稃具2脉而无脊，脉间具柔毛。花果期6～9月。

生长习性：生于海拔900～4500米的微碱性的草滩及砂土山坡上。

分布区域：产于中国西北、东北各省及内蒙古、山西、河北等地区。蒙古、俄罗斯也有分布。

园林应用：可作为花境材料，适宜作抗干旱、风沙植物。

芒 *Miscanthus sinensis* Anderss.

形态特征: 多年生苇状草本。秆高1～2米,无毛或在花序以下疏生柔毛。叶鞘无毛,长于其节间;叶舌膜质,长1～3毫米,顶端及其后面具纤毛;叶片线形,长20～50厘米,宽6～10毫米,下面疏生柔毛及被白粉,边缘粗糙。圆锥花序直立,长15～40厘米,主轴无毛,延伸至花序的中部以下,节与分枝腋间具柔毛;分枝较粗硬,直立,不再分枝或基部分枝具第二次分枝;小枝节间三棱形,边缘微粗糙;小穗披针形,长4.5～5毫米,黄色有光泽,基盘具等长于小穗的白色或淡黄色的丝状毛;第一颖顶具3～4脉,边脉上部粗糙,顶端渐尖,背部无毛;第二颖常具1脉,粗糙,上部内折之边缘具纤毛;第一外稃长圆形,膜质,长约4毫米,边缘具纤毛;第二外稃明显短于第一外稃,先端2裂,裂片间具1芒,芒长9～10毫米,棕色,膝曲,芒柱稍扭曲,长约2毫米,第二内稃长约为其外稃的1/2;雄蕊3枚,稃褐色,先雌蕊而成熟;柱头羽状,紫褐色,从小穗中部之两侧伸出。颖果长圆形,暗紫色。花果期7～12月。
生长习性: 喜光,耐旱,遍布于海拔1800米以下的山地、丘陵和荒坡原野,常组成优势群落。
分布区域: 产于中国江苏、浙江、江西、湖南、福建、台湾、广东、海南、广西、四川、贵州、云南等省区。
园林应用: 可用于花境材料,宜可作为坡地绿化材料,可植于公园、建筑物墙边等。

双穗雀稗 *Paspalum Paspaloides* (Michx).Scribn

形态特征: 多年生草本植物。匍匐茎横走、粗壮,长达1米,向上直立部分高20～40厘米,节生柔毛。叶鞘短于节间,背部具脊,边缘或上部被柔毛;叶舌无毛;叶片披针形,无毛。总状花序2枚对连;小穗倒卵状长圆形顶端尖,疏生微柔毛;第一颖退化或微小;第二颖贴生柔毛,具明显的中脉;第一外稃具3～5脉,通常无毛,顶端尖;第二外稃草质,等长于小穗,黄绿色,顶端尖,被毛。花果期5～9月。
生长习性: 该植物在上海多分布在原属水稻栽种地区的湿生地,生长势很强,很难消除,是叶蝉、飞虱的越冬寄主。
分布区域: 产于中国台湾、江苏、湖北、湖南、云南、广西、海南等省区。全世界热带、亚热带地区均有分布。
园林应用: 恶性杂草,不易大范围使用。

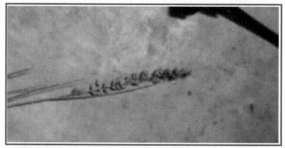

芦苇 *Phragmites australis* (Cav.) Trin. ex Steu　　禾本科芦苇属

形态特征：多年生草本植物，根状茎十分发达。秆直立，高 1～3(8) 米，直径 1～4 厘米，具 20 多节，基部和上部的节间较短，节下被腊粉。叶鞘下部者短于而上部者，长于其节间；叶舌边缘密生一圈长约 1 毫米的短纤毛，两侧缘毛易脱落；叶片披针状线形，长 30 厘米，宽 2 厘米，无毛，顶端长渐尖成丝形。圆锥花序大型，着生稠密下垂的小穗；小穗柄无毛；小穗含 4 花；颖具 3 脉；第一不孕外稃雄性，第二外稃具 3 脉，顶端长渐尖，基盘延长，两侧密生等长于外稃的丝状柔毛，与无毛的小穗轴相连接处具明显关节，成熟后易自关节上脱落；内稃两脊粗糙；雄蕊 3；颖果长约 1.5 毫米。

生长习性：生于江河湖泽、池塘沟渠沿岸和低湿地。除森林生境不生长外，各种有水源的空旷地带，常以其迅速扩展的繁殖能力，形成连片的芦苇群落。

分布区域：产于中国各地，为全球广泛分布的多型种。

园林应用：生命力强，易管理，适应环境广，生长速度快，是景点旅游、水面绿化、河道管理、净化水质、沼泽湿地、置景工程、护土固堤、改良土壤之首选，为固堤造陆环保植物。

早熟禾 *Poa annua* L.　　　　　　　　　　　禾本科早熟禾属

别　　名：稍草、小青草、小鸡草、冷草、绒球草。
形态特征：一年生或冬性禾草植物。秆直立或倾斜，质软，高6～30厘米，全体平滑无毛。叶片扁平或对折，长2～12厘米，宽1～4毫米，质地柔软，常有横脉纹，顶端急尖呈船形，边缘微粗糙。圆锥花序宽卵形。颖果纺锤形，长约2毫米。花期4～5月，果期6～7月。
生长习性：生于海拔100～4800米的平原和丘陵的路旁草地、田野水沟或阴蔽荒坡湿地。
分布区域：分布于中国南北各省。欧洲、亚洲及北美也均有分布。
园林应用：优质冷季草坪草，无覆盖可以越冬。可铺建绿化运动场、高尔夫球场、公园、路旁、水坝等。

狗尾草 *Setaria viridis* (L.) Beauv　　　　　禾本科狗尾草属

形态特征：一年生草本植物。根为须状，高大植株具支持根。秆直立或基部膝曲，高10～100厘米，基部径达3～7毫米。叶片扁平，长三角状狭披针形或线状披针形，先端长渐尖或渐尖，基部钝圆形。圆锥花序紧密呈圆柱状或基部稍疏离，直立或稍弯垂。颖果灰白色。花果期5～10月。
生长习性：喜温暖、湿润气候区，以疏松、肥沃、富含腐殖质的砂壤土及黏壤土为宜。
分布区域：原产于欧亚大陆的温带和暖温带地区。现广布于全世界的温带和亚热带地区。
园林应用：可与其他地被类植物配合使用。

紫露草 *Tradescantia ohiensis* Raf.

鸭跖草科紫露草属

别　　名：紫鸭趾草、紫叶草等。
形态特征：多年生草本植物。茎直立分布、壮硕、簇生；株丛高大，高度可达 25～50 厘米。叶互生，每株 5～7 片线形或披针形茎叶。花序顶生、伞形，花紫色，花瓣、萼片均 3 片，卵圆形萼片为绿色，广卵形花瓣为蓝紫色。蒴果近圆形，长 5～7 毫米，无毛；种子橄榄形。花期为 6 月～10 月下旬。
生长习性：喜温湿半阴环境，耐寒，在沙土、壤土中均可正常生长，忌土壤积水。
分布区域：原产于美洲热带地区。
园林应用：在园林中多作为林下地被，既能观花观叶，又能吸附粉尘，净化空气。

梭鱼草 *Pontederia cordata* L.

雨久花科梭鱼草属

别　　名：北美梭鱼草、海寿花。
形态特征：多年生挺水或湿生草本植物，株高可达 150 厘米，地茎叶丛生，圆筒形叶柄呈绿色，叶片较大，深绿色，表面光滑，叶形多变，但多为倒卵状披针形。花葶直立，通常高出叶面，穗状花序顶生，每条穗上密密地簇拥着几十至上百朵蓝紫色圆形小花，上方两花瓣各有两个黄绿色斑点，质地半透明。花果期 5～10 月。
生长习性：喜温，喜阳，喜肥，喜湿，怕风，不耐寒。
分布区域：美洲热带和温带均有分布，中国华北等地有引种栽培。
园林应用：水体造景植物。

形态特征： 具粗壮的横生根状茎。鳞茎单生或数枚聚生，近狭卵状圆柱形或近圆锥状；鳞茎外皮灰黑色至黑色，膜质，不破裂，内皮白色，有时带红色。叶狭条形至宽条形，肥厚，基部近半圆柱状，上部扁平，有时略呈镰状弯曲，短于或稍长于花葶，先端钝圆，叶缘和纵脉有时具极细的糙齿。花葶圆柱状，常具2纵棱，有时纵棱变成窄翅而使花葶成为二棱柱状，高度变化大，下部被叶鞘；总苞2裂，宿存；伞形花序半球状至近球状，具多而稍密集的花；小花梗近等长，比花被片长2～4倍，稀更短，基部具小苞片，稀无小苞片；花紫红色至淡紫色，内轮的矩圆状卵形至卵形，先端钝圆并常具不规则的小齿，外轮的卵形，舟状，略短；花丝等长，比花被片略长直至为其长的1.5倍，仅基部合生并与花被片贴生，内轮的扩大成披针状狭三角形，外轮的锥形；子房倒如状球形至近球状；花柱伸出花被外。花果期7～9月。

生长习性： 喜光，耐寒，耐干旱，生于海拔2000米以下的草原、草甸或山坡上。

分布区域： 产于中国黑龙江、吉林、内蒙古等省区。

园林应用： 可应用于花境、花坛，宜片植于草坪、林缘。

狐尾天门冬 *Asparagus densiflorus* 'Myers'　　百合科天门冬属

别　　名：狐尾武竹、美伯氏密花天门冬。

形态特征：多年生常绿半蔓性草本植物，根部稍肉质略怕积水。植株丛生，各分枝近于直立生长，高30～60厘米，稍有弯曲，但不下垂。具叶状枝，真正的叶退化成细小的鳞片状或柄状，淡褐色，着生于叶状枝的基部，3～4片呈辐射状生长；叶状枝纤细而密集周生于各分枝上，呈三角形水平展开羽毛状；叶状枝每片有6～13枚小枝，小枝长3～6毫米，常年绿色，2年生以上苗其枝条可达40～50厘米。小花白色，具清香。浆果小球状，初为绿色，成熟后呈鲜红色，表皮有光泽，内有黑色种子。花期5～7月。

生长习性：喜温暖、湿润的环境，在半阴和阳光充足处都能正常生长。

分布区域：原产于南非。中国各地均有栽培。

园林应用：观叶花卉栽培，可布置厅堂、卧室、阳台等处，颇有特色。

独尾草 *Eremurus chinensis* Fedtsch.　　百合科独尾草属

形态特征：植株高60～120厘米。花极多，在花葶上形成稠密的长达30～40厘米的总状花序；苞片长8～10毫米，比花梗短，先端有长芒，无毛，有一条暗褐色脉；花被窄钟状；花梗长1.5～5厘米，上端有关节，倾斜开展；花被片长1～1.3厘米，白色，长椭圆形，长1～1.6厘米，有一脉；雄蕊短，藏于花被内。蒴果直径7～9毫米，表面常有皱纹，带绿黄色，熟时果柄近平展，果柄长2～2.5厘米。种子三棱形，有窄翅。花期6月，果期7月。

生长习性：喜光，耐干旱，耐寒，生于海拔1000～2900米的石质山坡和悬崖。

分布区域：产于中国甘肃南部、四川西部、云南西北部和西藏等地区。

园林应用：可布置花坛、花境或岩生园。

大花萱草 *Hemerocallis hybrid* Bergmans

百合科萱草属

别　　名：大苞萱草。

形态特征：根多少呈绳索状，粗 1.5～3 毫米。叶长 50～80 厘米，通常宽 1～2 厘米，柔软，上部下弯。花葶与叶近等长，不分枝，在顶端聚生 2～6 朵花；苞片宽卵形，宽 1～2.5 厘米，先端长渐尖至近尾状，全长 1.8～4 厘米；花近簇生，具很短的花梗；花被金黄色或橘黄色；花被管长 1～1.7 厘米，约 1/3～2/3 为苞片所包（最上部的花除外），花被裂片长 6～7.5 厘米，内三片宽 1.5～2.5 厘米。蒴果椭圆形，稍有三钝棱，长约 2 厘米。花果期 6～10 月。

生长习性：生于海拔较低的林下、湿地、草甸或草地上。耐寒，耐光，又耐半阴，对土壤要求不严。

分布区域：产于中国黑龙江、吉林和辽宁地区。朝鲜、日本和俄罗斯也有分布。

园林应用：耐盐碱植物，可用作油田及滩涂地带的绿化材料。可用来布置各式花坛、马路隔离带、疏林草坡等，也可利用其矮生特性作地被植物。

别　　名：黄花菜、金针菜、鹿葱、川草花、忘郁、丹棘等。

形态特征：多年生宿根草本。根状茎粗短，具肉质纤维根，多数膨大呈窄长纺锤形。叶基生成丛，条状披针形2.5厘米，背面被白粉。夏季开橘黄色大花，花葶长于叶；圆锥花序顶生，有花6～12朵，花梗长约1厘米有小的披针形苞片；花长7～12厘米，花被基部粗短漏斗状，花被6片，开展，向外反卷，外轮3片，内轮3片，边缘稍作波状；雄蕊6，花丝长，着生花被喉部；子房上位，花柱细长。花果期为5～7月。

生长习性：性强健，耐寒，喜湿润，耐旱，喜阳光，耐半阴。华北可露地越冬，适应性强，对土壤选择性不强，但以富含腐殖质、排水良好的湿润土壤为宜。适于在海拔300～2500米地带生长。

分布区域：原产于中国、西伯利亚、日本和东南亚。

园林应用：花色鲜艳，栽培容易，且春季萌发早，绿叶成丛极为美观。园林中多丛植或于花境、路旁栽植。萱草类耐半荫，又可作疏林地被植物。

黄花菜 *Hemerocallis citrina* Baroni　　　　　　百合科萱草属

别　　名：萱草、忘忧草、金针菜、萱草花、健脑菜、安神菜。
形态特征：植株一般较高大；根近肉质，中下部常有纺锤状膨大。叶7～20枚，长50～130厘米，宽6～25毫米。花葶长短不一，一般稍长于叶，基部三棱形，上部多少圆柱形，有分枝；苞片披针形，下面的长可达3～10厘米，自下向上渐短；花梗较短；花多朵，最多可达100朵以上；花被淡黄色，有时在花蕾时顶端带黑紫色；花被管长3～5厘米，花被裂片长7～12厘米，内三片宽。蒴果钝三棱状椭圆形。种子约20多个，黑色，有棱，从开花到种子成熟约需40～60天。花果期5～9月。
生长习性：耐瘠，耐旱，不耐寒，对土壤要求不严，地缘或山坡均可栽培。
分布区域：中国南北各地均有栽培。多分布于中国秦岭以南、湖南、江苏、浙江、湖北与内蒙古草原等地。
园林应用：布置庭院、树丛中的草地或花境等地的良好材料，也可作切花。

394

别　　名： 紫玉簪。

形态特征： 多年生草本植物。具匍匐茎的草本。茎直立，分枝或不分枝，高40～80厘米，四棱形，具四槽，基部无毛，中部以上被平展长柔毛。叶柄被长柔毛；叶片卵圆状披针形，长3.5～7厘米，宽1～2.5厘米，先端急尖或渐尖，基部截形或近心形，边缘具锯齿，上面疏被微柔毛，下面脉上被短柔毛，他处近无毛，但散布腺点。假穗状花序生于主茎及上部分枝的顶端，主茎上者由于下部有短的侧生花序因而俨如圆锥花序，均由上下密接的2花的轮伞花序组成。花萼钟形，外面除萼齿具缘毛外余部无毛而具明亮的腺点，长3.5～4毫米，萼齿5，三角形，几等大。花冠粉红色，冠筒与花萼平齐，唇片发达，中裂片近圆形，侧裂片前对卵圆形，后对先端急尖。雄蕊伸出。子房球形，被泡状毛。小坚果未见。花期6～7月，果期7～9月。

生长习性： 喜阴，忌阳光长期直射，分蘖力和耐寒力极强，对土壤要求不严格。

分布区域： 分布于中国江苏、安徽、浙江、福建、江西等地区。生于海拔500～2400米的林下、草坡或路旁。

园林应用： 阴生观叶植物，或丛植于岩石园或建筑物北侧。可盆栽布置室内观赏，也可作切花材料，还可以林下片植作地被植物观赏。

卷丹 *Lilium lancifolium Thunb.*

别　　名：虎皮百合、倒垂莲、药百合、黄百合、宜兴百合。

形态特征：多年生草本，鳞茎近宽球形，高约3.5厘米，直径4～8厘米；鳞片宽卵形，长2.5～3厘米，宽1.4～2.5厘米，白色。茎高带紫色条纹，具白色绵毛。叶散生，矩圆状披针形或披针形，两面近无毛，有5～7条脉。花3～6朵或更多；苞片叶状，卵状披针形；花下垂，花被片披针形，反卷，橙红色，有紫黑色斑点。蒴果狭长卵形，长3～4厘米。花期7～8月，果期9～10月。

生长习性：喜光，不耐旱。生于海拔400～2500米的山坡灌木林下、草地，路边或水旁。

分布区域：产于中国江苏、浙江、安徽等省区，中国各地有栽培。日本、朝鲜也有分布。

园林应用：适用于花境装饰、花廊摆设、花坛的栽培，也是人们在选择居家盆栽时很喜欢的观赏性花卉之一，是做切花的好材料。

毛百合 *Lilium dauricum*

百合科百合属

别　　名：卷帘百合。

形态特征：鳞茎卵状球形，高约1.5厘米，直径约2厘米；鳞片宽披针形，长1～1.4厘米，白色，有节或有的无节。茎高50～70厘米，有棱。叶散生，在茎顶端有4～5枚叶片轮生，基部有一簇白绵毛，边缘有小乳头状突起，有的还有稀疏的白色绵毛。苞片叶状，长4厘米；花梗长2.5～8.5厘米，有白色绵毛；花1～2朵顶生，橙红色或红色，有紫红色斑点；外轮花被片倒披针形，先端渐尖，基部渐狭，长7～9厘米，宽1.5～2.3厘米，外面有白色绵毛；内轮花被片稍窄，蜜腺两边有深紫色的乳头状突起；雄蕊向中心靠拢；花丝长5～5.5厘米，无毛，花药长约1厘米；子房圆柱形，长约1.8厘米，宽2～3毫米；花柱长为子房的2倍以上，柱头膨大，3裂。蒴果矩圆形，长约4～5.5厘米，宽3厘米。花期6～7月，果期8～9月。

生长习性：喜光，抗旱，抗风，生于海拔450～1500米地带。

分布区域：产于中国黑龙江、吉林、辽宁、内蒙古和河北地区。

园林应用：可作花坛、花境材料，也可植于林缘或岩石园，常作为切花使用。

山丹 *Lilium pumilum* 百合科百合属

别　　名：细叶百合。

形态特征：鳞茎卵形或圆锥形，高2.5～4.5厘米，直径2～3厘米。鳞片矩圆形或长卵形，长2～3.5厘米，宽1～1.5厘米，白色。茎高15～60厘米，有小乳头状突起，有的带紫色条纹。叶散生于茎中部，条形，中脉下面突出，边缘有乳头状突起。花单生或数朵排成总状花序，鲜红色，通常无斑点，有时有少数，斑点，下垂；花被片反卷，蜜腺两边有乳头状突起；花丝无毛，花药长椭圆形，黄色，花粉近红色；子房圆柱形；花柱稍长于子房或长1倍多，柱头膨大，3裂。蒴果矩圆形。花期7～8月，果期9～10月。

生长习性：喜好凉爽、湿润的环境，需要充足的光照，生于海拔400～2600米的山坡灌木林下、草地，水旁。

分布区域：产于中国河北、河南、甘肃、内蒙古、黑龙江、辽宁和吉林等省区。俄罗斯、朝鲜、蒙古也有分布。

园林应用：香花植物，观赏花卉，适用于花境装饰、花廊摆设、花坛的栽培，是做切花的好材料。

秋水仙 *Colchicum autumnale* L.　　　　百合科秋水仙属

形态特征: 多年生草本,球根花卉,球茎卵形,外皮黑褐色。茎极短,大部埋于地下。叶披针形,长约30厘米。8～10月开花。每葶开花1～4朵,花蕾纺锤形,开放时漏斗形,淡粉红色(或紫红色),直径约7～8厘米。 雄蕊比雌蕊短,花药黄色。蒴果,种子多数,呈不规则的球形,褐色。花期9～11月。

生长习性: 冬季喜好温暖、湿润,夏季喜好凉爽干燥环境,也需要充足的阳光,喜好生长在高山园、岩石园等地方。

分布区域: 原产于欧洲和地中海沿岸。中国自20世纪70年代起从国外引进种子和球茎,分别在北京、庐山、昆明等地试种,生长良好。

园林应用: 可以种植在灌木丛旁或花境及草坪丛里面,极具观赏价值。也可作盆栽,美化空间,净化空气。

射干 *Belamcanda chinensis* (L.) Redouté

鸢尾科射干属

别　　名：乌扇、乌蒲、黄远、乌萐等。

形态特征：多年生草本。根状茎为不规则的块状，斜伸，黄色或黄褐色；须根多数，带黄色。茎高1～1.5米，实心。叶互生，嵌迭状排列，剑形，长20～60厘米，宽2～4厘米，基部鞘状抱茎，顶端渐尖，无中脉。花序顶生，叉状分枝，每分枝的顶端聚生有数朵花；花梗及花序的分枝处均包有膜质的苞片，苞片披针形或卵圆形；花橙红色，散生紫褐色的斑点；花被裂片6，2轮排列；雄蕊3；花柱上部稍扁，顶端3裂，子房下位。蒴果倒卵形或长椭圆形，顶端无喙，常残存有凋萎的花被，成熟时室背开裂，果瓣外翻，中央有直立的果轴；种子圆球形，黑紫色，有光泽，着生在果轴上。花期6～8月，果期7～9月。

生长习性：喜温暖，耐干旱和寒冷，对土壤要求不严，山坡旱地均能栽培，喜肥沃、疏松的土壤。

分布区域：分布于全世界的热带、亚热带及温带地区，分布中心在非洲南部及美洲热带。

园林应用：花形飘逸，适用于作花径和林缘地被。

马蔺 *Iris lactea* Pall. var.chinensis (Fisch.) Koidz.　　　鸢尾科鸢尾属

别　　名：马兰、马兰花、旱蒲、马韭等。

形态特征：多年生密丛草本。根状茎粗壮，木质，斜伸，外包有大量致密的红紫色折断的老叶残留叶鞘及毛发状的纤维。叶基生，坚韧，灰绿色，条形或狭剑形，长约50厘米，宽4～6毫米，顶端渐尖，基部鞘状，带红紫色，无明显的中脉。花茎光滑；苞片3～5枚，草质，绿色，边缘白色，披针形，顶端渐尖或长渐尖，内包含有2～4朵花；花蓝色，外花被裂片倒披针形，顶端钝或急尖，爪部楔形，内花被裂片狭倒披针形，爪部狭楔形；花药黄色，花丝白色；子房纺锤形。蒴果长椭圆状柱形，顶端有短喙；种子为不规则的多面体，棕褐色，略有光泽。花期5～6月，果期6～9月。

生长习性：根系发达，入土深度可达1米，须根稠密而发达，呈伞状分布，这不仅使它具有极强的抗性和适应性，也使它具有很强的缚土保水能力。

分布区域：产于朝鲜、俄罗斯及印度。分布于中国黑龙江、吉林、辽宁、内蒙古等地。

园林应用：花形漂亮，抗逆性强，可应用于花境、花坛、公园、庭院等。

别　　名：乌鸢、扁竹花、屋顶鸢尾、蓝蝴蝶、紫蝴蝶、蛤蟆七。

形态特征：多年生草本，植株基部围有老叶残留的膜质叶鞘及纤维。根状茎粗壮，二歧分枝，直径约1厘米，斜伸；须根较细而短。叶基生，黄绿色，稍弯曲，中部略宽，宽剑形，长15～50厘米，宽1.5～3.5厘米，顶端渐尖或短渐尖，基部鞘状，有数条不明显的纵脉。花茎光滑，高20～40厘米，顶部常有1～2个短侧枝，中、下部有1～2枚茎生叶；苞片2～3枚，绿色，草质，边缘膜质，色淡，披针形或长卵圆形，顶端渐尖或长渐尖，内包含有1～2朵花。花蓝紫色，直径约10厘米；花梗甚短；蒴果长椭圆形或倒卵形，有6条明显的肋，成熟时自上而下3瓣裂；种子黑褐色，梨形，无附属物。花期4～5月，果期6～8月。

生长习性：根茎粗壮，适应性强，喜光充足、肥沃、适度湿润、排水良好、含石灰质和微碱性土壤，耐旱性强。亦喜水湿、微酸性土壤，耐半阴或喜半阴。

分布区域：生于海拔800～1800米的灌木林缘阳坡地、林缘及水边湿地。在庭园已久经栽培。

园林应用：香花植物，是庭园中的重要花卉之一，可作盆花、切花和花坛，也是优良的鲜切花材料。

玉蝉花 *Iris ensata*

鸢尾科鸢尾属

别　　名：花菖蒲、紫花鸢尾、东北鸢尾。

形态特征：多年生草本，植株基部围有叶鞘残留的纤维。根状茎粗壮，斜伸，外包有棕褐色叶鞘残留的纤维；须根绳索状，灰白色，有皱缩的横纹。叶条形，长30～80厘米，宽0.5～1.2厘米，顶端渐尖或长渐尖，基部鞘状，两面中脉明显。花茎圆柱形，高40～100厘米，实心，有1～3枚茎生叶；苞片3枚，近革质，披针形，长4.5～7.5厘米，宽0.8～1.2厘米，顶端急尖、渐尖或钝，平行脉明显而突出，内包含有2朵花；花深紫色，直径9～10厘米；花被管漏斗形，长1.5～2厘米，外花被裂片倒卵形，长7～8.5厘米，宽3～3.5厘米，爪部细长，中央下陷呈沟状，中脉上有黄色斑纹，内花被裂片小，直立，狭披针形或宽条形。蒴果长椭圆形，顶端有短喙，6条肋明显，成熟时自顶端向下开裂至1/3处；种子棕褐色，扁平，半圆形，边缘呈翅状。花期6～7月，果期8～9月。

生长习性：喜温暖、湿润，强健，耐寒性强。对土壤要求不严，以土质疏松、肥沃生长良好。

分布区域：产于中国黑龙江、吉林、辽宁、山东、浙江。也产于朝鲜、日本及俄罗斯。

园林应用：性喜水湿，适合作水景，也可作切花。

中文名称索引

405

拉丁文名称索引

272 *Cheiranthus cheiri* L.

266 *Chelidonium majus* L.

041 *Chosenia Nakai*

350 *Chrysanthemum paludosum*

352 *Cirsium japonicum* Fisch. ex DC.

351 *Cirsium leo* Nakai et Kitag.

259 *Clematis intricata* Bunge

274 *Cleome spinosa* Jacq.

399 *Colchicum autumnale* L.

304 *Convolvulus arvensis* L.

354 *Coreopsis drummondii* Torr. et Gray

353 *Coreopsis grandiflora* Hogg.

355 *Cosmos bipinnata* Cav.

356 *Cosmos sulphureus* Cav.

168 *Cotinus coggygria* 'Purpureus' 或 *Cotinus coggygria* 'Nordine' 或 *Cotinus coggygria* 'Arropurpurea'

167 *Cotinus coggygria* Scop

109 *Cotoneaster acutifolius* Turcz.

111 *Cotoneaster horizontalis* Decne.

110 *Cotoneaster multiflorus* Bge.

378 *Craspedia globosa*

113 *Crataegus maximowiczii*

114 *Crataegus pinnatifida* Bunge

112 *Crataegus sanguinea*

280 *Crotalaria assamica* Benth.

339 *Cucumis sativus* L.

194 *Cuphea hookeriana* Walp.

195 *Cuphea platycentra* Lem.

302 *Cynanchum chinense*

D

357 *Dahlia pinnata* Cav.

361 *Dahlia pinnate* cv.

322 *Datura stramonium* Linn.

260 *Delphinium grandiflorum*

358 *Dendranthema lavandulifolium* (Fisch. ex Trautv.) Ling et Shih var. seticuspe (Maxim.) Shih

359 *Dendranthema morifolium* （Ramat.） Tzvel.

361 *Dendranthema oreastrum* (Hance) Ling

249 *Dianthus barbatus* L.

248 *Dianthus chinensis* L.

267 *Dicranostigma leptopodum* (Maxim.) Fedde

329 *Digitalis purpurea* L.

E

379 *Echinacea purpurea* (Linn.) Moench

362 *Echinops sphaerocephalus* L.

192 *Elaeagnus angustifolia* Linn.

391 *Eremurus chinensis* Fedtsch.

298 *Eryngium planum* L.

172 *Euonymus alatus* (Thunb.) Sieb.

171 *Euonymus maackii* Rupr.

170 *Euonymus nanus* Bieb.

284 *Euphorbia pekinensis* Rupr.

256 *Euryale ferox*

115 *Exochorda serratifolia* S. Moore

F

075 *Fallopia aubertii* (L. Henry) Holub

165 *Flueggea suffruticosa* (Pall.) Baill.

199 *Fontanesia fortunei* Carr.

200 *Forsythia mandschurica* Uyeki

201 *Forsythia suspensa* (Thunb.) Vahl

202 *Fraxinus chinensis* Roxb

204 *Fraxinus pennsylvanica* Marsh.

203 *Fraxinus rhynchophylla* Hance

G

363 *Gaillardia pulchella* Foug.

364 *Galinsoga parviflora* Cav.

337 *Galium verum* Linn.

295 *Gaura lindheimeri* Engelm. et Gray

380 *Gazania rigens* Moench

301 *Gentiana dahurica* Fisch.

290 *Geranium wilfordii* Maxim.

002 *Ginkgo biloba* L.

310 *Glechoma longituba* (Nakai) Kupr

147 *Gleditsia japonica* Miq.

148 *Gleditsia sinensis* Lam.

146 *Gleditsia triacanthos* Linn.

250 *Gypsophila muralis* L.

251 *Gypsophila paniculata* L.

H

149 *Halimodendron halodendron* (Pall.) Voss

366 *Helianthus annuus* L.

365 *Helianthus tuberosus* L.

394 *Hemerocallis citrina* Baroni

393 *Hemerocallis fulva* (L.)

392 *Hemerocallis hybrid* Bergmans

060 *Hemiptelea davidii* (Hance) Planch.

367 *Hemistepta lyrata* (Bunge) Bunge

277 *Heuchera micrantha*

193 *Hippophae rhamnoides* L. subsp. sinensis Rousi

275 *Hylotelephium erythrostictum* (Miq.) H. Ohba

I

368 *Inula japonica* Thunb.

403 *Iris ensata*

401 *Iris lactea Pall.* var.chinensis (Fisch.) Koidz.

402 *Iris tectorum*

369 *Ixeridium sonchifolium* (Maxim.) Shih

J

374 *Jacobaea maritima* (L.) Pelser & Meijden

205 *Jasminum nudiflorum* Lindl.

051 *Juglans mandshurica*

050 *Juglans regia* L.

023 *Juniperus formosana* Hayata

024 *Juniperus rigida* S.et Z

K

369 *Kalimeris indica* (Linn.) Sch.

198 *Kalopanax septemlobus* (Thunb.) Koidz.

116 *Kerria japonica* (L.) DC.f. pleniflora (Witte) Rehd.

241 *Koelreuteria paniculata* Laxm.

224 *Kolkwitzia amabilis* Graebn.

L

340 *Lagenaria siceraria* (Molina) Standl

196 *Lagerstroemia indica* L.

005 *Larix kaempferi* (Lamb.) Carrs.

004 *Larix principis-rupprechtii* Mayr

219 *Lavandula angustifolia* Mill.

370 *Leontopodium leontopodioides* (Willd.) Beauv.

311 *Leonurus artemisia* (Laur.)S.Y.HuF

285 *Leptochloa chinensis* (L.) Nees

222 *Leptodermis pilosa* Diels

223 *Leptodermis potanini* Batalin

154 *Lespedeza bicolor* Turcz.

371 *Leucanthemum vulgare* Lam.

206 *Ligustrum × vicaryi* Rehder

207 *Ligustrum obtusifolium* Sieb. et Zucc.

209 *Ligustrum quihoui* Carr.

208 *Ligustrum sinense* Lour.

397 *Lilium dauricum*

396 *Lilium lancifolium Thunb.*

398 *Lilium pumilum*

345 *Lobelia erinus* Thunb

271 *Lobularia maritima* (L.) Desv.

226 *Lonicera acuminata* Wall.

228 *Lonicera korolkowii* Stapf

229 *Lonicera maackii* (Rupr.) Maxim.

227 *Lonicera maackii* (Rupr.) Maxim. var. erubescens Rehd.

230 *Lonicera microphylla* Willd. ex Roem. et Schult.

225 *Lonicera ruprechtiana* Regel

231 *Lonicera tatarica* L.

252 *Lychnis fulgens* Fisch.

220 *Lycium chinense* Mill.

323 *Lycopersicon esculentum* Mill.

299 *Lysimachia clethroides* Duby

294 *Lythrum salicaria* L.

M

117 *Malus asiatica* Nakai

122 *Malus baccata* (L.) Borkh.

119 *Malus mandshurica* (Maxim.) Kom. ex Juz.

120 *Malus pumila* Mill.

121 *Malus sieboldii* (Regel) Rehd.

118 *Malus spectabilis* (Ait.) Borkh.

303 *Metaplexis japonica* (Thunb.) Makino

330 *Mimulus hybridus* Wettst.

247 *Mirabilis jalapa* L.

386 *Miscanthus sinensis* Anderss.

086 *Mognolia denudate* Desr.

074 *Morus alba* L.

072 *Morus australis* Poir.

073 *Morus mongolica* Schneid.

N

084 *Nandina domestica.*

324 *Nicotiana alata* Link et Otto

261 *Nigella damascena* L.

255 *Nymphaea tetragona*

O

296 *Oenothera biennis* L.

273 *Orychophragmus violaceus* (L.) O. E. Schulz

055 *Ostryopsis davidiana* Decaisne.

283 *Oxalis corniculata* L.

P

124 *Padus maackii* (Rupr.) Kom.

125 *Padus racemosa*

262 *Paeonia lactiflora* Pall.

268 *Papaver nudicaule* L.

269 *Papaver nudicaule* L.

270 *Papaver rhoeas* L.

288 *Parthenocissus quinquefolia* (L.) Planch.

386 *Paspalum Paspaloides* (Michx).Scribn

305 *Pharbitis nil* （L.） Choisy

164 *Phellodendron amurense* Rupr.

088 *Philadelphus incanus* Koehne

089 *Philadelphus pekinensis* Rupr.

087 *Philadelphus schrenkii* Rupr.

328 *Phlox drummondii* Hook.

126 *Photinia serrulata* Lindl.

参考文献

[1] 中国科学院中国植物志编辑委员会. 中国植物志 [M]. 北京：科学出版社，2004.

[2] 内蒙古植物志编辑委员会. 内蒙古植物志 [M]. 呼和浩特：内蒙古人民出版社，1982.

[3] 王生军，刘果厚. 内蒙古灌木资源 [M]. 呼和浩特：内蒙古大学出版社，2006.

[4] 赵一之，赵利清. 内蒙古维管植物检索表 [M]. 北京：科学出版社，2014.

[5] 徐杰，闫志坚，哈斯巴根，等. 内蒙古维管植物图鉴：蕨类植物、裸子植物和单子叶植物卷 [M] 北京：科学出版社，2018.

[6] 杨贵生，王迎春. 内蒙古常见动植物图鉴 [M]. 北京：高等教育出版社，2011.

[7] 曹瑞. 内蒙古常见植物图鉴 [M]. 北京：高等教育出版社，2017.

[8] 刘素清. 内蒙古野生花卉 [M]. 北京：中国林业出版社，2015.

[9] 赵一之. 内蒙古珍稀濒危植物图谱 [M]. 北京：中国农业科技出版社，1992.

[10] 赵一之. 内蒙古大青山高等植物检索表 [M]. 呼和浩特：内蒙古大学出版社，2005.

[11] 锡林郭勒盟国有林场苗圃管理站. 内蒙古自治区锡林郭勒盟木本植物图鉴 [M]. 北京：机械工业出版社，2016.

[12] 白学良. 贺兰山苔藓植物彩图志 [M]. 银川：阳光出版社，2014.

[13] 朱宗元，梁存柱，李志刚. 贺兰山植物志 [M]. 银川：阳光出版社，2011.

[14] 周洪义，张清，袁东升，等. 园林景观植物图鉴 [M]. 北京：中国林业出版社，2009.

[15] 闫双喜，刘保国，李永华. 景观园林植物图鉴 [M]. 郑州：河南科学技术出版社，2013.

[16] 李作文，汤天鹏. 中国园林树木 [M]. 沈阳：辽宁科学技术出版社，2008.

[17] 陈嵘. 中国树木分类学 [M]. 上海：上海科学技术出版社 1959.

[18] 中国科学院植物研究所. 中国高等植物图鉴 [M]. 北京：科学出版社，1983.

[19] 郑万钧，中国树木志编辑委员会. 中国树木志 [M]. 北京：中国林业出版社，2004.

[20] 杨秋生，李振宇. 世界园林植物与花卉百科全书 [M]. 郑州：河南科学技术出版社，2005.

[21] 朱仁元，徐霞，等. 园林彩色植物图谱 [M]. 沈阳：辽宁科学技术出版社，2002.

[22] 李作文，王鑫，等. 园林景观植物识别与应用：乔木 [M]. 沈阳：辽宁科学技术出版社，2010.

[23] 秦慧贞，赵武生. 植物物证鉴定 [M]. 南京：东南大学出版社，2007.

[24] 邢福武. 中国景观植物 [M]. 武汉：华中科技大学出版社，2009.

[25] 陈有民. 园林树木学 [M]. 北京：中国林业出版社，2011.

[26] 中国科学院植物研究所. 新编拉汉英植物名称 [M]. 北京：航空工业出版社，1996.

[27] 张天麟. 园林树 1200 种 [M]. 北京：中国建筑工业出版社，2005.

[28] 张天麟. 园林树木 1600 种 [M]. 北京：中国建筑工业出版社，2010.

[29] 王意成，郭忠仁. 景观植物百科 [M]. 南京：江苏科学技术出版社，2008.

[30] 张加勉. 中国园林分类图典 [M]. 北京：化学工业出版社，2008.

[31] 刘延江. 园林观赏花卉应用 [M]. 沈阳：辽宁科学技术出版社，2008.

[32] 贾恢先，孙学刚. 中国西北内陆盐地植物图谱 [M]. 北京：中国林业出版社，2005.

[33] 何济钦，唐振缙. 园林花卉 900 种 [M]. 北京：中国建筑工业出版社，2006.

[34] 赵世伟，张佐双. 中国园林植物彩色应用图谱 [M]. 北京：中国城市出版社，2004.

[35] 刘延江，李作文. 园林树木图鉴 [M]. 沈阳：辽宁科学技术出版社，2005.

[36] 徐晔春，朱根发. 4000 种观赏植物原色图鉴 [M]. 长春：吉林科学技术出版社，2012.

[37] 徐晔春，崔晓东，李钱鱼. 园林树木鉴赏 [M]. 北京：化学工业出版社，2012.

[38] 刘与明，黄全能. 园林植物 1000 种 [M]. 福州：福建技术出版社，2011.

[39] 王雁. 园林植物彩色图鉴（共四册）[M]. 北京：中国林业出版社，2011-2012.

[40] 臧德奎. 园林树木学 [M]. 北京：中国建筑工业出版社，2012.

[41] 臧德奎. 观赏植物学 [M]. 北京：中国建筑工业出版社，2012.

[42] 侯宽昭. 中国种子植物科属词典 [M]. 北京：科学出版社，1982.

[43] 林侨生. 观叶植物原色图谱 [M]. 北京：中国农业出版社，2002.

[44] 徐晔春. 观花植物1000种经典图鉴[M]. 长春：吉林科学技术出版社, 2009.

[45] 徐晔春. 观叶观果植物1000种经典图鉴[M]. 长春：吉林科学技术出版社, 2009.

[46] 纪殿荣, 冯耕田. 观果观花植物图鉴[M]. 北京：农村读物出版社, 2003.

[47] 陈又生, 崔洪霞, 苏卫忠. 观赏灌木与藤本花卉[M]. 合肥：安徽科学技术出版社, 2003.

[48] 夏宜平. 园林地被植物[M]. 杭州：浙江科学技术出版社, 2008.

[49] 李春玲, 张军民, 刘兰英. 夏季花卉[M]. 北京：中国农业大学出版社, 2007.

[50] 林萍. 观赏花卉1：草本[M]. 北京：中国林业出版社, 2007.

[51] 王玲, 宋红. 园林植物识别与应用实习教程[M]. 北京：中国林业出版社, 2009.

[52] 阮积惠, 徐礼根. 地被植物图谱[M]. 北京：中国建筑工业出版社, 2007.

[53] 吴玲. 地被植物与景观[M]. 北京：中国林业出版社, 2007.

[54] 李作文, 张奎夫. 灌木藤本[M]. 沈阳：辽宁科学技术出版社, 2010.

[55] 汪劲武. 常见树木：北方[M]. 北京：中国林业出版社, 2007.

[56] 汪劲武. 常见野花[M]. 北京：中国林业出版社, 2009.

[57] 徐晔春. 观赏花卉2：木本[M]. 北京：中国林业出版社, 2007.

[58] 邢福武. 身边的植物[M]. 北京：中国林业出版社, 2005.

[59] 王代容, 廖飞雄. 美丽的观叶植物：蕨类[M]. 北京：中国林业出版社, 2004.

[60] 石雷, 李东. 观赏蕨类植物[M]. 合肥：安徽科学技术出版社, 2003.

[61] 曾宋君, 邢福武. 观赏蕨类[M]. 北京：中国林业出版社, 2002.

[62] 李峻成, 高崇岳, 李光棣. 常见牧草原色图谱[M]. 北京：金盾出版社, 2010.

[63] 张宪春. 中国石松类和蕨类植物[M]. 北京：北京大学出版社, 2012.

[64] 赵田泽, 纪殿荣, 刘冬云. 中国花卉原色图鉴III[M]. 哈尔滨：东北林业大学出版社, 2010.

[65] 吴棣飞, 龙志勉. 常见园林植物识别图鉴[M]. 重庆：重庆大学出版社, 2010.

[66] 卢思聪, 卢炜, 冯桂强. 世界名花博览[M]. 郑州：河南科学技术出版社, 1997.

[67] 王世光, 薛永卿. 中国现代月季[M]. 郑州：河南科学技术出版社, 2010.

[68] 李作文, 刘家祯. 不同生态环境下的园林植物[M]. 沈阳：辽宁科学技术出版社, 2010.

[69] 陈心启, 吉占和. 中国兰花全书[M]. 北京：中国林业出版社, 1998.

[70] 陈心启, 吉占和, 罗毅波. 中国野生兰科植物彩色图鉴[M]. 北京：科学出版社, 1999.

[71] 陈俊愉, 程绪珂. 中国花经[M]. 上海：上海文化出版部, 1990.

[72] 金波. 花卉资源原色图谱[M]. 北京：中国农业出版社, 1999.

[73] 傅新生. 宿根地被植物[M]. 天津：天津科学技术出版社, 2003.

[74] 徐晔春. 观赏植物1000种经典图鉴[M]. 长春：吉林科学技术出版社, 2009.

[75] 张文静, 许桂芳. 园林植物[M]. 郑州：黄河水利出版社, 2010.

[76] 王友国, 庄华蓉. 园林植物识别与应用[M]. 重庆：重庆大学出版社, 2015.

[77] 刘仁林. 园林植物学[M]. 北京：中国科学技术出版社, 2003.

[78] 李文敏. 园林植物与应用[M]. 北京：中国建筑工业出版社, 2006.

[79] 何礼华, 汤书福. 常用园林植物彩色图鉴[M]. 杭州：浙江大学出版社, 2012.

[80] 阮积惠. 中国园林植物图谱[M]. 杭州：浙江大学出版社, 2002.

[81] 吴祥春. 中国北方常见园林植物[M]. 济南：山东大学出版社, 2014.

[82] 俞仲辂. 新优园林植物选编[M]. 杭州：浙江科学技术出版社, 2005.

[83] 卓丽环, 刘承珊. 园林植物识别[M]. 北京：中国林业出版社, 2010.

[84] 黄金凤. 园林植物识别与应用[M]. 南京：东南大学出版社, 2015.

[85] 刘与明, 黄全能. 常见园林植物：乔木[M]. 福州：福建科学技术出版社, 2014.

[86] 陈艳丽. 常用园林植物宝典[M]. 北京：机械工业出版社, 2016.

[87] 乙引, 汤晓辛, 张潮. 世界自然遗产地施秉园林植物和工业植物[M]. 北京：中国科学技术出版社, 2015.

[88] 区伟耕. 园林植物图集[M]. 乌鲁木齐：新疆科技卫生出版社, 2002.

[89] 龙雅宜. 常见园林植物认知手册[M]. 北京：中国林业出版社, 2006.

[90] 穆兰，李作文，刘家桢．园林彩叶植物的选择与应用 [M]．沈阳：辽宁科学技术出版社，2010.

[91] 任步均．北方园林观赏植物图谱 [M]．哈尔滨：黑龙江科学技术出版社，1999.

[92] 江荣先．园林景观植物地被图典 [M]．北京：机械工业出版社，2010.

[93] 英国皇家园艺学会．多年生园林花卉 [M]．北京：中国农业出版社，2003.

[94] 何浩．园林景观植物 [M]．武汉：华中科技大学出版社，2016.

[95] 沈荣先．园林景观植物花卉图典 [M]．北京：机械工业出版社，2010.

[96] 蓝先琳，史华凤．园林花木 [M]．天津：天津大学出版社，2007.

[97] 徐晔春，臧德奎．中国景观植物应用大全 [M]．北京：中国林业出版社，2015.

[98] 李月华．观赏树木 [M]．北京：气象出版社，2010.

[99] 彭学苏．花卉 [M]．合肥：安徽科学技术出版社，1982.

[100] 徐晔春．经典观赏花卉图鉴 [M]．长春：吉林科学技术出版社，2015.

[101] 曹广才．食用花卉 200 种 [M]．北京：中国农业科学技术出版社，2002.

[102] 谢国文．园林花卉学 [M]．北京：中国农业科学技术出版社，2002.

[103] 刘会超，王进涛，武荣花．花卉学 [M]．北京：中国农业出版社，2006.

[104] 芦建国．花卉学 [M]．南京：东南大学出版社，2004.

[105] 王春梅．园林花卉 [M]．延吉：延边大学出版社，2002.

[106] 王春梅．北方花卉 [M]．延吉：延边大学出版社，2002.

[107] 义鸣放．球根花卉 [M]．北京：中国农业大学出版社，2000.

[108] 韦三立．攀缘花卉 [M]．北京：中国农业出版社，2004.

[109] 陈榕生，王芬芬，陈璋．草本花卉 [M]．福州：福建科学技术出版社，2001.

[110] 杨松龄．秋季花卉 [M]．北京：中国农业出版社，2000.

[111] 储博彦．木本花卉 [M]．石家庄：河北科学技术出版社，2003.

[112] 李作文，关正君．园林宿根花卉 400 种 [M]．沈阳：辽宁科学技术出版社，2007.

[113] 钟荣辉．芳香花卉 [M]．汕头：汕头大学出版社，2009.

[114] 江珊，徐晔春．野生花卉 [M]．汕头：汕头大学出版社，2009.

[115] 邱强．草本花卉·球根花卉·兰花原色图谱 [M]．北京：中国建材工业出版社，1999.

[116] 韦三立．多肉花卉 [M]．北京：中国农业出版社，2004.

[117] 齐绍光．观叶花卉 [M]．石家庄：河北科学技术出版社，2003.

[118] 任士福，张涛．花卉及观赏树木 [M]．石家庄：河北人民出版社，2000.

[119] 苏家和．常见花卉 [M]．成都：四川科学技术出版社，1981.

[120] 沈漫，曹广才，袁兴福．中国北方木本花卉 [M]．北京：中国农业科学技术出版社，2010.

[121] 尤扬．华北常见园林树木 [M]．北京：中国农业出版社，2016.

[122] 王辰，高新宇．识别树木 [M]．重庆：重庆大学出版社，2009.

[123] 赵九洲．园林树木 [M]．重庆：重庆大学出版社，2006.

[124] 白顺江．树木识别与应用 [M]．北京：农村读物出版社，2004.

[125] 龙新城．树木学 [M]．北京：农业出版社，1992.

[126] 张志翔．树木学：北方本 [M]．北京：中国林业出版社，2008.

[127] 朱震霞．庭园观赏树木 150 种 [M]．上海：上海科学技术出版社，2008.

[128] 毛龙生．观赏树木学 [M]．南京：东南大学出版社，2003.

[129] 王春梅．绿化树木选择 [M]．延吉：延边大学出版社，2000.

[130] 梅志奋．北京常见树木 [M]．北京：中国林业出版社，1999.

[131] 王明荣．中国北方园林树木 [M]．上海：上海科学技术出版社，2004.

[132] 任宪威．中国落叶树木冬态 [M]．北京：中国林业出版社，1990.

[133] 刘少宗．园林树木实用手册 [M]．武汉：华中科技大学出版社，2008.

[134] 江荣先．树木风采图集 [M]．北京：农村读物出版社，2004.

[135] 纪殿荣，孙立元，刘传照．中国经济树木原色图鉴 [M]．哈尔滨：东北林业大学出版社，2000.

[136] 自然图鉴编辑部. 常见花草树木识别图鉴 [M]. 北京：人民邮电出版社, 2016.

[137] 王军峰. 中国树木 [M]. 广州：南方日报出版社, 2016.

[138] 王海东. 张家口树木 [M]. 北京：中国林业出版社, 2017.

[139] 王书凯, 王忠彬, 雷庆锋. 落叶树木实用图鉴 [M]. 北京：中国林业出版社, 2014.

[140] 孟庆武, 纪殿荣, 黄大庄. 图说千种树木 [M]. 北京：中国农业出版社, 2014.

[141] 徐晔春. 树木经典图鉴 [M]. 长春：吉林科学技术出版社, 2013.

[142] 周厚高, 陈东文, 王余舟. 观花树木与景观 [M]. 武汉：华中科技大学出版社, 2013.

[143] 卓丽环, 王玲. 观赏树木识别手册·北方本 [M]. 北京：中国林业出版社, 2014.

[144] 张志翔. 中国北方常见树木快速识别 [M]. 北京：中国林业出版社, 2014.

[145] 邓莉兰. 风景园林树木学 [M]. 北京：中国林业出版社, 2010.

[146] 江荣先. 园林景观植物树木图典 [M]. 北京：机械工业出版社, 2010.

[147] 孙光闻, 徐晔春. 一二年生草本花卉 [M]. 北京：中国电力出版社, 2011.

[148] 李沛琼, 张寿洲, 王勇进, 等. 耐阴半耐阴植物 [M]. 北京：中国林业出版社, 2003.

[149] 李景侠. 西北主要乔灌木 [M]. 咸阳：西北农林科技大学出版社, 2002.

[150] 陶章安. 介绍几种保土固沙的灌木 [M]. 北京：中国林业出版社, 1956.

[151] 王婷. 灌木与景观 [M]. 北京：中国林业出版社, 2016.

[152] 包志毅. 世界园林乔灌木 [M]. 北京：中国林业出版社, 2004.

[153] 崔大方, 闫平. 认识中国植物：西北分册 [M]. 广州：广东科技出版社, 2018.

[154] 喻文虎. 甘肃草原常见植物图集 [M]. 兰州：甘肃科学技术出版社, 2014.

[155] 陈策. 芳香药用植物 [M]. 武汉：华中科技大学出版社, 2013.

[156] 刘克锋, 石爱平. 观赏园艺植物识别 [M]. 北京：气象出版社, 2010.

[157] 林盛秋. 蜜源植物 [M]. 北京：中国林业出版社, 1989.

[158] 白学良. 贺兰山苔藓植物 [M]. 银川：宁夏人民出版社, 2010.

[159] 张金政, 林秦文. 藤蔓植物与景观 [M]. 北京：中国林业出版社, 2015.

[160] 隋春. 药用植物图鉴 [M]. 北京：中国农业科学技术出版社, 2016.

[161] 丁学欣. 北方药用植物 [M]. 广州：南方日报出版社, 2009.

[162] 虞佩珍. 兰花世界 [M]. 北京：中国农业出版社, 2009.

[163] 朱根发, 徐晔春. 兰花鉴赏金典 [M]. 长春：吉林科学技术出版社, 2011.

[164] 叶创兴. 植物学系统分类部分 [M]. 广州：中山大学出版社, 2000.

[165] 江荣先. 野外植物识别手册 [M]. 北京：机械工业出版社, 2012.

[166] 石福臣. 保护植物分类及识别 [M]. 哈尔滨：东北林业大学出版社, 2005.

[167] 周荣汉, 段金廒. 植物化学分类学 [M]. 上海：上海科学技术出版社, 2005.

[168] 金山, 茹文明, 铁军. 山西野生植物检索表 [M]. 北京：中国林业出版社, 2010.

[169] 张穆舒. 新潮观赏植物 600 种 [M]. 北京：中国林业出版社, 2000.

[170] 杨芳绒. 观果植物 [M]. 郑州：中原农民出版社, 2002.

[171] 郭凤民. 观花植物 [M]. 郑州：中原农民出版社, 2002.

[172] 戴宝合. 野生植物资源学 [M]. 北京：农业出版社, 1993.

[173] 周以良, 董世林. 黑龙江省植物志 [M]. 哈尔滨：东北林业大学出版社, 1992.

[174] 胡中华, 刘师汉. 草坪与地被植物 [M]. 北京：中国林业出版社, 1995.

[175] 宋朝枢. 中国珍稀濒危保护植物 [M]. 北京：中国林业出版社, 1989.

[176] 王俊丽. 西北民族地区植物资源利用与生物技术 [M]. 北京：科学出版社, 2013.

[177] 赵家荣, 刘艳玲. 水生植物图鉴 [M]. 武汉：华中科技大学出版社, 2009.

[178] 宋兴荣. 观花植物手册 [M]. 成都：四川科学技术出版社, 2005.

[179] 熊济华, 唐岱. 藤蔓花卉：攀援匍匐垂吊观赏植物 [M]. 北京：中国林业出版社, 2000.

[180] 孙光闻, 徐晔春, 宿根花卉 [M]. 北京：中国电力出版社, 2011.

[181] 胡中华, 赵锡惟. 草坪及地被植物 [M]. 北京：中国林业出版社, 1984.

[182] 孙吉雄 . 草坪地被植物原色图谱 [M]. 北京：金盾出版社 ,2008.

[183] 杨建华 . 新优地被植物 100 种 [M]. 北京：中国林业出版社 ,2011.

[184] 李振宇，王印政 . 中国苦苣苔科植物 [M]. 郑州：河南科学技术出版社 ,2005.

[185] 英国皇家园艺学会 . 观花灌木彩色图说 [M]. 北京：中国农业出版社 ,2002.

[186] 盛永利 . 图解景观植物设计：灌木 [M]. 北京：机械工业出版社 ,2009.

[187] 林有润，韦强，谢振华 . 有害花木图鉴 [M]. 广州：广东旅游出版社 ,2006.

[188] 李敏，朱强 . 西北野外观花手册 [M]. 郑州：河南科学技术出版社 ,2015.

[189] 胡长龙 . 庭院花木 [M]. 上海：上海科学技术出版社 ,2001.

[190] 吴婍，李晓菲，陈莉敏 . 红原县常见草本花卉植物图册 [M]. 成都：四川科学技术出版社 ,2016.

[191] 王艳 . 草本植物 [M]. 长春：吉林出版集团有限责任公司 ,2013.

[192] 翟洪武 . 草本花卉 [M]. 北京：中国林业出版社 ,2000.

[193] 郑紫云，张清江 . 抗污染观赏花卉·树木 [M]. 北京：中国科学技术出版社 ,1994.

后 记

　　《内蒙古园林植物图鉴》在全校领导支持与帮助下，经过编著人员的不懈努力，现已编著完成，不久将付梓出版，这是首部详细介绍内蒙古园林植物特征的著作。这部精心编著、图文并茂的大型工具书，从植物的不同层面，介绍了内蒙古园林植物的特性，为社会和读者提供了一份具有地域特色的精神食粮。

　　本书的编著，作者走遍了内蒙古自治区多个城市，拍摄了上万张图片，经过了反复认真的鉴定和分类，历时之久。全书结构严谨，共有两部分，分别为：木本植物和草本植物，包括内蒙古现已种植或栽培的园林植物 400 余种，详细介绍了每种植物的学名（中文学名、拉丁学名），形态特征，生长习性，分布区域及园林应用等。同时配有 2000 余张精美图片，多方面展示了植物的整株、花、果、叶及枝干等特性。本书的编著得益于校领导的高度重视和正确领导；得益于园林界、植物界各位同仁的鼎力协助和大力扶持；得益于编者的不畏艰辛、认真负责的工作态度。在此，向对图鉴编著工作提供帮助的单位和个人表示衷心的感谢。目前作者也正在编著《内蒙古室内观赏植物图鉴》，详细介绍了室内植物的特征及应用价值。两本书籍相互补充，为内蒙古植物研究提供了科学的理论依据。

　　编写图鉴，对于作者来说是一项全新的工作，由于园林植物种类繁多且分类复杂，作者经验不足，水平有限，再加上时间紧迫，工作量大，书中存在诸多不足之处，恳请各位专家、读者批评指正。